anylogic

3일 만에 끝내기

AnyLogic
3일 만에 끝내기
시뮬레이션 모델링 속성 코스

2019년 2월 08일 초판 발행
2022년 8월 29일 재판 발행

지은이 | Ilya Grigoryev
옮긴이 | 박세훈 · 이현호
펴낸이 | 이찬규
펴낸곳 | 북코리아
등록번호 | 제03-01240호
주소 | 13209 경기도 성남시 중원구 사기막골로 45번길 14
우림2차 A동 1007호
전화 | 02-704-7840
팩스 | 02-704-7848
이메일 | ibookorea@naver.com
홈페이지 | www.북코리아.kr
ISBN | 978-89-6324-645-1 (93500)
값 17,000원

제5판

anylogic

3일 만에 끝내기

시뮬레이션 모델링 속성 코스

Ilya Grigoryev 지음

박세훈 · 이현호 옮김

북코리아

역자 서문

이 책은 강력한 모델링과 시뮬레이션 소프트웨어인 AnyLogic을 배우려는 초보자들에게 아주 유용한 서적으로서, 역자들은 이 책의 한국어 버전의 번역에 참여하게 되어 기쁘게 생각한다.

AnyLogic은 에이전트 기반 모델링, 시스템 다이내믹스 모델링 및 이산사건 모델링까지 3가지 모델링을 각각 또는 통합하여 개발할 수 있는 강력한 툴이다. 따라서 모델링이 용이한 반면에 3가지 모델링의 개념과 방법을 모두 알아야 한다. 이 책에서는 쉬운 예제를 통하여 3가지 모델링 방법을 소개함으로써 여러분들이 빠른 시간 내에 소프트웨어에 친숙해지도록 돕고 있다. 물론 기본수준의 학습서이기 때문에 보다 복잡한 모델링을 하려면 AnyLogic 도움말이나 다른 서적을 사용한 심화학습이 필요하다.

여러분들은 이 책을 학습함으로써 AnyLogic의 강력한 기능들을 경험할 수 있을 것이다.

이 책의 출판에 도움을 주신 여러분께 감사드린다.

번역을 허락해 주신 AnyLogic社와 저자 Ilya V. Grigoryev님, Atworth社 박영석 대표님, 북코리아 이찬규 대표님.

2018년 9월 1일

역자 일동

저자 서문

이 책은 AnyLogic 개발자에 의한 첫 번째 AnyLogic 실용 교재이다. AnyLogic은 시스템 다이내믹스, 이산사건 및 에이전트 기반 모델링과 같은 3가지 시뮬레이션 모델링 방법을 지원하는 고유한 시뮬레이션 소프트웨어 도구이며 다중 방법 모델을 만들 수 있다.

이 책은 소비자 시장 모델, 전염병 모델, 작은 작업장 모델 및 공항 모델 등 네 가지 예를 중심으로 구성되어 있으며, 또한 다른 모델링 방법에 대한 이론을 제시하고 있다.

이 책은 AnyLogic을 공부하는 데 있어서 첫 번째 안내서로 고려할 수 있다. 이 책을 읽고 연습을 마치면 프로세스 플로차트를 사용하여 이산사건 및 보행자 모델을 만들고 저량유량도(stock and flow diagram)를 작성하며 간단한 에이전트 기반 모델을 만들 수 있다.

제5판에 대하여

≪AnyLogic 3일 만에 끝내기≫ 제4판에 비해 다음과 같은 주요 변경사항이 있다.

제5판에서는

- SEIR 모델의 파라미터 변화 실험(parameter variation experiment)이 AnyLogic 클라우드에서 수행된다.
- 모든 예제, 지침 및 스크린샷은 최신 버전인 AnyLogic 8.3을 준수하도록 업데이트되었다.
- 시장 모델의 비교실행 실험(compare runs experiment)은 제외된다.

제4판에서는

- 모든 예제, 지침 및 스크린샷은 최신 버전인 AnyLogic 8을 준수하도록 업데이트되었다.

제3판에서는

- 공항 모델의 마지막 단계에서 외부 Excel 파일에서 내장 AnyLogic 데이터베이스로 데이터 가져오기를 설명한다.

제2판에서는

- 새로운 이산사건 작업장 모델이 포함되었다.

감사의 글

다음의 분들에게 감사드린다.

이 책을 쓰는 데 친절한 도움을 주신 Edward Engel.

AnyLogic 개발팀에서 즐거운 시간을 보냈던 AnyLogic의 모든 팀리더들 Alexry Filippov, Vasiliy Baranov, George Meringov 및 Nikolay Churkov.

이 책의 출간에 아이디어를 제공한 Timofey Popkov와 George Gonzalez-Rivas.

이 책에 기여한 Andrei Borshchev.

Tatiana Gomzina, Alena Beloshapko, Evgeniy Zakrevsky(AnyLogic社), Vladimir Koltchanov(AnyLogic Europe), Clemens Dempers(Blue Stallion Technologies) 및 Derek Magilton(전 AnyLogic North America)과 같은 저의 동료들과 좋은 친구들.

조언과 지원을 해주신 Vitaliy Sapounov.

Ilya V. Grigoryev

차 례

모델링과 시뮬레이션 모델링

모델링은 현실 세계(real world)의 문제를 해결할 수 있는 방법이다. 건설, 파괴 및 변경은 너무 비용이 많이 들거나 위험하거나 또는 불가능할 수 있기 때문에, 대부분의 경우에는 올바른 솔루션을 찾기 위한 목적으로 실제의 대상들을 가지고 실험할 여력이 없다. 이런 경우에 우리는 모델링 언어를 사용하여 실제 시스템을 나타내는 모델을 만들 수 있다. 이 프로세스는 추상화를 전제로 하며, 중요하다고 판단되는 세부 정보를 포함하고 중요하지 않다고 판단되는 정보는 제외한다. 이러한 모델은 항상 원래 시스템보다 덜 복잡하다.

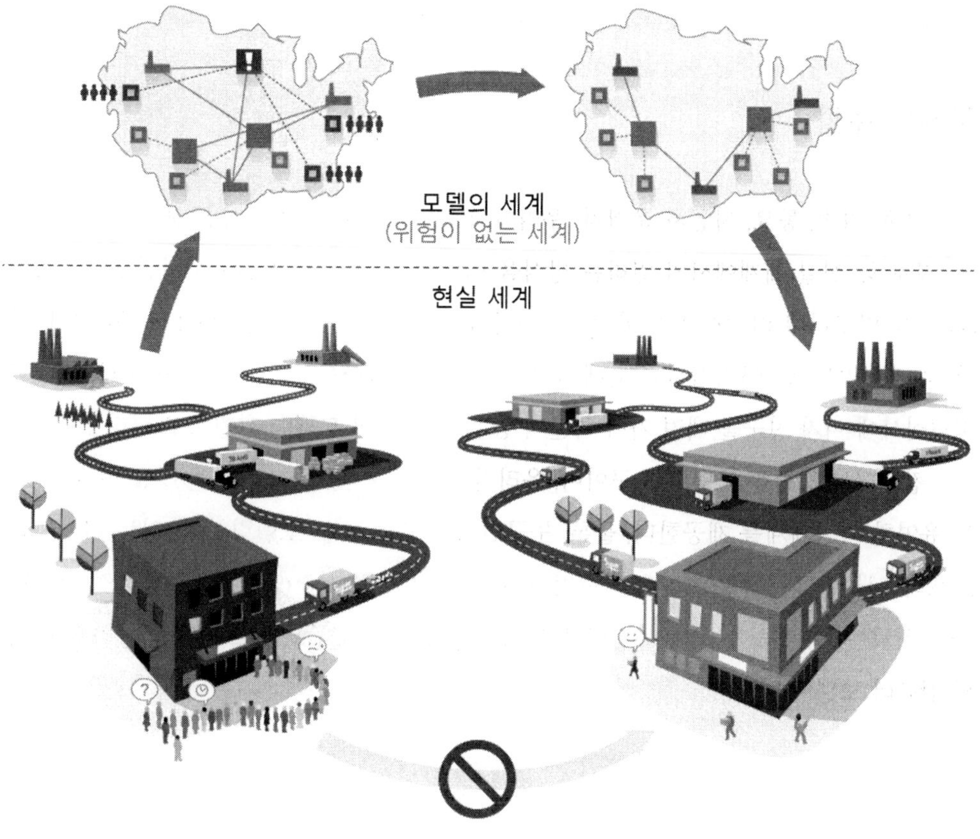

모델링

- 실제 세계를 모델링 세계에 매핑하고, 추상화 레벨을 선택하고, 모델링 언어를 선택하는 모델 구축 단계는 모델을 사용하여 문제를 해결하는 프로세스보다 덜 공식화되어 있다. 그것은 여전히 과학보다는 술(術, art)이라고 할 수 있다.

우리는 모델을 구축한 후에도(그리고 때로는 빌드할 때조차도) 시스템의 구조와 동작을 탐색하고 이해하고, 다양한 조건에서 어떻게 작동하는지 테스트하고, 시나리오를 실행 및 비교하고, 최적화할 수 있다. 솔루션을 찾은 후에는 그것을 실제 세계에 매핑할 수 있다.

- 모델링은 실수를 허락하고, 실행을 취소하고, 제 시간에 돌아가 다시 시작할 수 있기 때문에 위험이 없는 세상을 통해 문제에서 해결책으로 가는 길을 찾는 것이다.

모델의 유형

친구, 가족, 동료, 자동차 운전자, 우리가 살고 있는 마을, 사고 싶은 물건, 경제, 스포츠, 정치 등 현실 세계에서의 일하는 방식을 이해하기 위하여 사용하는 정신 모델(mental model)을 비롯하여 다양한 모델이 있다. 우리의 모든 결정, 이를테면 우리가 아이에게 말할 필요가 있는 것, 아침식사를 위해 무엇을 먹어야 하는지, 투표를 해야 하는지, 아니면 저녁식사에 여자 친구를 데려 가야 하는지 등은 모두 정신 모델을 기반으로 한다.

컴퓨터는 강력한 모델링 도구이며, 우리가 상상할 수 있는 거의 모든 것을 만들 수 있는 유연한 가상세계를 제공한다. 물론, 누구던지 비용(Cost)을 모델링할 수 있는 기본적인 스프레드시트부터, 경험이 많은 숙련자가 소비자 시장 및 전장(戰場)과 같은 동적 시스템을 분석하는 데 도움이 되는 복잡한 시뮬레이션 모델링 도구에 이르기까지 다양한 타입의 컴퓨터 모델이 있다.

분석적(analytical) 모델링과 시뮬레이션 모델링

주요 조직의 전략계획, 판매예측, 물류, 마케팅 또는 프로젝트 관리팀에게 자신이 가장 좋아하는 모델링 도구 이름을 물어보면 Microsoft Excel이 가장 인기 있는 대답이라는 것을 즉시 알 수 있다. Excel에는 여러 가지 장점이 있다. 널리 사용 가능하며 사용하기가 매우 쉽다. 또한 스프레드시트의 논리가 점점 정교해짐에 따라 수식에 스크립트를 추가할 수도 있다.

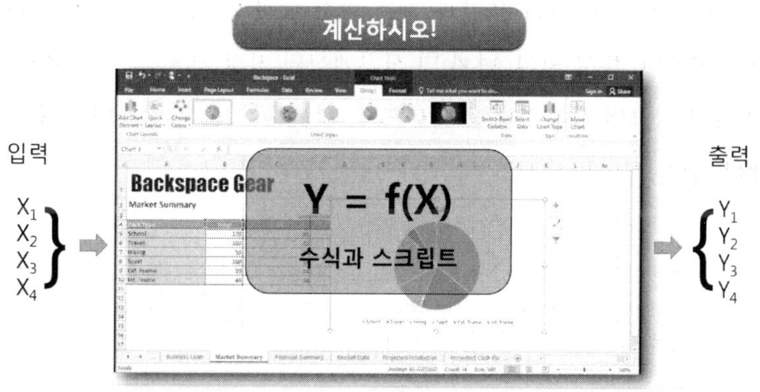

분석적 모델(Excel 스프레드시트)

스프레드시트 기반 모델링의 기술은 간단하다. 일부 셀에는 데이터를 입력하고 다른 셀에서는 데이터 출력을 볼 수 있다. 수식과 더 복잡한 모델에서는 스크립트는 입력 값과 출력 값을 연결한다. 다양한 애드온을 사용하여 파라미터(매개변수 또는 보조변수)의 변형, 몬티카를로(Monte Carlo) 또는 최적화 실험을 수행할 수 있다.

그러나 여기에는 역시 분석(수식 기반) 솔루션을 찾기가 어렵거나 존재하지 않는 문제가 많이 있다. 이 계급(클래스)은 다음을 특징으로 하는 동적 시스템을 포함한다.

- 비선형 행동(non-linear behavior)

- "기억"
- 변수들 간의 비직관적 영향들
- 시간과 인과 종속성들
- 위에서 언급한 모든 것들과 결합된 불확실성과 수많은 파라미터

대부분의 경우 올바른 공식을 구하는 것은 불가능하며, 그러한 시스템의 개념 모델을 만드는 것은 훨씬 어렵다.

철도 또는 트럭의 그룹을 최적화해야 하는 문제를 고려해 보자. 수송 계획, 상하역 시간, 배달 시간 제한 및 종착역의 용량과 같은 요소를 관리하는 데 Excel 스프레드시트를 사용하는 것은 어렵다. 특정 위치, 날짜 및 시간에서의 차량 가용성은 진행되고 있는 사건들의 순서에 따라 다르며 유휴상태일 때 차량을 보낼 위치를 결정하면 향후 사건의 순서들을 분석해야 한다.

변수 사이의 정적 종속성을 표현하기에 좋은 수식들은 일반적으로 동적 행동이 있는 시스템을 설명하는 데에는 적합하지 않기 때문에 동적 시스템들을 분석하기 위해서는 시뮬레이션 모델링이라는 또 다른 모델링 기술을 사용한다.

*시뮬레이션 모델*은 항상 *실행 가능한 모델*이며, 모델을 실행하면 시스템의 상태변화에 대한 궤적이 만들어진다. 시뮬레이션 모델은 시스템의 현재 상태에서 미래 상태로 이동하는 방법을 알려주는 일련의 규칙으로 생각할 수 있다. 이 규칙은 미분방정식, 상태차트(statechart), 프로세스 플로차트 및 일정을 비롯한 다양한 형식을 취할 수 있다. 모델의 출력은 모델이 실행될 때 생성되고 관찰된다.

시뮬레이션 모델링에는 시뮬레이션 관련 언어를 사용하는 특수한 소프트웨어 도구가 필요하다. 시뮬레이션 모델링을 효과적으로 수행하기 위해서는 교육이 필요하지만 모델이 동적 시스템에 대한 고품질 분석을 제공할 때에는 투자한 시간과 노력에 대해 보람을 느낄 수 있을 것이다.

특히, 사람들은 Microsoft Excel을 잘 알고 있는 경우가 많은데, 그 중 프로그래밍 경험이 있는 사람들은 스프레드시트를 사용하여 동적 시스템을 모델링하려고 하며, 더 많

은 세부 사항을 포착하려고 할 때 필연적으로 Excel의 시뮬레이터 기능을 재현하기 시작한다. 그 결과로, 모델은 느려지고 관리하기 어려워지며, 대부분의 경우에 신속히 폐기된다.

분석 솔루션에서 이러한 세부 정보를 포착하는 것은 사실상 불가능하다. 구성을 안내하는 수식이 있더라도 작은 프로세스 변경으로도 이를 무효화할 수 있으며, 이 문제를 해결하려면 전문 수학자가 필요하게 된다.

시뮬레이션 모델링의 장점들

시뮬레이션 모델링에는 다음과 같은 6가지 주요 장점이 있다.

1. 시뮬레이션 모델을 통해 시스템을 분석하면, 분석적 기법 및 선형계획법과 같은 방법으로 실패한 솔루션을 찾을 수 있다.
2. 일단 추상화 수준을 선택하면 분석 모델보다 시뮬레이션 모델을 개발하는 것이 더 쉽다. 일반적으로 생각이 덜 필요하며 개발 프로세스는 확장 가능하고 점진적이며 모듈식이다.
3. 시뮬레이션 모델의 구조는 자연스럽게 시스템의 구조를 반영한다.
4. 시뮬레이션 모델에서는 추상화 수준 내에서 값을 측정하고 개체들(entities)을 추적할 수 있으며 언제든지 측정 및 통계 분석을 추가할 수 있다.
5. 시스템 동작을 제 시간에 재생하고 애니메이션 하는 기능은 시뮬레이션의 큰 장점 중 하나이며, 여러분은 데모, 확인 및 디버깅에 유용한 애니메이션을 찾을 수 있다.
6. 시뮬레이션 모델은 Excel 스프레드시트보다 훨씬 설득력이 있다. 제안을 지원하기 위해 시뮬레이션을 사용하는 경우 숫자를 사용하는 사용자보다 큰 장점이 있다.

시뮬레이션 모델링의 응용

시뮬레이션 모델링은 광범위하고 다양한 응용 분야에서 많은 성공 사례들을 축적해 왔다. 새로운 모델링 방법과 기술이 등장하고 컴퓨터 성능이 향상됨에 따라 시뮬레이션 모델링을 통해 더 많은 영역을 입력할 수 있다.

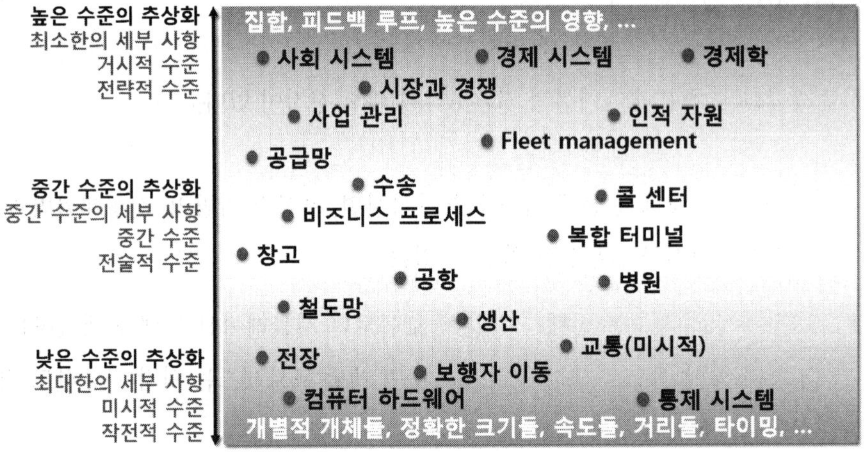

시뮬레이션의 응용

위의 그림은 해당 모델의 추상화 수준에 따라 정렬된 여러 가지 시뮬레이션 응용 사례들을 보여준다.

하단에는 현실 세계 객체에 대한 매우 상세한 표현을 사용하는 물리적 수준 모델이 있다. 이 수준에서 우리는 물리적인 상호작용, 차원, 속도, 거리 및 타이밍이 중요하다. 자동차의 안티 록 브레이크, 경기장에서 축구 팬들의 피난, 교통 신호 등으로 제어되는 교차로에서의 교통 및 전장(戰場)에서의 병사의 행위는 낮은 추상화 모델링을 필요로 하는 문제의 사례이다.

맨 위에 위치한 모델들은 매우 추상적이며 일반적으로 개별 객체가 아닌 소비자 집단 및 고용 통계와 같은 집계를 사용한다. 객체가 높은 수준에서 상호작용하기 때문에 중간 단계를 모델링할 필요 없이 회사에서 광고에 지출하는 비용이 판매에 미치는 영향과 같은 관계를 이해하는 데 도움이 될 수 있다.

다른 모델에는 중간 추상화 수준이 있다. 병원 응급실을 모델링한 경우 응급실에서 엑스레이 스테이션까지 가는 데 걸리는 시간을 알고 싶다면 실제 공간을 고려할 수 있지만 건물에 있는 사람들 간의 신체적 상호작용은 중요하지 않다. 우리는 그 건물이 혼잡하지 않다고 가정한다.

비즈니스 프로세스 또는 콜센터 모델에서 우리는 위치가 아닌 작업 순서와 기간을 모델링할 수 있다. 운송 모델에서는 트럭 또는 철도 차량의 속도를 신중하게 고려하지만 보다 높은 수준의 공급망 모델에서는 주문이 도착하는 데 7~10일이 걸린다고 가정한다.

- 올바른 추상화 수준의 선택은 모델링 프로젝트의 성공에 매우 중요하지만, 포함할 내용과 추상화 수준 이하로 남아있는 내용을 결정하면 비교적 쉽게 알 수 있다.

- 모델 개발 프로세스에서는 모델의 추상화 수준을 때때로 재검토하는 것이 정상적이며, 바람직하기도 하다. 대부분의 경우 높은 추상화 수준에서 시작하여 필요한 만큼 세부 사항을 추가한다.

시뮬레이션 모델링의 3가지 방법

현대 시뮬레이션 모델링은 이산사건(discrete event), 에이전트 기반(agent based) 및 시스템 다이내믹스(system dynamics)의 3가지 방법을 사용한다.

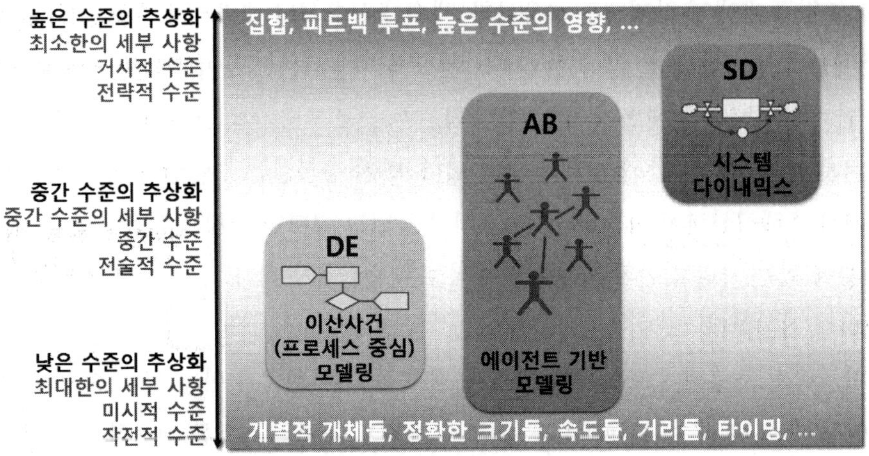

시뮬레이션 모델링 방법들

시뮬레이션 모델링에서 방법들은 실제 시스템을 모델에 매핑하는 데 사용하는 프레임 워크이고, 모델 구축을 위해 언어 타입 또는 일종의 "이용 약관"으로 방법을 생각할 수 있다. 여기에는 다음 3가지 방법이 있다.

- *시스템 다이내믹스(System Dynamics)*
- *이산사건 모델링(Discrete Event Modeling)*
- *에이전트 기반 모델링(Agent Based Modeling)*

각 방법은 특정 범위의 추상화 수준을 제공하는데, 시스템 다이내믹스는 매우 높은 추상화를 가정하며 일반적으로 전략적 모델링에 사용된다. 이산사건 모델링은 중간 또는 중간보다 낮은 추상화를 지원한다. 중간에 에이전트 기반 모델이 있는데, 에이전트 모델은 에이전트가 실제 개체를 나타내는 매우 상세한 모델에서부터 에이전트가 경쟁 회사 또는 정부를 대표하는 매우 추상적인 모델까지 다양하다.

모델링할 시스템과 목표를 신중하게 고려한 후에는 항상 방법을 선택해야 한다. 아래 그림에서 모델러의 문제는 주로 슈퍼마켓 모델을 결정하는 것이다. 그들은 고객이 개체(entity)이고 직원이 자원(resource)인 프로세스 플로차트나 소비자가 광고, 커뮤니케이션 및 에이전트와 직원과의 상호작용에 영향을 받는 에이전트 기반 모델 또는 광고, 서비스 품질, 가격 책정 및 고객 충성도로 판매가 반복되는 피드백 구조를 작성할 수 있다.

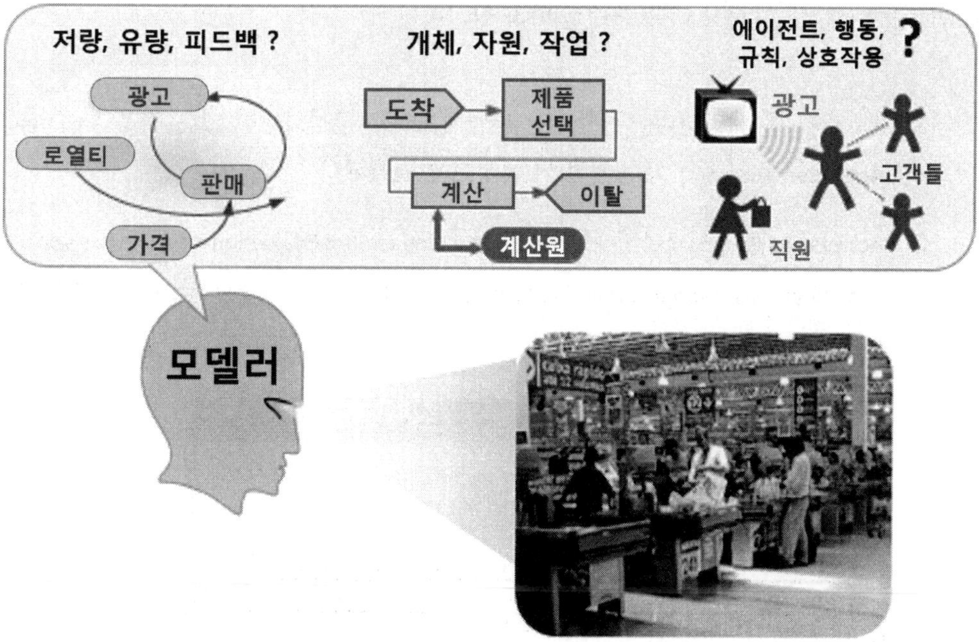

또한 시스템의 다른 부분을 모델링하는 가장 좋은 방법은 다른 방법을 사용하는 것이고, 이러한 상황에서는 다중 방법 모델이 사용자의 요구를 가장 잘 충족시킬 수 있다는 것을 알 수 있다 (Borshchev, 2013).

AnyLogic 설치 및 활성화

AnyLogic Professional의 마법사 기반 설치과정은 간단하다. www.anylogic.com에서 AnyLogic을 다운로드하고 다음 단계를 따라 설치한다.

1. AnyLogic을 시작한다. 아직 개인 잠금해제키로 활성화되지 않은 경우 **AnyLogic Activation Wizard**(활성화 마법사)가 자동으로 표시된다.
2. **Activate AnyLogic** 페이지에서 **Request a time-limited Evaluation Key. The key will be sent to you by e-mail**(기간제약 평가키 요청. 키가 이메일로 전송될 것임)을 선택하고, **Next**(다음)를 클릭한다.

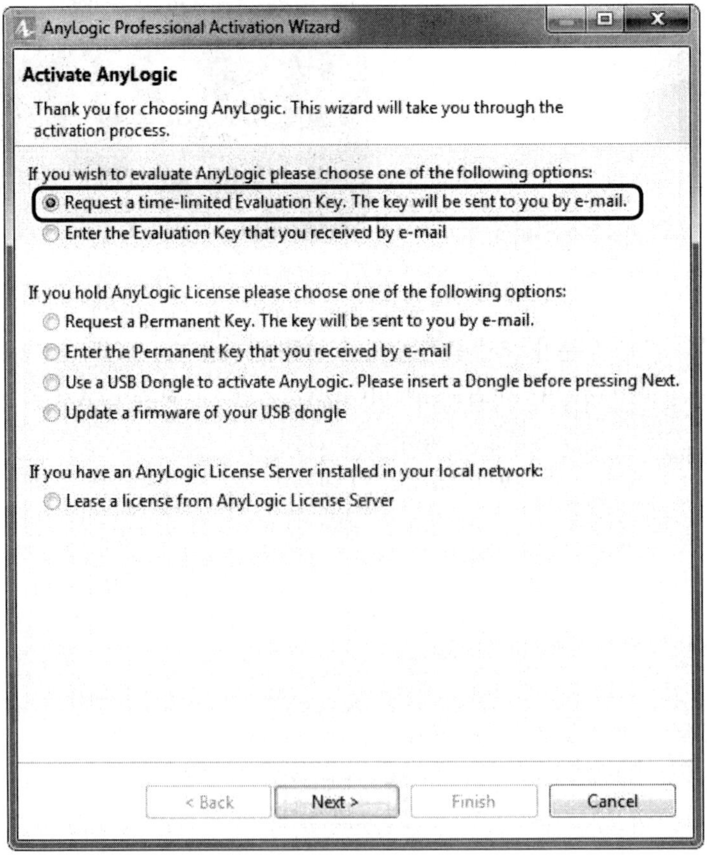
AnyLogic Professional Activation Wizard
Activate AnyLogic
Thank you for choosing AnyLogic. This wizard will take you through the activation process.
If you wish to evaluate AnyLogic please choose one of the following options:
Request a time-limited Evaluation Key. The key will be sent to you by e-mail.
Enter the Evaluation Key that you received by e-mail
If you hold AnyLogic License please choose one of the following options:
Request a Permanent Key. The key will be sent to you by e-mail.
Enter the Permanent Key that you received by e-mail
Use a USB Dongle to activate AnyLogic. Please insert a Dongle before pressing Next.
Update a firmware of your USB dongle
If you have an AnyLogic License Server installed in your local network:
Lease a license from AnyLogic License Server
< Back
Next >
Finish
Cancel

3. **AnyLogic License Request**(라이센스 요청) 페이지에서 개인정보를 제공한 후 **Next**를 클릭한다.

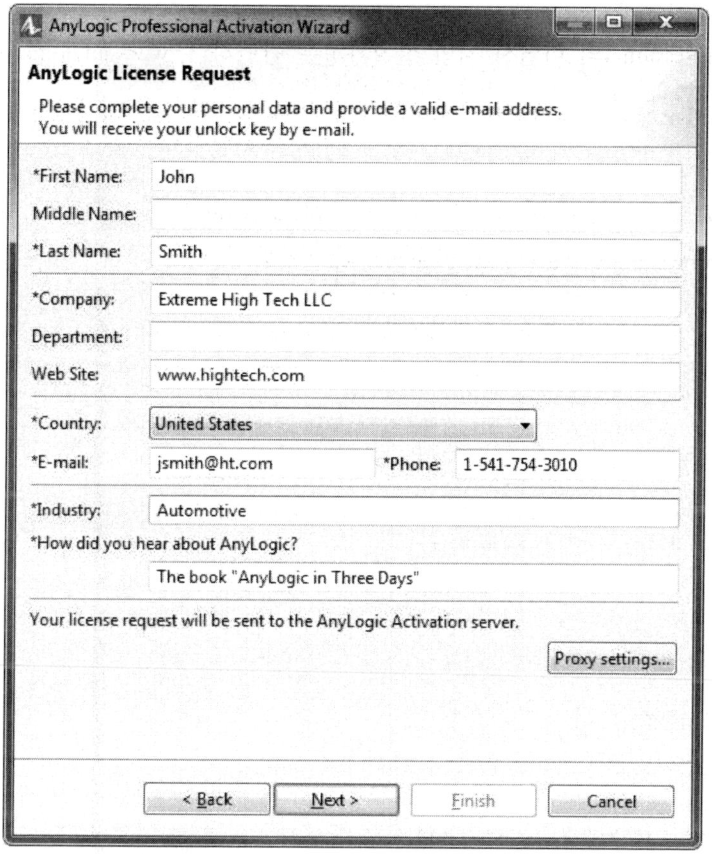

요청을 보낸 직후에 확인 메시지가 전송되며 평가키는 별도의 이메일로 전송된다.

4. 활성화 키를 받은 후 AnyLogic 활성화 마법사를 열고, 첫 번째 페이지에서 **Enter the Evaluation Key that you received by email**(이메일로 받은 평가키 입력)을 선택한 후 **Next**를 클릭한다.

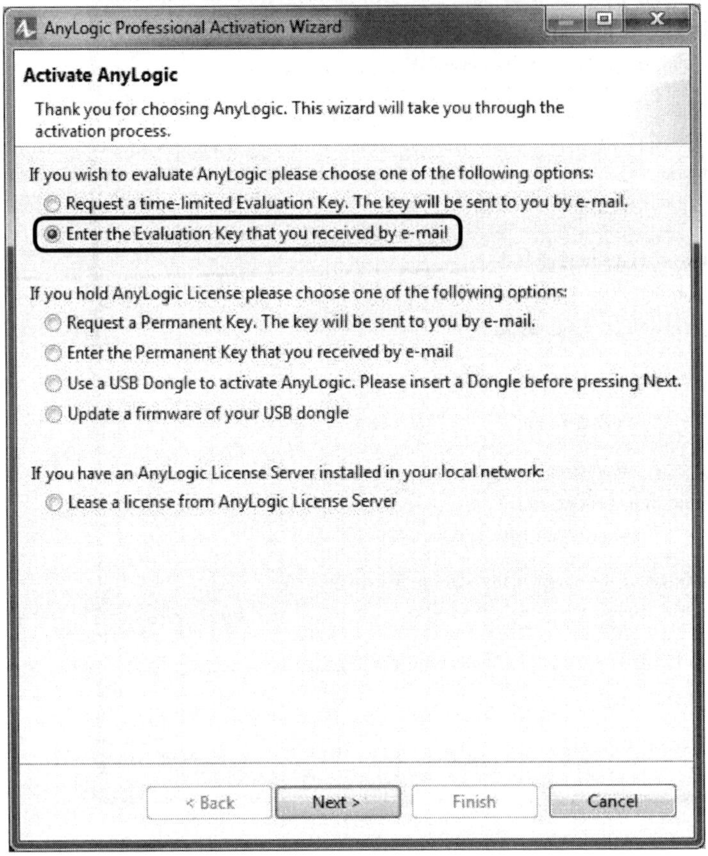

AnyLogic Professional Activation Wizard
Activate AnyLogic
Thank you for choosing AnyLogic. This wizard will take you through the activation process.
If you wish to evaluate AnyLogic please choose one of the following options:
Request a time-limited Evaluation Key. The key will be sent to you by e-mail.
Enter the Evaluation Key that you received by e-mail
If you hold AnyLogic License please choose one of the following options:
Request a Permanent Key. The key will be sent to you by e-mail.
Enter the Permanent Key that you received by e-mail
Use a USB Dongle to activate AnyLogic. Please insert a Dongle before pressing Next.
Update a firmware of your USB dongle
If you have an AnyLogic License Server installed in your local network:
Lease a license from AnyLogic License Server
< Back
Next >
Finish
Cancel

5. 이메일 메시지에서 받은 활성화 키를 복사하여 **Please paste the key here**(여기에 키를 입력하시오) 입력 필드에 붙여 넣은 후 **Next**를 클릭한다.

6. 제품이 성공적으로 활성화되었다는 메시지("Product has been activated successfully.")가 나타난다.

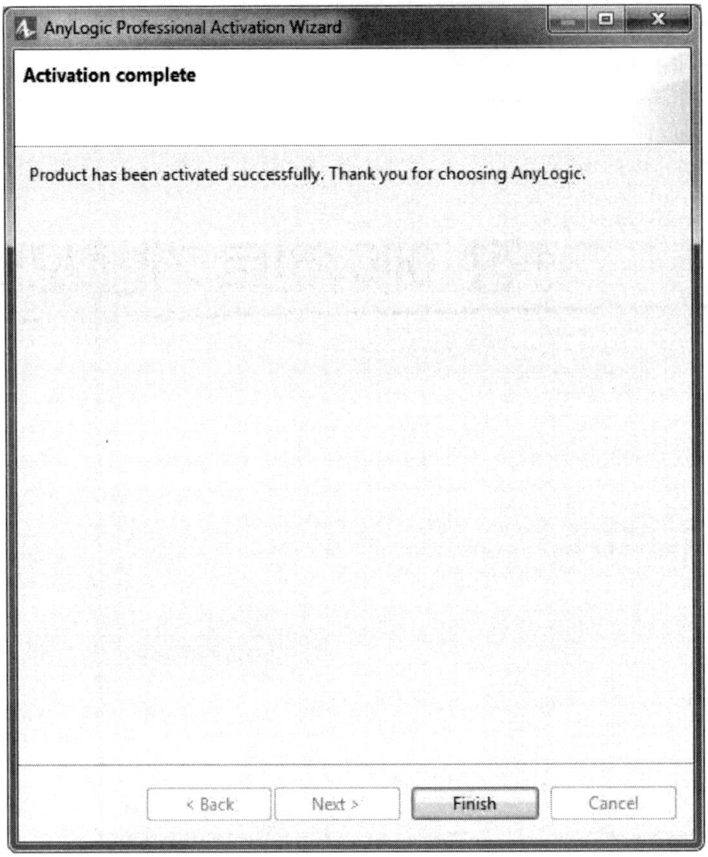

7. Finish(종료)를 클릭한다.

AnyLogic의 활성화 과정을 완료했으므로 여러분은 이제 첫 번째 모델을 개발할 수 있다.

1장. 에이전트 기반 모델링

*에이전트 기반 모델링(Agent based modeling)*은 시스템 다이내믹스 및 이산사건 모델링에 비해 비교적 새로운 방법이다. 실제로 에이전트 기반 모델링은 시뮬레이션 전문가가 약 15년 전에 사용하기 시작할 때까지는 학술적 주제였을 뿐이었다.

이 기법은 다음에 의하여 촉발되었다.

- 전통적인 모델링 접근법이 잘 포착하지 못하는 시스템에 대한 더 깊은 통찰력을 얻고자 하는 욕망
- 객체 지향 모델링, UML 및 상태차트(statechart)와 같은 컴퓨터 과학으로 가능하게 된 모델링 기술의 발전
- CPU 전력 및 메모리의 급속한 성장. 에이전트 기반 모델은 시스템 다이내믹스 및 이산사건 모델보다 요구사항이 더 크다.

에이전트 기반 모델링은 모델러에게 시스템을 보는 또 다른 방법을 제공한다.

> 시스템의 작동 방식, 주요 변수 및 종속성을 식별하거나 프로세스 흐름을 인식할 수는 없지만 시스템의 객체가 어떻게 작동하는지에 대한 통찰력을 가질 수 있다. 그러고 나면 객체(에이전트)를 식별하고 동작을 정의하여 모델을 빌드할 수 있으며, 이후에 생성한 에이전트를 연결하여 상호작용하거나 자체 역동성이 있는 환경에 배치할 수 있다. 시스템의 전역 행동(global behavior)은 수많은(수십, 수백, 수천, 수백만) 동시 개체별 행동들에서 발생한다.

에이전트 기반 모델링에는 표준 언어가 없고 에이전트 기반 모델의 구조는 그래픽 편집기 또는 스크립트에서 제공된다. 에이전트의 동작을 지정하는 방법은 여러 가지가 있다. 종종 에이전트는 상태(state)의 개념을 가지며 그 행위와 반응은 상태에 따라 다르며, 행위는 상태차트(statechart)에 의하여 가장 잘 정의된다. 때로는 특별한 사건에 따라 실행되는 규칙에서 행위가 정의되기도 한다.

대부분의 경우 에이전트의 내부 역학관계를 파악하는 가장 좋은 방법은 시스템 다이내믹스 또는 이산사건 방법을 사용하고 저량유량도(stock and flow diagram) 또는 프로세스 플로차트를 에이전트 내부에 배치하는 것이다. 마찬가지로 외부 에이전트는 전통적인 방법들을 사용하여 자연스럽게 모델링되는 경우가 많다. 이것이 많은 에이전트 기반 모델

이 다중 방법 모델인 이유이다.

에이전트 기반 모델의 에이전트는 차량, 장비 단위, 프로젝트, 제품, 아이디어, 조직, 투자, 토지, 다른 역할의 사람들 등 매우 다양한 것을 나타낼 수 있다.

다양한 역할을 하는 사람들: 소비자, 시민, 직원, 환자, 의사, 고객, 병사, …
장비, 차량: 트럭, 자동차, 크레인, 항공기, 철도 차량, 기계, …
비 물질적인 것: 프로젝트, 제품, 혁신, 아이디어, 투자, …
단체: 기업, 정당, 국가, …
PEPSI
Coca-Cola

학계에서는 여전히 객체(object)가 "에이전트(agent)"가 되어야 하는 속성 즉, 능동적이고 반응적인 질적요소, 공간인식, 학습능력, 사회적 능력, "지성" 등을 논의하지만, 에이전트 기반 모델링에서는 다음과 같은 모든 종류의 에이전트들을 찾아 볼 수 있다. 일부 에이전트는 소통하지만 일부는 완전히 고립되어 행동한다. 일부는 공간이 없는 곳에서 행동하지만 일부는 공간에서 행동한다. 일부는 학습하고 적응하지만 일부는 행동 패턴을 결코 바꿀 수 없다.

다음은 오해를 방지할 수 있는 몇 가지 유용한 사실들로써 학술문헌이나 에이전트 기반 모델링의 다양한 이론에 의한 내용이다.

- **에이전트는 셀룰러 오토마타(cellular automata)가 아니다.** 에이전트는 이산공간(The Game of Life, n.d.)의 격자에 존재하는 것과 같을 필요가 없으며, 공간은 많은 에이전트 기반 모델의 일부가 아니다. 공간을 표현할 필요가 있을 때는 일반적으로 지리적 지도나 시설평면도와 같이 연속적이다.

- 에이전트는 반드시 사람이 아니다. 차량, 장비, 프로젝트, 아이디어, 조직 또는 투자와 같은 것도 에이전트가 될 수 있다. 각 기계가 에이전트로 모델링되고 상호작용으로 강철이 생성되는 강철 변환기 플랜트의 모델은 에이전트 기반 모델이다.
- 확실하게 수동적으로 보이는 개체도 에이전트가 될 수 있다. 대규모 급수 네트워크에서 단일 파이프의 한 부분을 에이전트로 모델링한 다음 유지보수 및 교체일정, 비용 및 고장 사건을 해당 작업과 연관시킬 수 있다.
- 에이전트 기반 모델에는 에이전트가 많거나 적을 수도 있다. 모델에는 에이전트 타입이 하나이거나 그 이상이 있을 수도 있다.
- 에이전트가 상호작용하지 않는 에이전트 기반 모델도 있다. 예를 들어 보건경제학은 개별 역학이 개인적 파라미터와 때로는 환경에만 의존하는 알코올 사용, 비만 및 만성 질환 모델을 사용한다.

시장모델(Market model)

우리는 제품이 시장에 진입하는 방식을 이해할 수 있도록 각 소비자가 에이전트가 될 소비자 시장의 에이전트 기반 모델을 구축할 것이다. 인간의 결정에는 항상 추측통계학(stochastics)이 포함되기 때문에 에이전트 기반 모델링은 시장 시뮬레이션 모델링에 이상적이다.

다음을 가정해 보자.

- 이 모델에는 제품을 사용하지 않는 5,000명의 사람들이 포함되어 있지만 그 사람들은 광고와 입소문에 의해 제품을 구매하게 될 수도 있다.

1단계. 에이전트 파퓰레이션 생성

먼저 광고가 소비자에게 제품을 구매하게 하는 방법을 묘사하는 간단한 모델을 작성한다.

모델에서 소비자는 처음에는 제품을 사용하지 않지만 모두 잠재적으로 제품 사용에 관심이 있다. 또한 특정 비율의 소비자에게 주어진 날짜 동안 제품 구매에 관심을 갖게 함으로써 소비자 수요에 대한 광고의 영향력을 나타낼 것이다. 목적을 위하여 *Advertising effectivcncss = 0.1*은 잠재 고객이 특정 날짜에 제품을 구매할 준비가 된 비율을 결정한다.

AnyLogic을 시작하면 *Welcome*(환영) 페이지가 표시되는데, *Welcome* 페이지에서는 AnyLogic 소개와 프로그램 및 기능에 대한 유용한 개요를 제공하며 예제 모델을 열 수 있다.

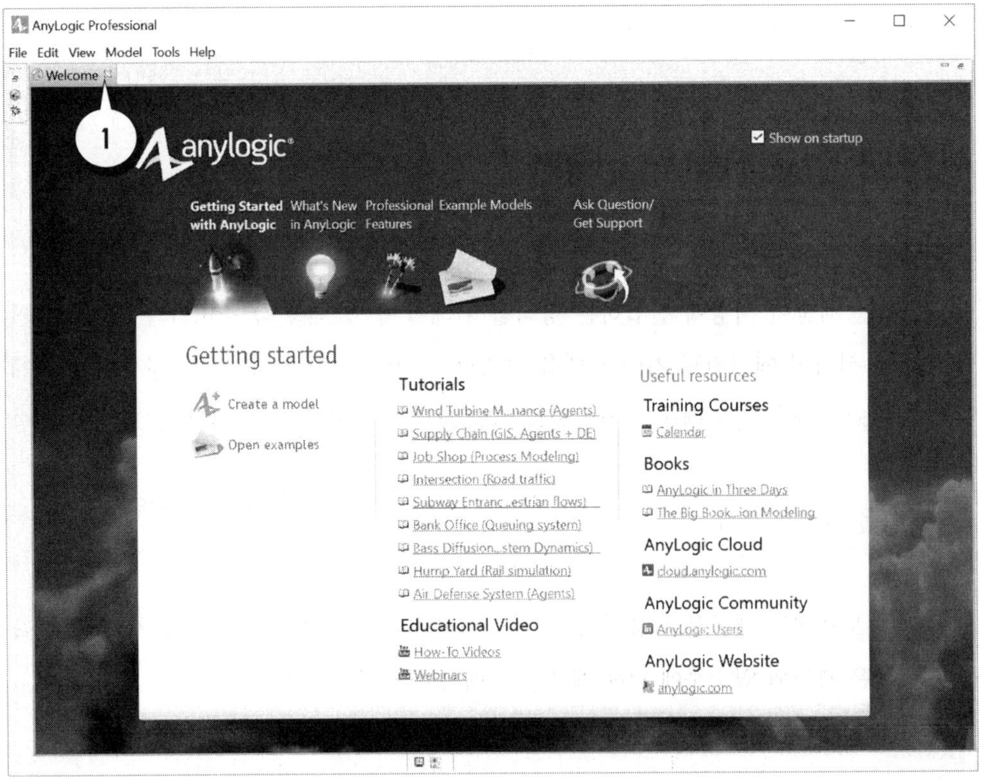

Welcome 페이지

1. Welcome 페이지를 닫고 AnyLogic의 주 메뉴에서 File(파일) 〉 New(새로 만들기) 〉 Model(모델)을 선택하여 새 모델을 작성하면, New Model(새 모델) 마법사가 열린다.

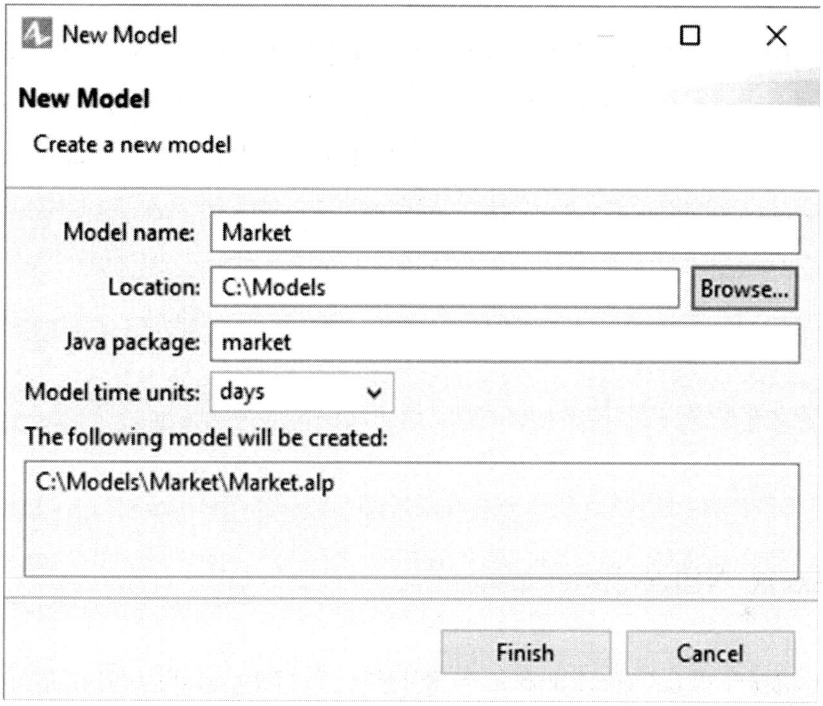

2. **Model name**(모델 이름) 입력박스에 새 모델의 이름으로 *Market*을 입력한다.
3. **Location**(위치) 입력박스에서 모델을 만들 폴더를 선택한다. **Browse**(찾아보기)를 클릭하여 폴더를 찾거나 **Location** 입력박스에 만들려는 폴더 이름을 입력할 수 있다.
4. **Finish**를 클릭한다.

이제 AnyLogic의 인터페이스를 간단히 살펴 보겠다.

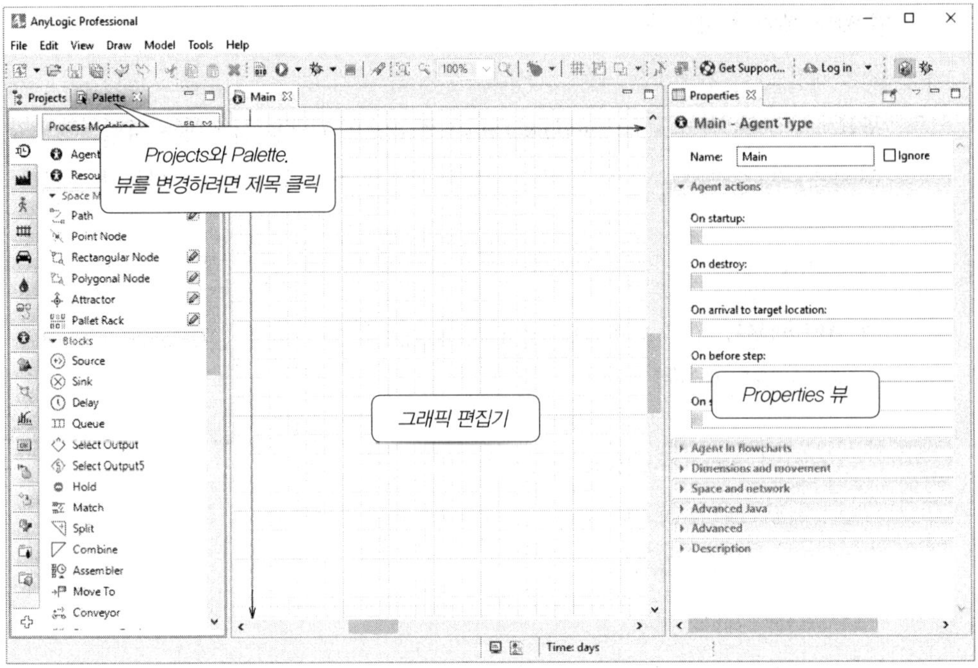

AnyLogic 작업공간(workspace)

- 그래픽 편집기(graphical editor)를 사용하면 에이전트 타입의 다이어그램을 편집할 수 있으며 모델 요소를 팔레트(Palette)에서 다이어그램으로 드래그하여서 편집기의 캔버스에 배치하여 모델 요소를 추가할 수 있다. 파란색 프레임 안에 배치한 요소는 모델 윈도우를 실행할 때 모델 윈도우 안에 나타난다.
- **Projects**(프로젝트) 뷰는 작업공간에서 열어 놓은 AnyLogic 모델에 액세스할 수 있게 해주며, 작업공간 트리를 이용하면 그것들을 쉽게 탐색할 수 있다.
- **Palette**(팔레트) 뷰에는 Palette에 그룹화된 객체가 나열된다. 모델에 요소를 추가하려면 요소를 Palette에서 그래픽 편집기로 드래그한다.
- **Properties**(속성) 뷰를 사용하면 선택한 항목의 속성을 보고 수정할 수 있다.
- **View**(뷰)를 열거나 닫으려면 View 메뉴에서 해당 항목을 선택한다. 항목을 선택하

면 해당 뷰가 표시된다.

- 뷰의 크기를 조정하려면 마우스를 사용하여 뷰의 가장자리를 드래그한다.
- **Tools**(도구) 메뉴에서 **Reset perspective**(관점 재설정) 옵션을 사용하여 뷰를 기본 위치로 되돌릴 수 있다.

5. **Projects** 뷰를 열어 모델의 구조를 살펴 보자. Palette 및 **Projects** 뷰는 작업 공간의 왼쪽 섹션에서 찾을 수 있으며, **Projects** 탭을 클릭하여 Palette 뷰에서 **Projects** 뷰로 전환할 수 있다.

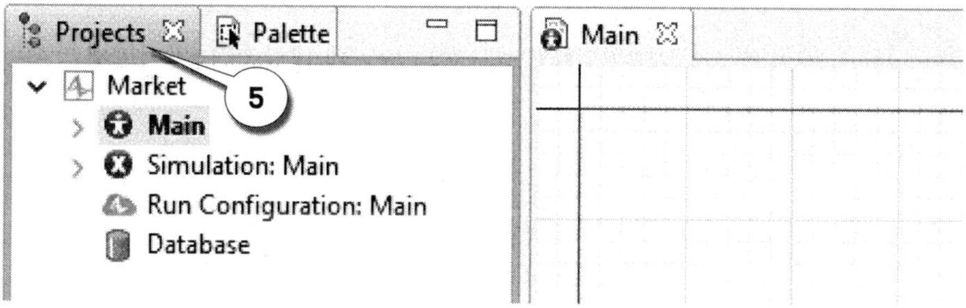

Projects 뷰에서 모델 탐색

- **Projects** 뷰에서는 작업공간에서 열려있는 AnyLogic 프로젝트에 액세스할 수 있으며, 작업공간 트리를 사용하여 쉽고 빠르게 탐색할 수 있다.
- AnyLogic은 트리 구조를 사용하여 모델을 표시하는데, 최상위 레벨은 모델을 표시하고 아래 레벨은 에이전트 타입 및 실험을 표시하고, 하위 레벨 가지는 에이전트 구조를 구성하는 요소로 구성되어 있다.

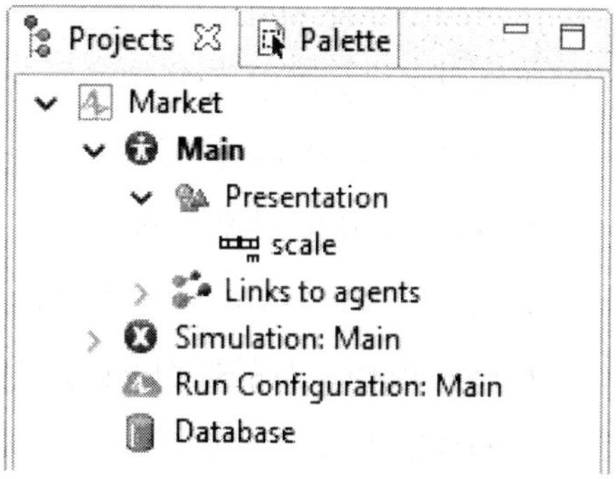

- 기본적으로 모델은 에이전트 타입인

Main, 실험인 Simulation 및 입력 데이터를 읽고 시뮬레이션 출력을 저장하는 Database(기본적으로 비어있음)가 있다. Run Configuration(구성 실행) 요소를 사용하면 AnyLogic 클라우드에 업로드하기 전에 모델의 입력 및 출력을 조정할 수 있다.

- 에이전트 타입 또는 실험을 더블클릭하면 그래픽 편집기에서 다이어그램이 열린다.
- 트리에서 모델 요소를 클릭하면 요소가 선택되고 그래픽 편집기에서 가운데에 배치되는데, 이것은 그래픽 다이어그램에서 요소를 찾을 수 없을 때 도움이 된다.

그래픽 편집기에서 모델의 *Main* 에이전트 타입에 대한 빈 다이어그램을 볼 수 있다.

에이전트(Agent)

- 에이전트는 모델을 만드는 블록이며, 조직, 회사, 트럭, 처리장, 자원, 도시, 소매업체, 물리적 객체, 조종기 등 모든 종류의 실제 세계의 객체를 모델링하는 데 사용할 수 있다.
- 각 에이전트는 일반적으로 모델의 논리적 섹션 중 하나를 나타낸다. 이를 통해 모델을 다양한 수준으로 분해할 수 있다.

우리 모델에는 에이전트 타입인 *Main*이 하나 있다. 소비자를 추가하려면 소비자를 나타내는 에이전트 타입을 만든 다음 이 소비자 에이전트 타입의 인스턴스로 구성된 에이전트 채우기를 만들어야 한다. AnyLogic에서는 유용한 **New agent**(새 에이전트) 마법사를 사용하여 에이전트를 만들 수 있다.

6. 새 모델 요소를 추가하려면 먼저 Palette 탭을 클릭하여 Palette 뷰로 전환해야 한다.

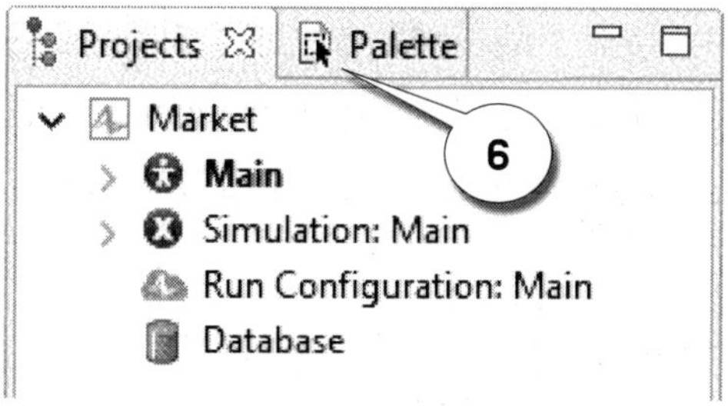

7. **Agent** Palette를 연다. 특정 Palette를 열려면 Palette 뷰로 이동하여 마우스를 뷰의 수직 탐색 패널 위로 가져간다.

8. 모든 Palette의 이름이 표시되도록 확장하여 필요한 Palette를 선택할 수 있다. 목록에서 **Agent** Palette를 클릭하여 선택한다.

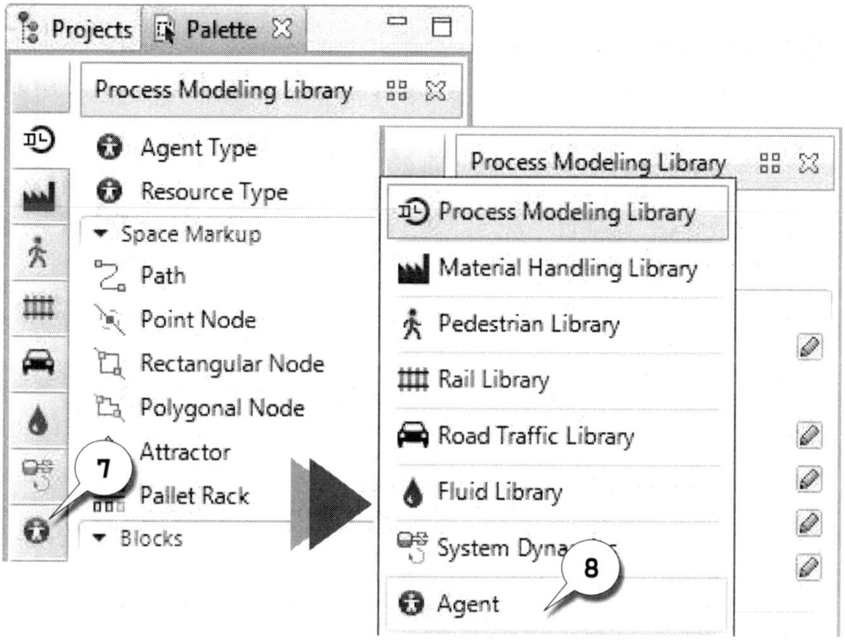

아이콘에 익숙해지면 탐색바에서 원하는 Palette 아이콘을 클릭할 수 있다.

9. **Agent** Palette에서 *Main* 다이어그램으로 **Agent** 를 드래그하면 **New agent** 마법사가 열린다.

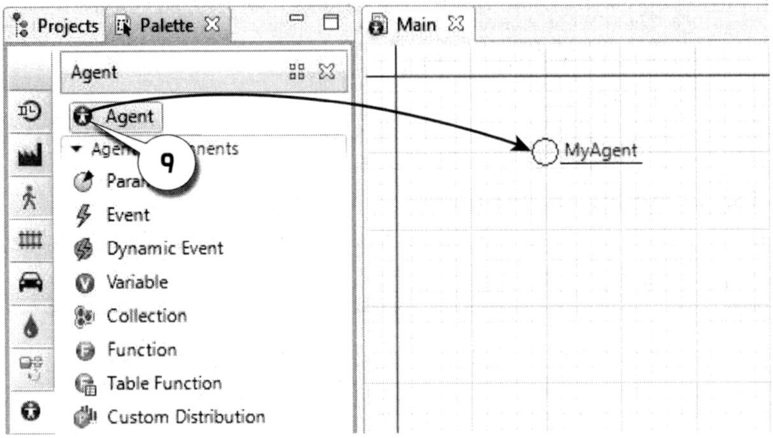

10. **Step 1. Choose what you want to create**(1단계. 만들려는 대상을 선택한다) 페이지에서 요구에 가장 잘 맞는 옵션을 선택한다. 동일한 타입의 에이전트를 여러 개 만들려면 **Population of agents**(에이전트 파퓰레이션)를 선택하고 **Next**를 클릭한다.

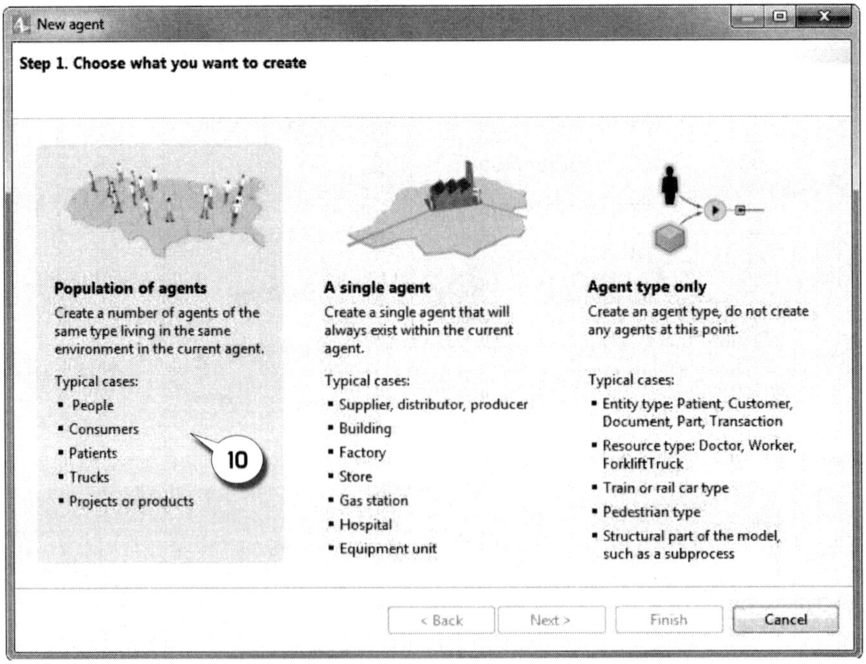

11. **Step 2. Creating new agent type**(2단계. 새 에이전트 타입 만들기) 페이지에서 **Agent type name**(에이전트 타입 이름) 입력박스에 *Consumer(소비자, 대문자로 시작함)*를 입력한다. **Agent population name** 입력박스의 정보는 자동으로 *consumers(소문자로 시작하고, 복수형태임)*로 변경된다.

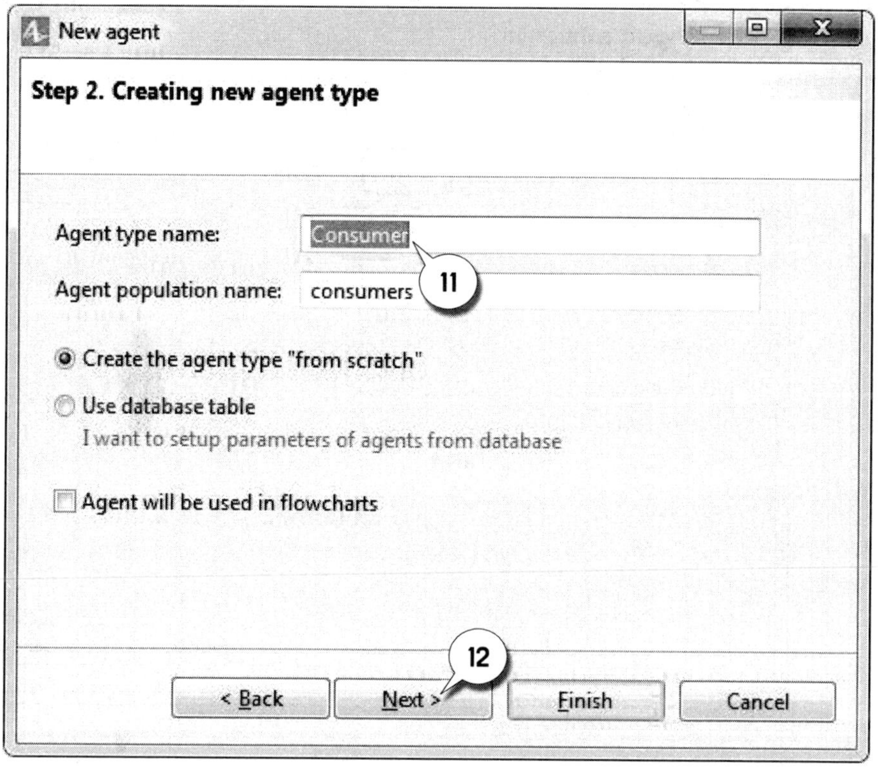

12. **Next**를 클릭한다.

13. **Agent animation** 페이지에서 에이전트의 애니메이션 도형을 선택한다. 2D 애니메이션을 사용하는 간단한 모델을 만들 것이므로 **2D**를 선택하고 **General**(일반) 목록의 첫 번째 항목인 **Person**(사람)을 선택한 다음 **Next**를 클릭한다.

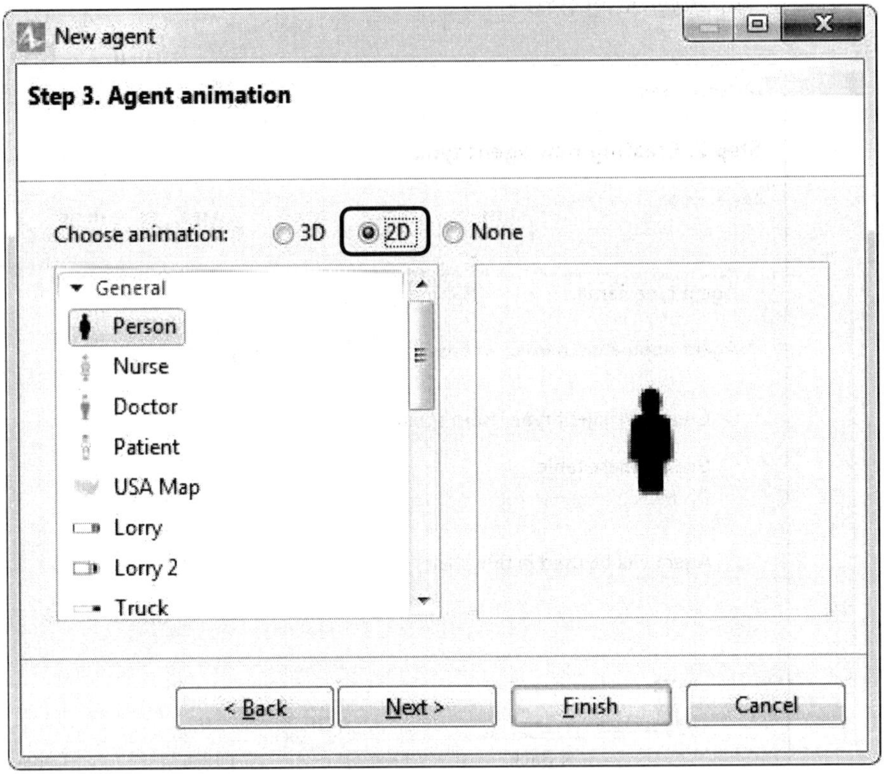

14. **Agent Parameters**(에이전트 파라미터) 페이지에서 에이전트의 파라미터 또는 특성을 정의한다.

우리 모델은 광고와 관련된 제품 구매만을 고려하기 때문에 *AdEffectiveness* 라는 파라미터를 추가하여 특정 날짜에 제품을 구매할 준비가 된 잠재 사용자의 비율을 정의한다.

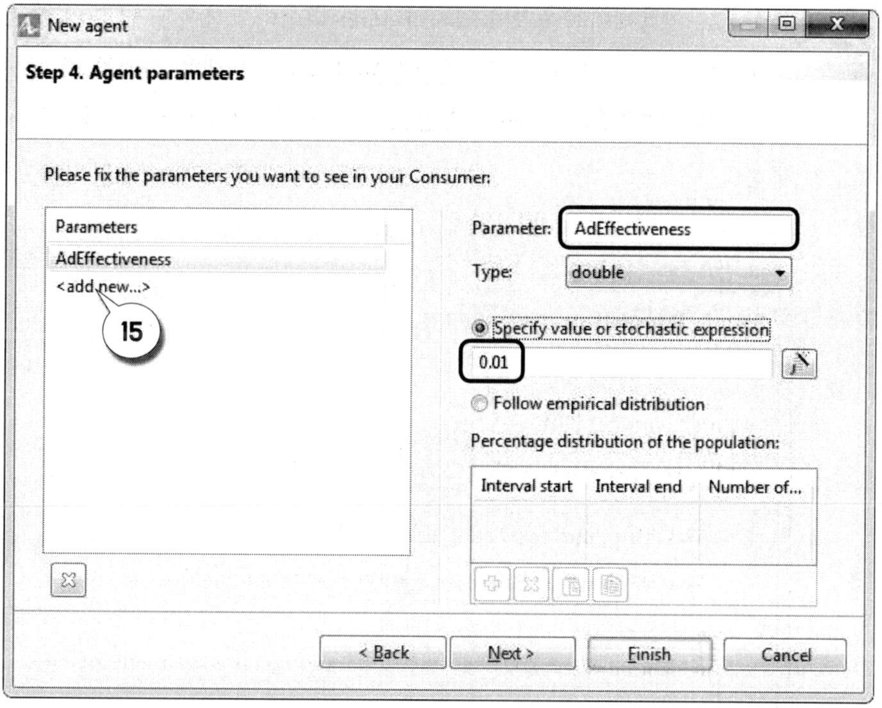

15. 왼쪽 섹션의 **Parameters** 테이블에서 **<add new...>**를 클릭하여 파라미터를 만든다.

16. **Parameter** 입력박스에서 기본 파라미터 이름을 *AdEffectiveness*로 변경하고 파라미터 **Type**으로 **double**(배정밀도)을 선택한다. 잠재고객의 평균 1%가 특정 날짜에 제품을 구매하기를 원할 것으로 가정하므로 파라미터의 값으로 *0.01*을 지정한다.

17. **Next**를 클릭한다.

18. **Population size**(파퓰레이션 크기) 페이지에서 **Create population with ... agents**(…개의 에이전트로 파퓰레이션 생성) 입력박스에 5000을 입력하여 *Consumer* 타입의 인스턴스를 5,000개 생성한다. 파퓰레이션의 각 인스턴스는 특정 에이전트인 소비자를 모델링한다.

    에이전트 파퓰레이션을 만들었지만 *Main* 다이어그램에서 5,000명의 *Person* 애니메이션 그림을 볼 수 없다. 대신에 AnyLogic은 모델을 실행할 때 시장을 시뮬레이션하기 위해 *consumers*라고 불리는 파퓰레이션의 5,000개의 에이전트를 사용한다.

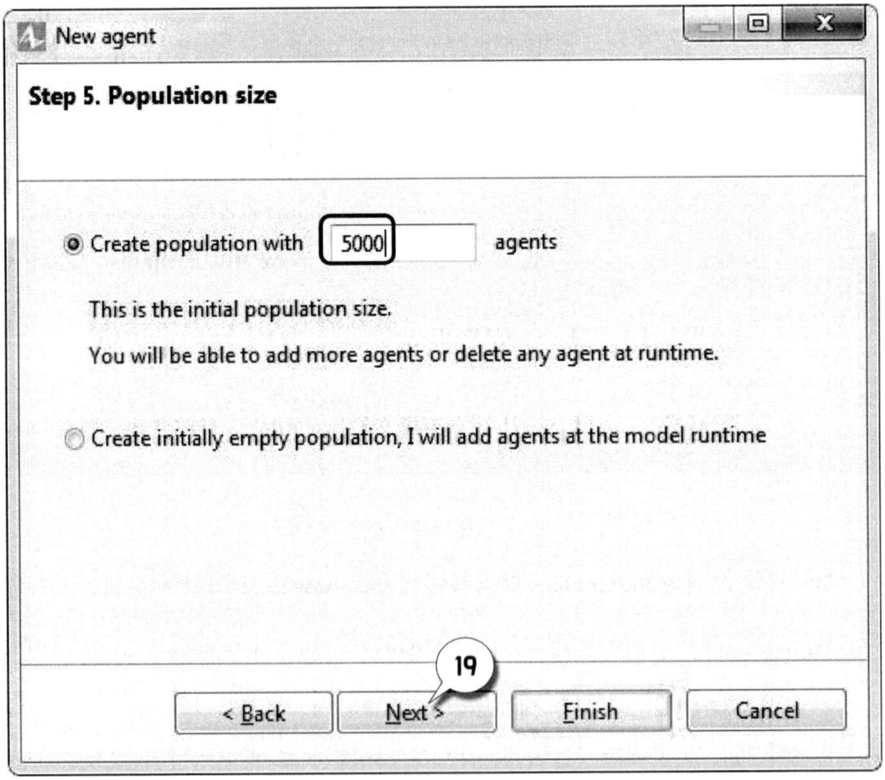

19. **Next**를 클릭한다.

20. **Configure new environment**(새 환경 구성) 페이지에서, 환경의 Space type(공간 타입)은 **Continuous**(연속)로, **Width**(너비) 및 **Height**(높이)는 기본 값 500으로 승인한다. AnyLogic은 에이전트를 500×500 픽셀 사각형으로 표시할 것이다.

21. **Apply random layout**(랜덤 레이아웃 적용) 체크박스를 선택하여서 이미 정의한 500 픽셀 너비와 높이에 걸쳐서 에이전트를 무작위로 배치한다. 에이전트 네트워크를 만들지 않으므로 Network type은 기본값인 **No network/User-defined**(네트워크 없음/사용자 정의)를 사용한다.

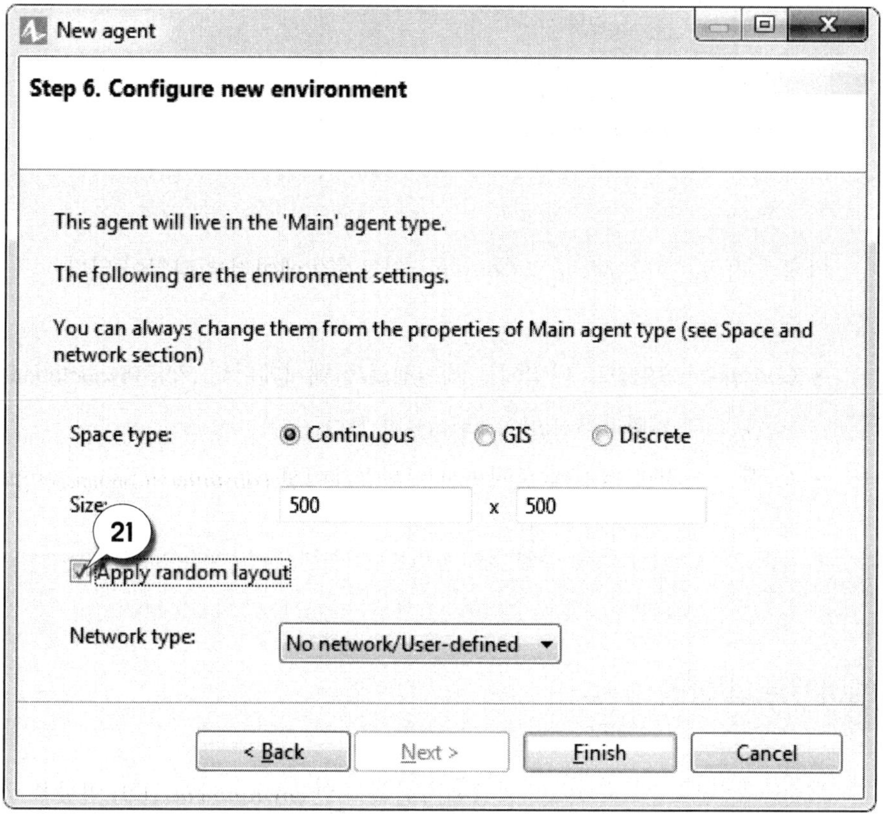

22. **Finish**를 클릭한다.

23. 마법사가 생성한 새 요소를 보려면 **Projects** 뷰를 사용하자. 모델의 tree(트리) 가지를 확장하여 내부를 본다.

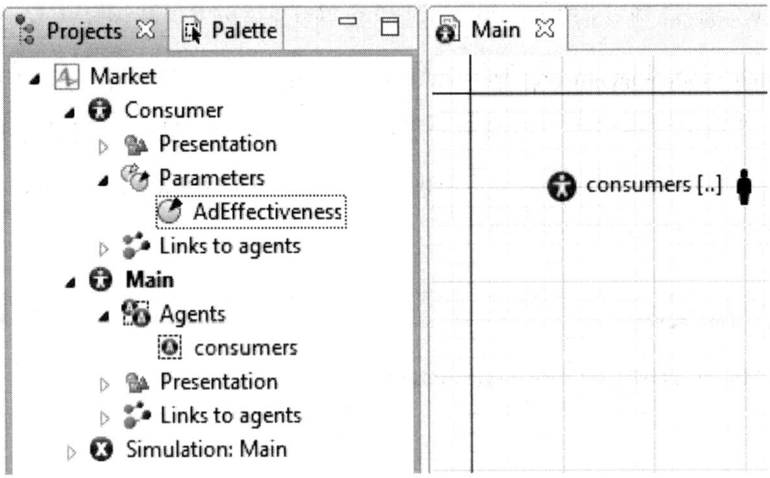

이제 우리 모델에는 *Main* 및 *Consumer*의 2가지 에이전트 타입이 있다.

- *Consumer* 에이전트 타입에는 에이전트의 애니메이션 모양(**Presentation** 가지에 있는 *person*)과 파라미터 *AdEffectiveness*가 있다.
- *Main* 에이전트 타입에는 에이전트 파퓰레이션 *consumers*(*Consumer*타입의 5,000개의 에이전트 집합)가 포함된다.

에이전트의 환경

Main 에이전트는 *consumers* 파퓰레이션을 위한 *environment*(환경) 역할을 한다. 환경은 에이전트가 사용할 공간, 레이아웃, 네트워크 및 커뮤니케이션을 정의하기 때문에 에이전트의 프리젠테이션을 준비하고 에이전트가 상호작용할 때 발생하는 "입소문(word of mouth)" 광고를 모델링할 환경이 필요할 것이다.

24. **Projects** 뷰에서 **Main**을 클릭하여 **Properties** 뷰에서 속성을 연다(AnyLogic 창의 오른쪽에 **Properties** 뷰가 있음).

Main **Properties**의 **Space and network**(공간 및 네트워크) 섹션에서 *consumers* 에이전트 파퓰레이션에 대한 환경 설정을 조정할 수 있다.

Properties(속성) 뷰

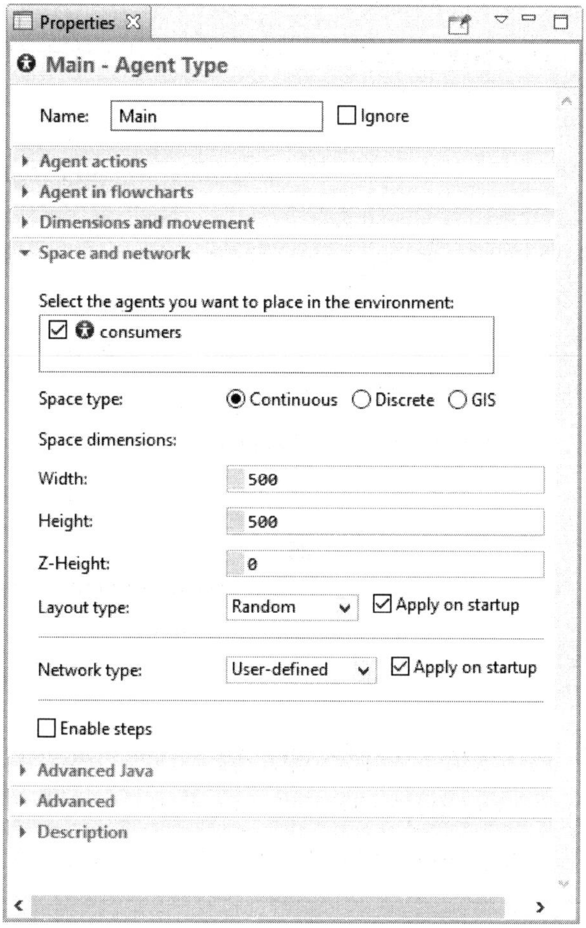

- **Properties** 뷰는 요소 속성의 상황 맞춤형 뷰이다.
- 요소의 속성을 수정하려면 그래픽 편집기나 **Projects** 뷰에서 해당 요소를 클릭한 다음 **Properties** 뷰를 사용하여 속성을 수정한다.
- **Properties** 뷰에는 여러 섹션이 있는데, 섹션을 확장하거나 축소하려면 해당 섹션의 제목을 클릭한다.
- 선택한 요소의 이름과 타입이 뷰의 맨 위에 표시된다.

25. *Main* 다이어그램의 에이전트 파퓰레이션에서 편집할 수 없는 포함된 애니메이션 도형 을 선택하고, **Advanced**(고급) 속성 섹션을 연 다음 이 위치에 **Draw agent with offset to this position**(오프셋이 있는 에이전트 그리기) 옵션을 선택한다.

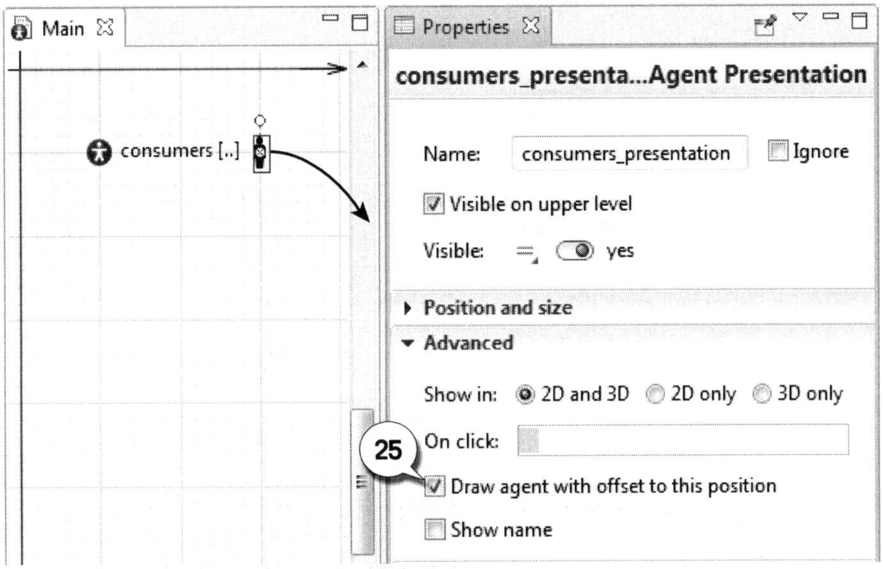

다음 그림에서 볼 수 있듯이 애니메이션 도형은 모델을 실행할 때 개별 에이전트가 표시될 500x500 픽셀 공간의 왼쪽 위 모서리를 정의합니다.

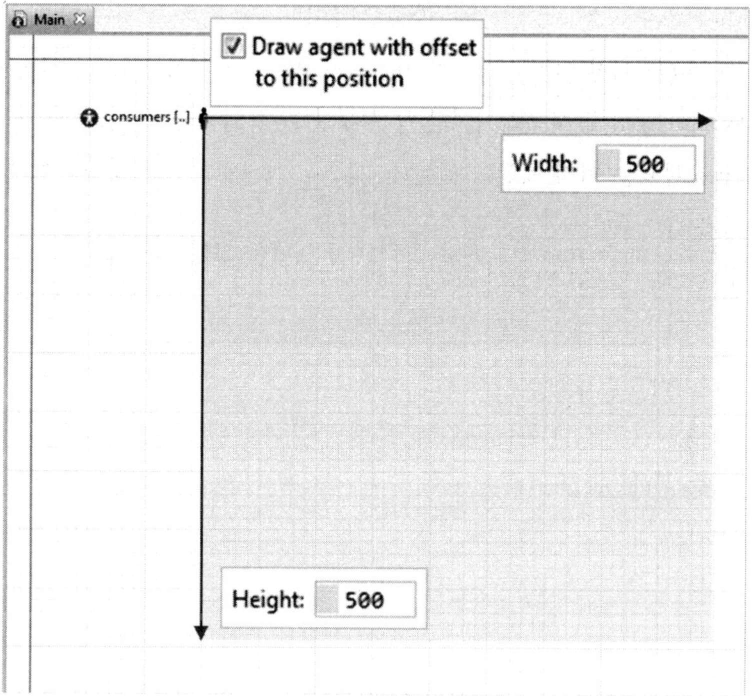

간단한 모델을 완성했으므로 이제 이 모델을 실행하고 그 행동을 관찰할 수 있다.

26. 툴바에서 **Build** 버튼을 클릭하여 모델을 빌드하고 오류를 확인한다.

27. **Run** 버튼을 찾아 오른쪽의 작은 검정색 역삼각형을 클릭하고, 목록에서 실행할 실험으로 **Market / Simulation**을 선택한다.

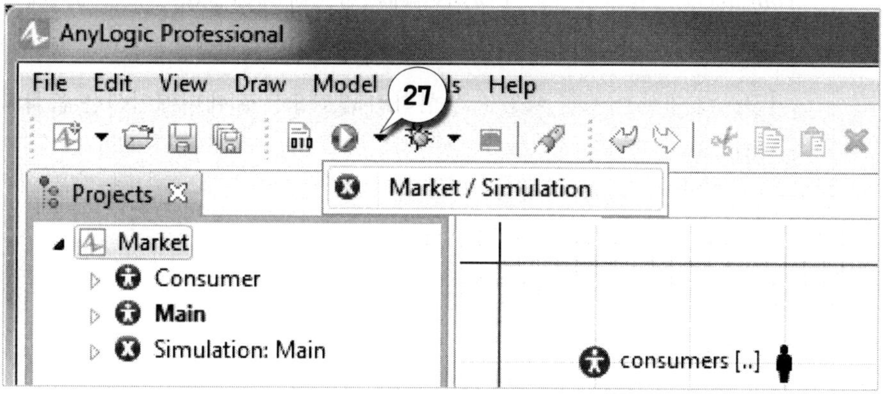

동시에 여러 모델을 열어서 각 모델마다 여러 실험을 할 수 있으므로 실험을 정확하게 선택해야 한다.

모델을 시작하면 모델 창(model window)에 시작된 실험 *Simulation*의 프레젠테이션이 표시되는데, 기본적으로 모델 이름이 표시된다.

28. 모델 창 하단의 ▶ **Run** 컨트롤을 클릭하여 모델을 실행한다.

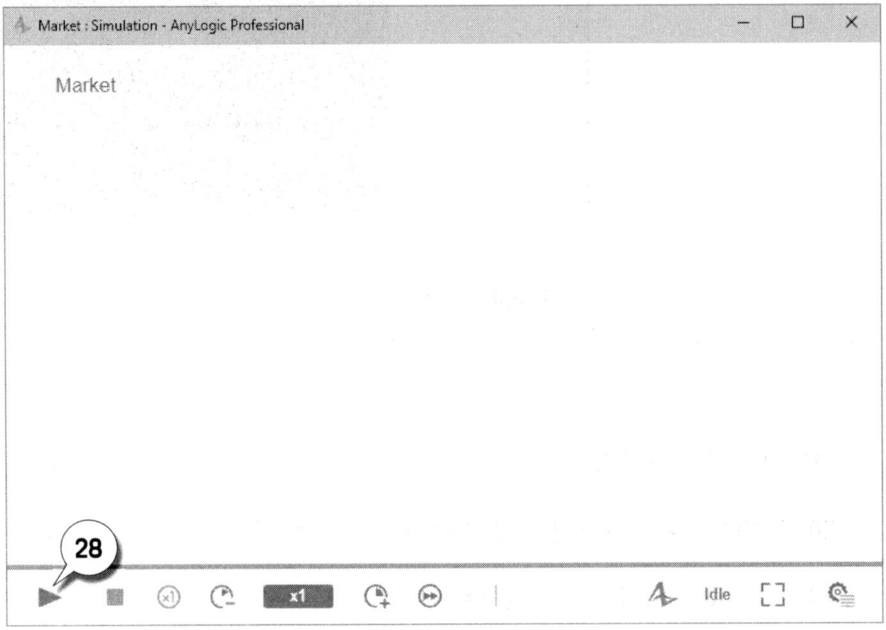

consumers 파퓰레이션을 구성하는 에이전트에 대해 5,000개의 애니메이션을 보여주는 모델 프레젠테이션(*Main* 에이전트 용으로 만든 프레젠테이션)을 볼 수 있다. 에이전트에 대한 어떠한 행동도 생성하지 않았으므로 애니메이션은 움직임이 없이 나타난다.

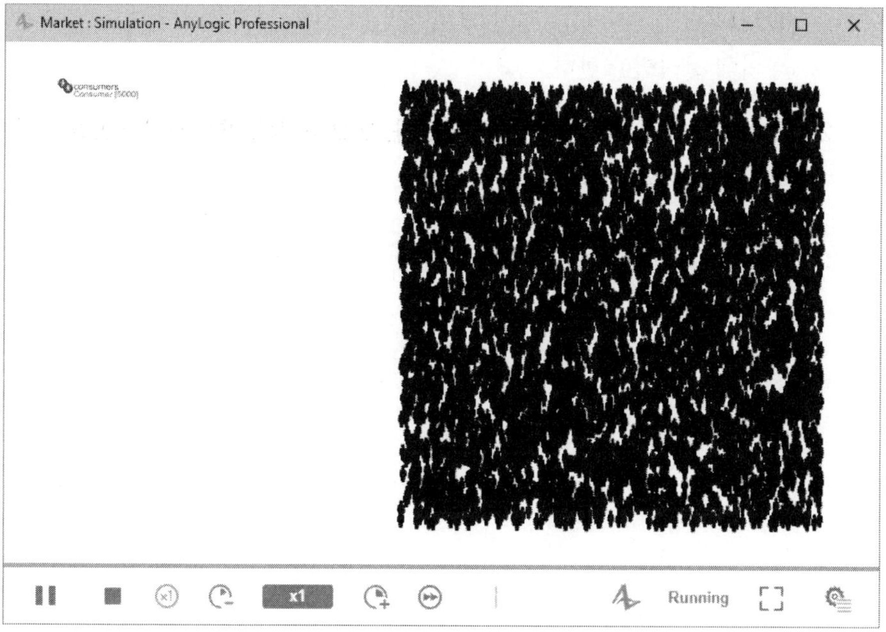

모델 창의 제어판

- 모델 창 하단의 제어판을 사용하여 모델의 실행을 제어할 수 있다.

Run(실행)	[모델이 실행되지 않을 때 표시] 시뮬레이션을 시작하거나 시뮬레이션이 일시 정지된 경우 다시 시작한다.
Pause(일시 정지)	[모델이 실행 중일 때 표시] 시뮬레이션을 일시 정지한다. 일시 정지된 시뮬레이션은 언제든지 다시 시작할 수 있다.
Stop(정지)	현재 실험 실행을 종료한다.

- 모델이 실행 중인지 확인하려면 제어판에 표시된 모델의 시뮬레이션 상태(status)인 Running(실행 중), Paused(일시 정지됨), Idle(유휴 상태), 또는 Finished(완료됨)를 확

인한다.

29. 소비자 로직을 정의할 준비가 되었다. 모델을 계속 개발하려면 모델 창을 닫는다.

2단계. 소비자 행동(behavior) 정의

소비자 특성과 행동을 정의하여 모델을 개발할 것이다. 행동을 정의하는 가장 좋은 방법은 statechart를 사용하는 것이다.

Statechart(상태차트)

- *statechart*는 이벤트 및 시간 중심의 행위를 설명하는 구성 중 가장 진화된 형태이다. 일부 객체의 경우 이 이벤트 및 시간 순서에 의한 작업이 너무 광범위하므로 행위를 특성화할 때 상태전환 다이어그램 즉 *statechart*를 사용하는 것이 가장 좋다.
- *statechart*에는 *state*(상태)와 *transition*(전환)이 있다. *statechart*의 state는 선택이 가능한데, 즉 객체는 한 번에 하나의 state에만 있을 수 있다. transition 실행은 새로운 transition 들을 활성화하는 state 변경으로 이어질 수 있다. *statechart*의 state는 계층적일 수도 있어서 다른 state와 transition이 포함될 수 있다.
- 하나의 에이전트는 에이전트의 동작 중 독립적인 부분을 묘사하는 여러 *statechart*를 가질 수 있다.

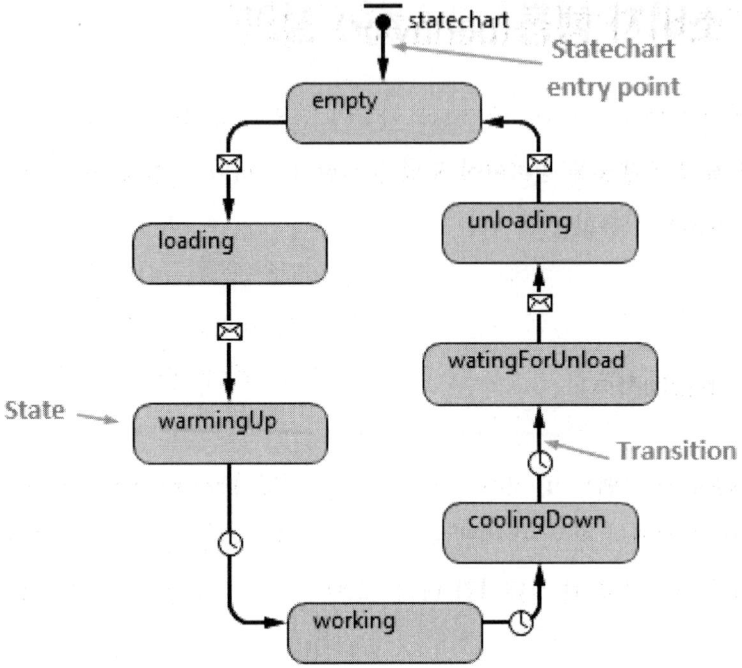

우리는 소비자 행동을 2개 state의 순서로 정의할 것이다.

- *PotentialUser*(잠재적 사용자) state의 소비자는 잠재적으로 제품을 구입하는 데 관심이 있다.
- *User*(사용자) state의 소비자는 제품을 구입했다.

1. **Projects** 뷰에서 *Consumer* 다이어그램을 더블클릭하여 열면, 축의 원점에 있는 애니메이션 그림과 파라미터가 있는 에이전트의 그래픽 다이어그램을 볼 수 있다.

현재 편집 중인 에이전트 타입을 확인하는 방법

지금 우리 모델에는 2가지 에이전트 타입이 있으므로, 그래픽 편집기에서 편집 중인 에이전트 타입이 무엇인지 궁금할 수 있다.

- 그래픽 편집기에서 열려 있는 에이전트 타입의 탭을 클릭하면, AnyLogic은 **Projects** 뷰의 트리에서 해당 항목을 하이라이트한다(아래 그림 참조).
- 탭 이름(아래 예의 경우는 *Main*과 *Consumer*)을 클릭하여 열려 있는 다른 에이전트 타입의 그래픽 다이어그램들을 탐색할 수 있다.

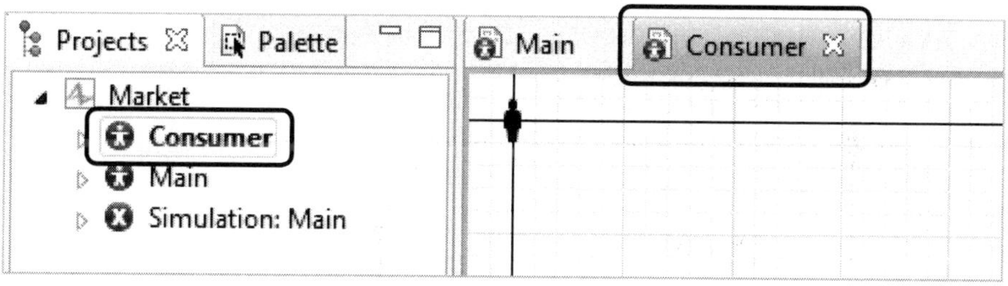

2. 2개의 state를 그려서 statechart 작성을 시작한다. **Statechart** Palette를 연다.
3. **Statechart Entry Point**(진입점) 를 **Statechart** Palette에서 *Consumer* 다이어그램으로 드래그한다. *statechart entry point*를 추가하여 statechart 작성을 시작한다. 진입 점은 statechart 제어 흐름의 시작과 statechart 의 이름을 정의한다.

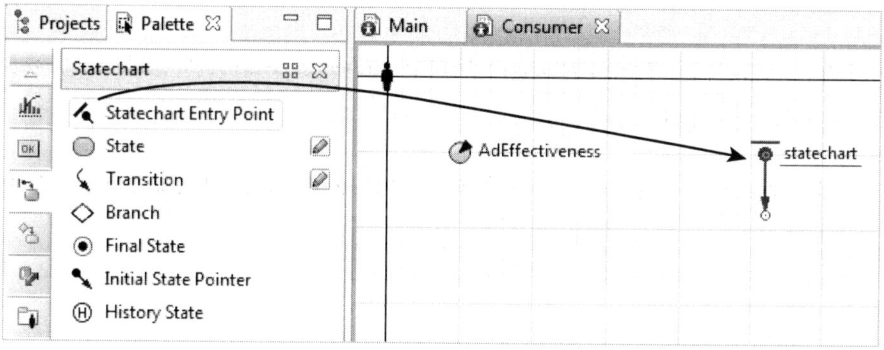

Statechart entry point 와 Initial state pointer , 또는 Transition 은 닮아서 혼동하기 쉬우니 주의하여야 한다.

AnyLogic이 어떻게 statechart 진입점을 빨간색으로 하이라이트 하는지 확인할 수 있는데, 이는 진입점이 어떤 state에도 연결되어 있지 않고 현재 statechart가 유효하지 않음을 의미한다.

*Consumer*의 statechart에 첫 번째 state를 추가한다.

4. **Statechart** Palette에서 **State** 를 그래픽 다이어그램으로 드래그하고 statechart 진입점에 연결한다.

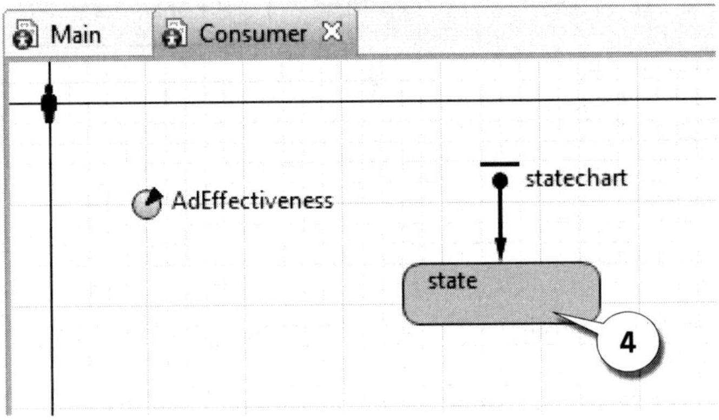

Main이 아닌 Consumer 다이어그램에서 statechart를 그려야 한다.

5. 그래픽 편집기에서 state를 선택하고 properties를 수정한다. Name을 *PotentialUser*로 지정한다.

6. **Fill color**(채우기 색상) 컨트롤을 사용하여 state의 색상을 *lavender*(라벤더)로 변경한다.

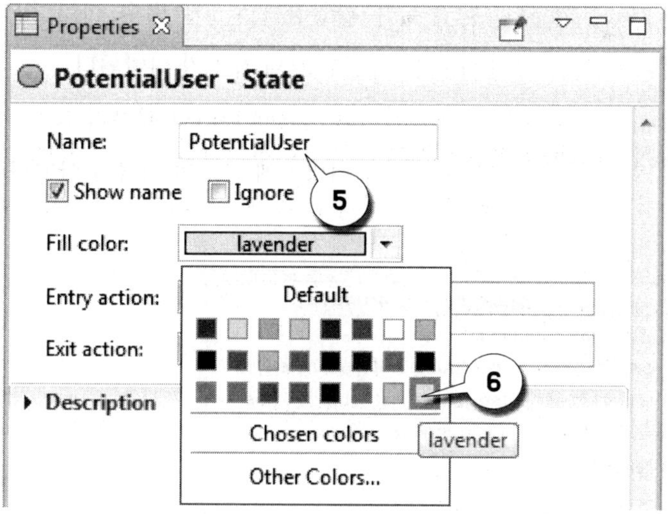

7. state의 **Entry action** 입력필드에 다음 Java 코드를 입력한다.

shapeBody.setFillColor(lavender)

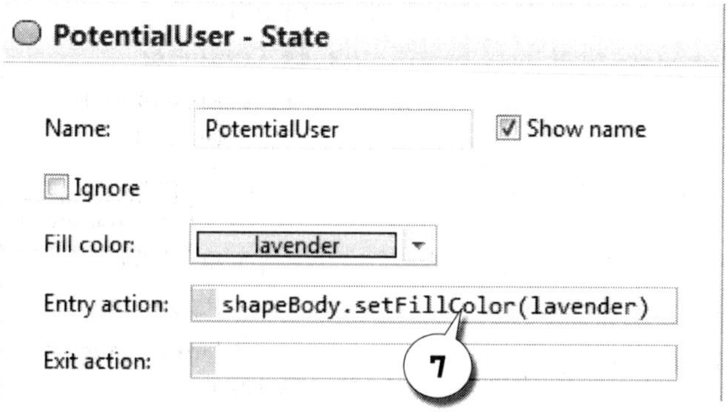

코드자동완성 기능(code completion assistant)

- 코드자동완성 기능을 이용하면 요소 및 함수의 전체 이름을 입력하지 않아도 된다. 이 기능을 열려면 입력박스에서 원하는 위치를 클릭하고 Ctrl + 스페이스바

(Mac OS에서는 Alt + 스페이스바)를 누른다. 팝업창에는 모델 변수, 파라미터 또는 함수와 같이 지정된 콘텍스트에서 사용 가능한 모델 요소가 나열된다.

- 추가하려는 요소의 이름으로 스크롤하거나 목록에 나타날 때까지 요소의 첫 번째 문자들을 입력한 다음 Enter 키를 눌러 입력박스에 요소의 이름을 삽입한다.

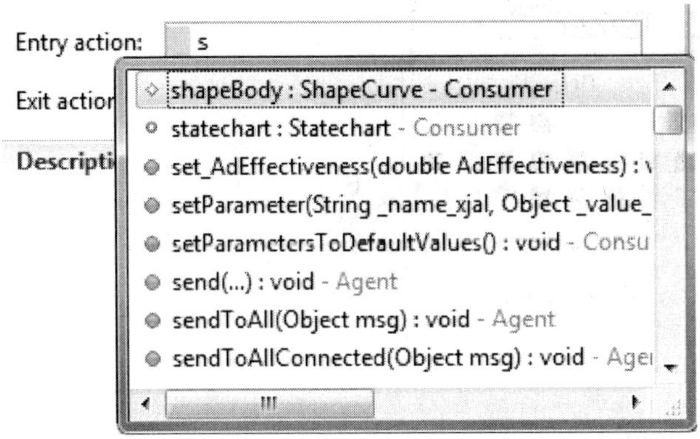

Entry action은 소비자가 다른 **state**로 전환할 때 실행되는데, 이 코드는 소비자 애니메이션 색상을 변경하여 **state** 변경을 표시한다.

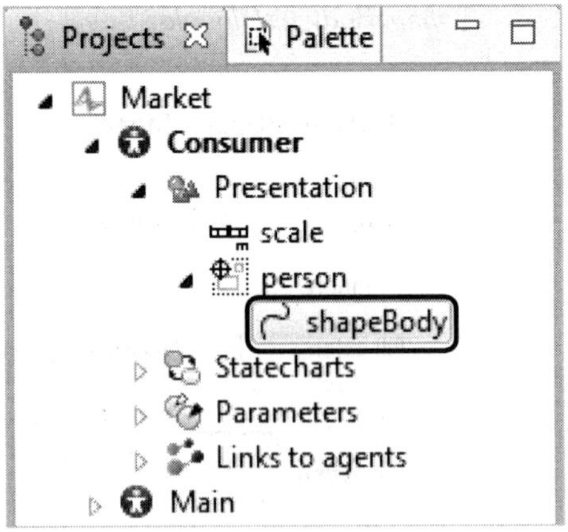

여기서 *shapeBody*는 new agent 마법사가 만든 *Consumer* 애니메이션 도형의 이름이다. (**Projects** 트리에서 *Consumer*의 **Presentation** 가지를 확장하면 *person* 그룹 내부에 *shapeBody* 도형이 표시됨).

여기서 *shapeBody*의 함수를 호출한다. 요소의 함수에 액세스하려면 요소 이름(*shapeBody*)을 입력하고 점을 입력한 다음 코드자동완성 기능을 사용하여 요소의 기능을 나열하거나 목록에서 함수명을 선택한다. *setFillColor*는 도형의 fill color(채우기 색상)를 동적으로 변경할 수 있는 표준 형태의 함수 중 하나이다. 그것은 단지 하나의 인수, 즉 새로운 색상만을 필요로 한다.

8. Consumer의 statechart에 다른 state를 추가한다.

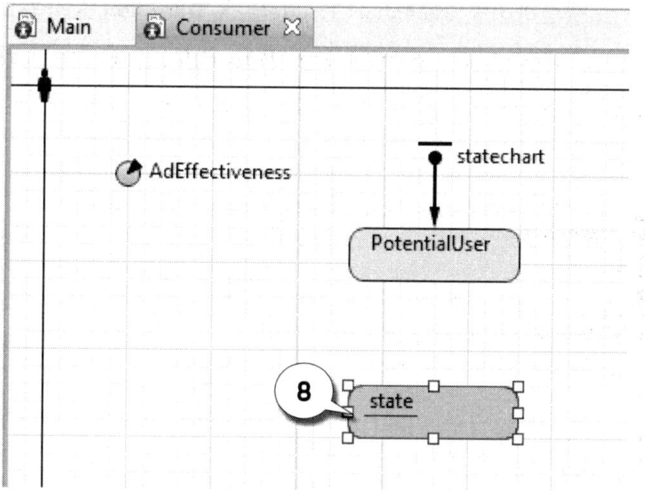

9. 이전과 같이 state의 **properties**를 수정한다.

Name: *User*

Fill color: *yellowGreen*

Entry action: *shapeBody.setFillColor(yellowGreen);*

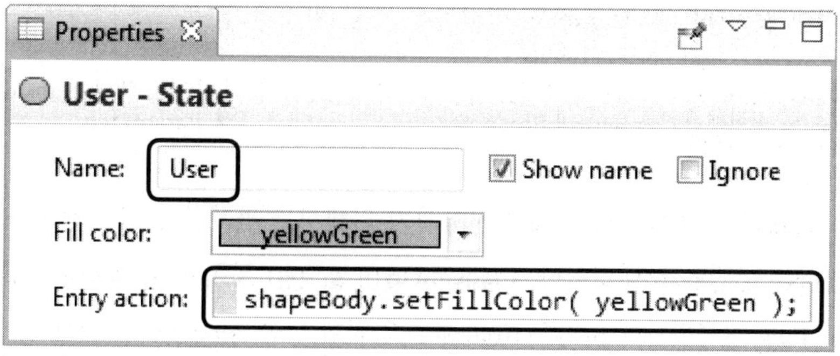

10. *PotentialUser*에서 *User* state로 전환하여 사람들이 제품을 구매하고 제품사용자가 되는 방식을 모델링하려면 **Statechart** Palette의 **Transition** 요소를 더블클릭하고(Palette에서 요소 아이콘이 로 변경되어야 함) *PotentialUser* state를 클릭한 다음 *User*를 클릭한다.

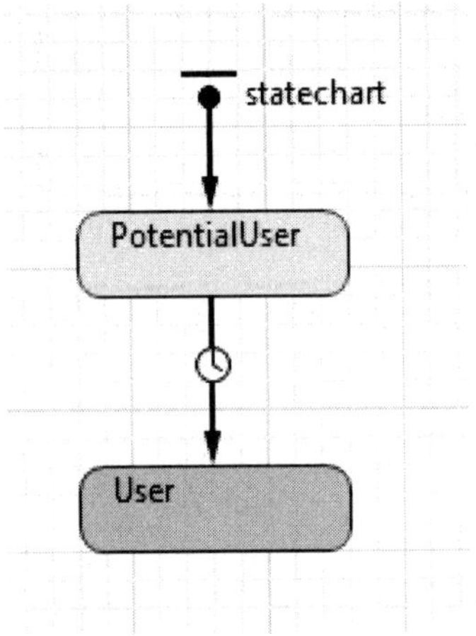

transition이 state를 연결하는지 확인한다. transition이 연결되어 있지 않으면 AnyLogic이 빨간색으로 하이라이트한다.

11. "광고"를 나타내는 transition의 이름을 *Ad*로 지정한다.

12. **Show name**(이름 표시) 체크박스를 선택하여 그래픽 다이어그램에 transition의 이름을 표시한다.

13. *PotentialUser*에서 *User* state로 전환하기 위해서는 광고를 통해 사람이 제품을 구매하는 방법을 모델링한다. **Triggered by**(촉발 원인) 목록에서 **Rate**(비율)를 클릭한다. **Rate** 입력필드에 *AdEffectiveness*를 입력한 다음 **per day**를 선택한다.

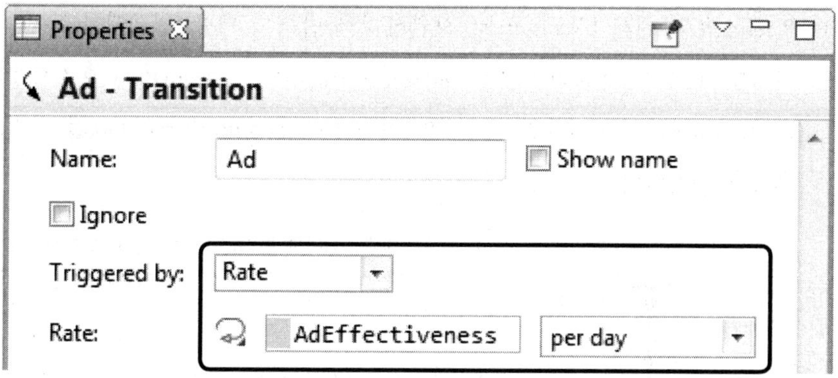

transition을 통해 그려진 아이콘이 에서 로 변경되었음을 알 수 있다. 이 기호는 transition의 *trigger type*을 표시한다.

transition의 이름이나 아이콘을 이동하려면 transition을 선택하고 마우스를 사용하여 해당 요소를 새 위치로 드래그한다.

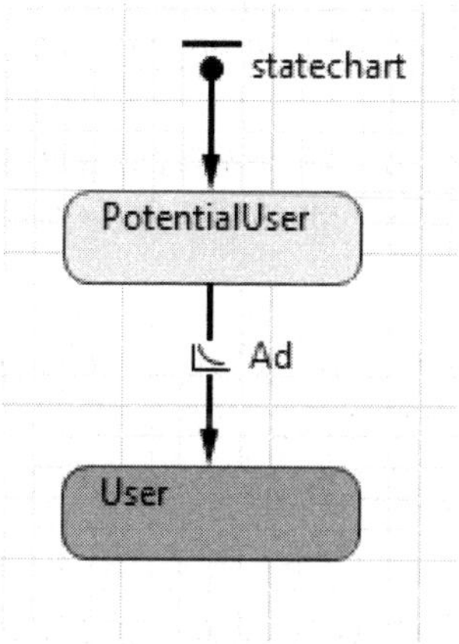

transition 트리거 타입

많은 타입의 이벤트가 transition을 유발할 수 있다. 다음 표에는 transition 타입을 이해하는 데 도움이 되도록 transition 위에 그려지는 transition 트리거 타입과 아이콘이 나열되어 있다.

Transition 트리거	설명
Timeout (시간경과)	transition은 statechart 가 '소스'의 transition상태에 들어간 순간부터 지정된 시간 간격 이후에 발생한다. timeout 표현식은 확률적(stochastic) 또는 확정적(deterministic)일 수 있다. 주요 사용법 – Delay(지연): 주어진 시간 동안 state에 머문 이후에 떠난다. – Timeout: 다른 대기 이벤트가 지정된 시간 간격 내에 발생하지 않으면 state를 변경한다.
Rate (비율)	알려진 평균 시간을 이용하여 state가 산발적으로 변화하는 것을 구현하는 데 사용된다. timeout 트리거 transition과 같은 방식으로 작동하지만 시간 간격은 주어진 속도로 파라미터화 된 지수분포에서 가져온다. 예를 들어, rate가 0.2이면 timeout 값은 1/0.2 = 5 시간단위의 평균 값을 가진다.
Condition (조건)	transition은 지정된 Boolean 조건을 모니터하고 그 조건이 true가 될 때 반응한다. condition은 임의의 Boolean 표현식이며 연속 및 이산 다이내믹스가 있는 전체 모델에서 객체 state에 따라 달라질 수 있다. *모델에서 일부 이벤트가 발생하는 경우에만 condition이 점검된다. state의 전환 순간을 놓치지 않으려면 에이전트 내부에 주기적 이벤트를 추가하고 전환 condition이 true가 되는 순간을 놓치지 않도록 자주 발생시키는 것이 좋다.*
Message (메시지)	다른 에이전트의 메시지에 반응한다. 메시지는 사람들 간의 의사소통, 기계에 부여된 명령 등을 모델링할 수 있다. transition 속성에서 메시지 템플릿을 정의할 수 있으며 이 템플릿과 일치하는 메시지만 transition을 유발한다.
Arrival (도착)	이 에이전트가 목적지에 도착할 때 반응한다. *에이전트의 moveTo() 함수를 호출하여 이동이 시작된 경우에만 transition이 적용된다.*

transition은 지정된 rate로 트리거된다. 우리의 경우, statechart가 *PotentialUser* state가 되면 지수분포에서 값을 가져와서 timeout이 설정된다. 잠재적 사용자의 평균 1%가 주어진 날에 제품을 구매할 지라도 각 소비자의 구매시간은 각각 다를 것이다.

14. 이제 모델의 시간 단위를 설정해 보겠다. 모델 설정을 조정하려면 Palette뷰에서 **Projects** 뷰로 전환한 다음 트리에서 모델 항목(트리의 맨 위 객체인 *Market*)을 클릭한다. **Properties**뷰에서 **Model time units**(모델 시간 단위)로 **days**(일)를 선택한다.

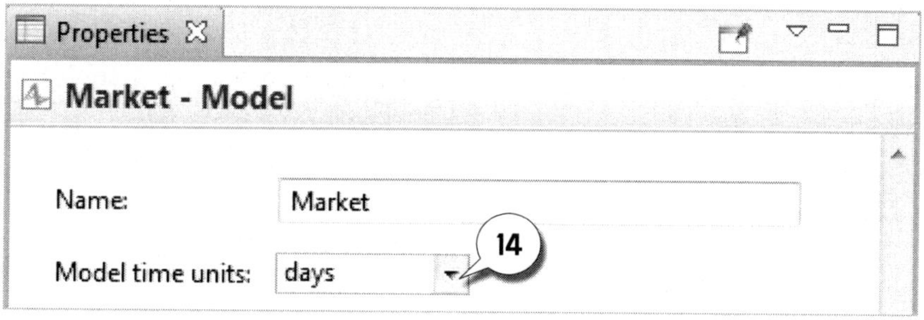

모델 시간(model time)과 모델 시간 단위(model time unit)

- *모델 시간*은 AnyLogic 시뮬레이션 엔진이 유지 관리하는 (시뮬레이션된) 가상 시간이다. 모델 시간은 실시간 또는 컴퓨터 시계와 관련이 없지만 모델을 실시간으로 실행할 수는 있다.
- 시스템이 모델링되는 곳에서 모델 시간과 실제 시간 사이의 관계를 설정하려면 시간 단위(*time units*)를 정의해야 한다. 모델의 일반적인 작동 시간에 가깝게 모델에 가장 적합한 모델 시간 단위를 선택해야 한다.
  예를 들어, 보행자 흐름 모델은 일반적으로 초를 사용하고 제조 서비스 시스템은 일반적으로 분 단위를 사용하지만, 시스템 다이내믹스 스타일로 정의된 일부 글로벌 경제, 사회 및 생태 모델은 수개월 또는 수년을 사용할 수 있다.

15. 모델을 실행하면, 모든 소비자가 제품을 구매할 때까지 파퓰레이션은 점차 녹색으로 바뀌어야 한다. 이는 광고 효과를 나타내는 변화이다.

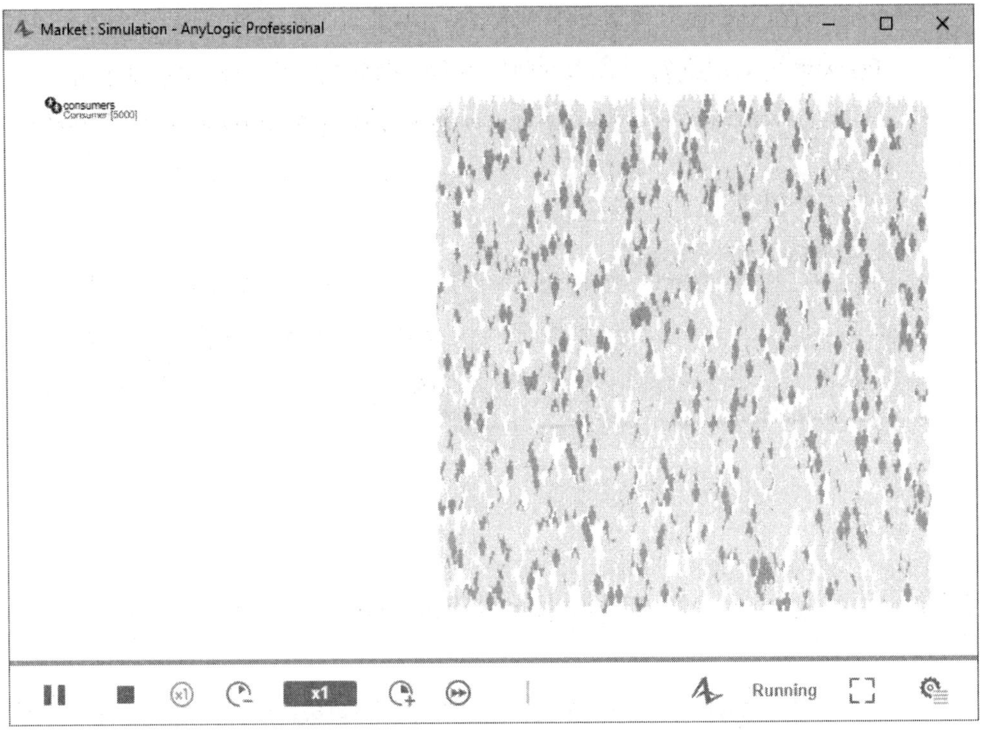

광고효과로 인해 에이전트가 제품을 구매하면, 에이전트의 *User* state가 활성화되고 state의 **Entry action**이 실행되며 에이전트 애니메이션 도형의 색이 *yellowGreen*(연두색)으로 변경된다. 더 많은 사람들이 제품을 구매할수록 모델의 에이전트 애니메이션이 점차 연두색으로 변한다.

모델 실행 모드(Model execution mode)

AnyLogic 모델은 실시간(*real time*) 또는 가상 시간(*virtual time*) 모드로 실행할 수 있다.

- 실시간 모드(*real time mode*)에서는 실제 시간의 1초와 동일한 모델 시간 단위를 선택하여 모델의 시간과 실시간 사이의 관계를 설정한다. 일반적으로 실시간 모드

를 사용하여 애니메이션을 실물처럼 보이게 만들 수 있다.

- 가상 시간 모드(*virtual time mode*)에서 모델은 최대 속도로 실행된다. 가상 시간 모드는 모델을 오랜 기간 동안 시뮬레이션해야 할 때 유용하며 모델은 모델 시간 단위와 천문학적 시간의 초 사이의 관계를 정의하는 것은 불필요하다.

실시간 모드에서는 모델의 시뮬레이션 속도 스케일(*simulation speed scale*)을 변경하여 모델의 실행 속도를 높이거나 낮출 수 있다. 예를 들어, **x2**는 모델이 지정된 모델 속도의 2배로 빠르게 실행됨을 의미한다.

모델 창의 제어판에서 모델의 실행 속도를 조정할 수 있다.

16. 모델의 실행 속도를 조정하려면 툴바의 **Slow down** 또는 **Speed up** 버튼을 클릭한다. 속도를 *10x*로 높이면 파플레이션이 연두색으로 변하는 속도가 빨라진다.

3단계. 모델 출력의 시각화를 위한 차트 추가

우리는 얼마나 많은 사람들이 주어진 순간에 우리 제품을 구매했는지 알고 싶다. 이를 염두에 두고 우리는 제품의 사용자와 잠재 사용자를 카운트하는 기능을 정의한 다음 차트를 추가하여 다이내믹스(시간의 변화에 따른 대상 변수의 변화)를 보여줄 것이다.

1. 먼저 잠재적인 사용자 수를 계산하는 함수를 정의한다. 에이전트에 대한 통계를 수집하는 새 기능을 추가하려면 *Main* 에이전트 타입의 다이어그램을 열고 *consumers* 에이전트 파퓰레이션을 선택한 다음 **Statistics**(통계) 속성 섹션으로 이동한다.

2. **Add statistics**(통계 추가) 버튼을 클릭한다.

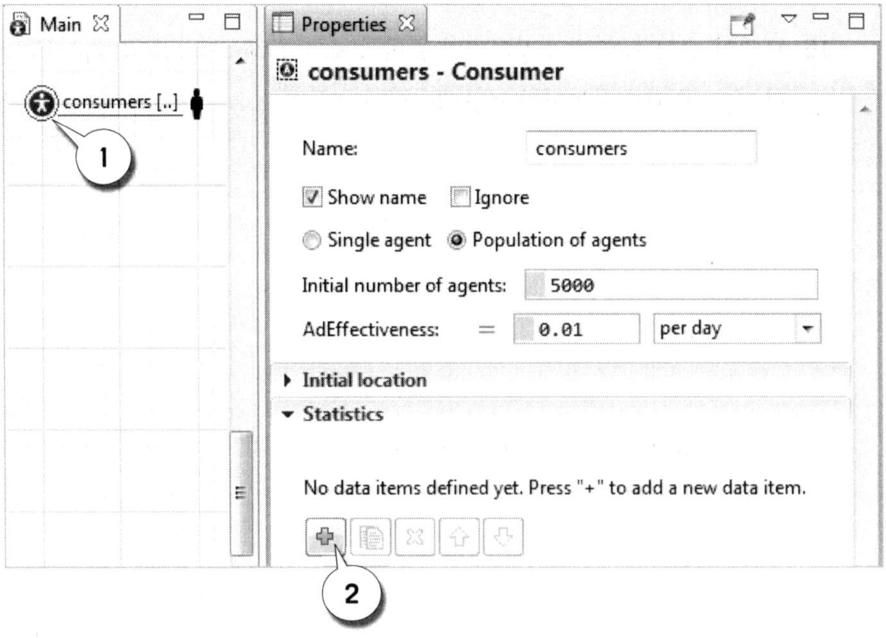

PotentialUser state에 있는 에이전트 수를 결정해야 한다.

3. **Name**에 *NPotential*을, **Type**에 **Count** 함수를 정의한다. **count** 타입의 통계는 주어진 파퓰레이션에서 선택된 조건을 충족하는 것들, 우리의 경우 에이전트 수를 반복한다.

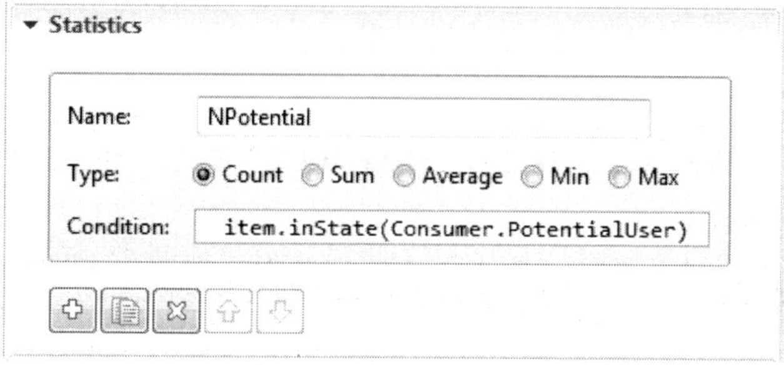

4. **Condition** 함수로 *item.inState(Consumer.PotentialUser)*를 입력한다.

- *item*은 반복에서 현재 점검 중인 에이전트를 나타낸다.
- *inState()*는 statechart의 특정 state가 활성 상태인지를 확인하는 함수이다.
- *PotentialUser*는 에이전트에서 정의된 state의 이름이며, 이것이 에이전트 타입의 접두어인 *Consumer*가 필요한 이유이다.

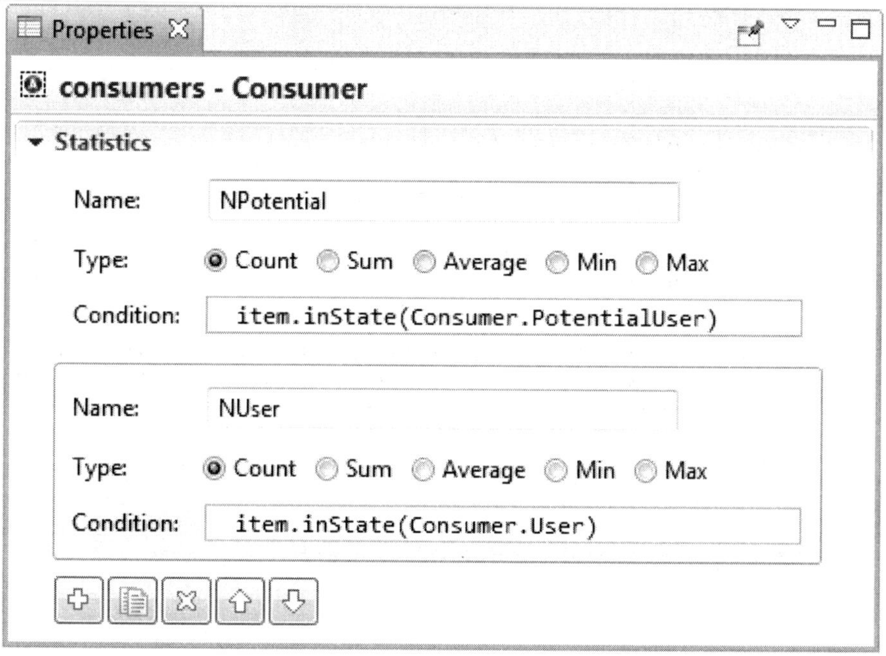

5. 제품 사용자 수를 계산하는 두 번째 통계 함수를 정의한다. 이름을 *NUser*로 지정하고 **Condition**에 *item.inState(Consumer.User)*를 입력하여 에이전트 수를 카운트한다. **Duplicate**(복제) 버튼을 클릭하고 **Name**과 **Condition**을 변경하여 다른 통계 기능을 복제할 수 있다.

이제 이러한 함수가 채택(adoption) 프로세스의 다이내믹스를 수집하고 표시하는 통계를 보여주는 차트를 추가해 보겠다.

6. **Analysis**(분석) Palette를 열고 **Analysis** Palette의 **Time Stack Chart**(시간 스택 차트) 를 *Main* 다이어그램으로 드래그하여 사용자 및 잠재적 사용자의 다이내믹스를 표시하는 차트를 만든다. 아래 그림과 같이 시간 스택 차트의 크기를 키운다.

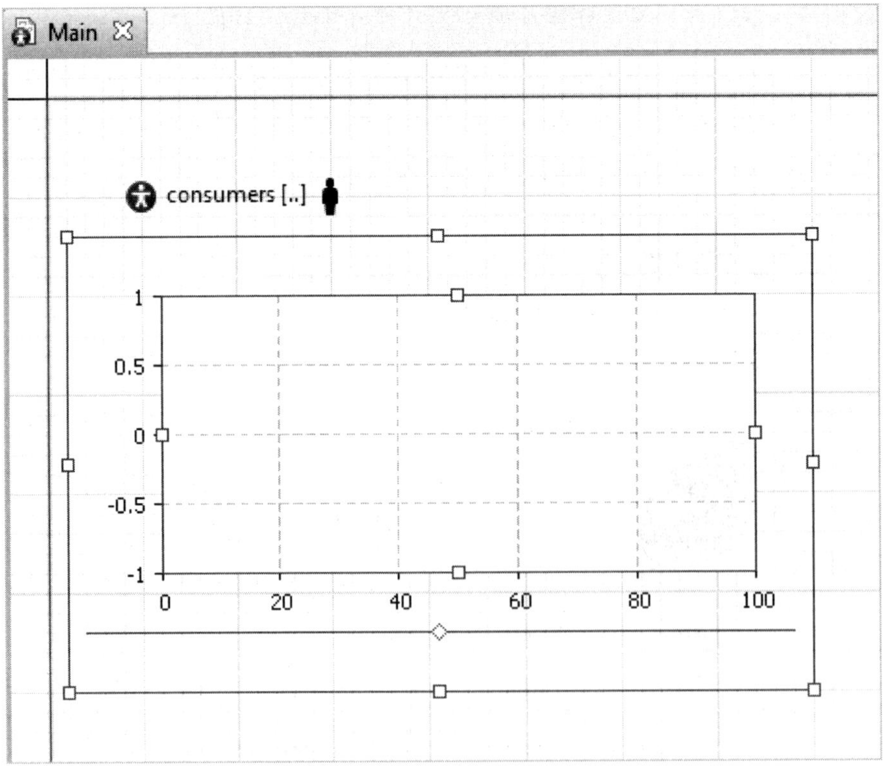

차트

AnyLogic은 모델이 작성한 데이터를 시각화하는 데 사용할 수 있는 몇 가지 차트를 제공하는데, **Analysis** Palette의 **Charts** 섹션에서 찾을 수 있다.

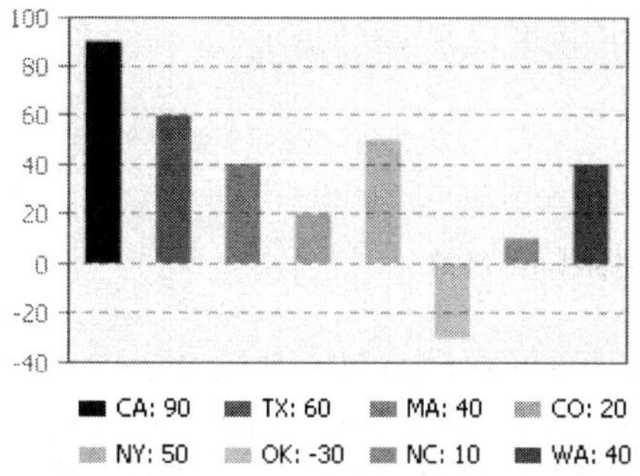

막대 차트(Bar Chart)

한쪽 끝에 정렬된 막대로 데이터 항목을 표시한다. 막대 크기는 해당 데이터 항목 값에 비례한다.

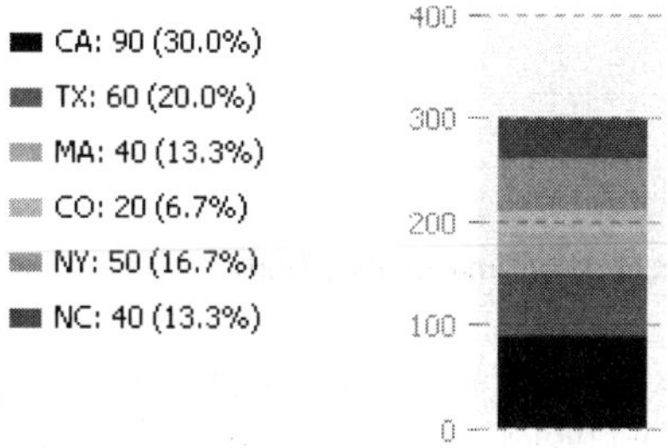

스택 차트(Stack Chart)

누적 막대로 여러 데이터 항목의 기여도를 표시한다. 막대 크기는 해당 데이터 항목 값에 비례한다.

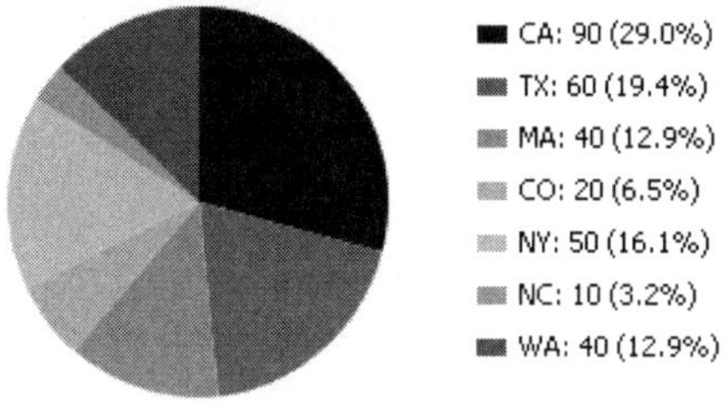

파이 차트(Pie Chart)

여러 데이터 항목의 기여도를 원의 섹터로 표시한다. 각 섹터의 호는 해당 데이터 항목 값에 비례한다.

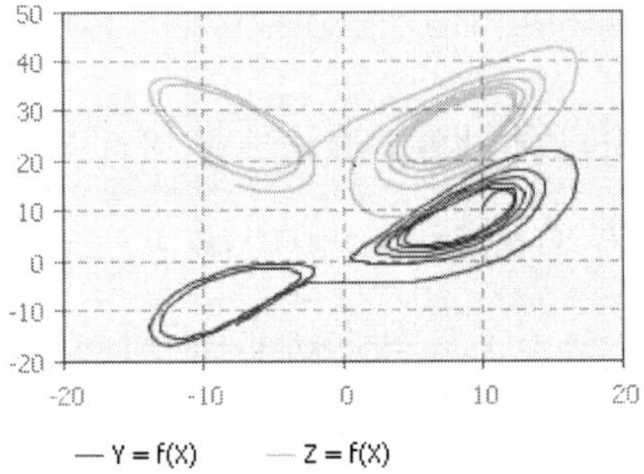

플롯(Plot)

플롯은 위상 도표의 역할을 한다. 각 데이터세트는 값의 쌍 〈x, y〉 세트이다. 플롯은 해당 X값에 대해 대응하는 데이터세트의 Y값을 표시한다. X값은 X축, Y값은 Y축에 매핑된다. 플롯은 동시에 여러 데이터세트를 표시할 수 있다.

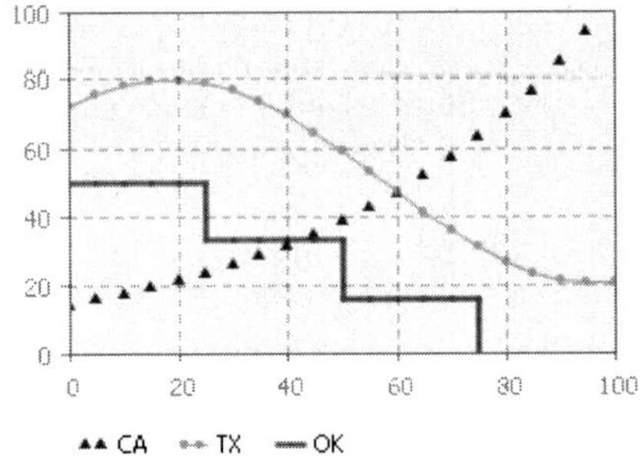

시간 플롯(Time Plot)

최신 시간 동안에 관측된 여러 데이터 항목들을 표시한다. 보간법의 유형에 따라 두 데이터 샘플 사이의 선은 선형으로 보간처리되거나 다음 값까지 이전 값을 유지한다.

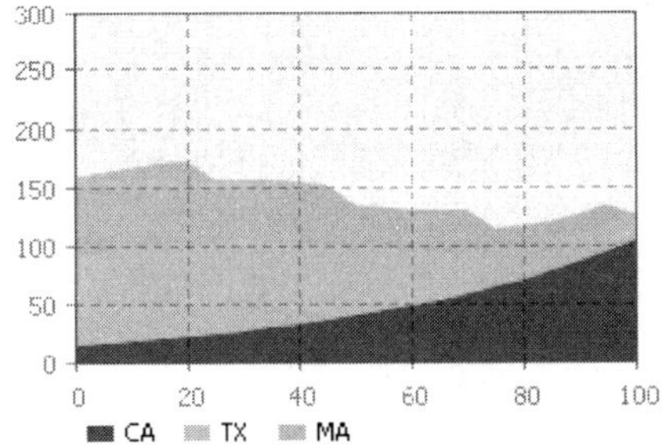

시간 스택 차트(Time Stack Chart)

최신 시간 동안에 관찰된 여러 데이터 항목의 기여분을 누적된 영역에 표시한다. 첫 번째로 추가된 데이터 항목부터 맨 아래를 기준으로 연속적으로 쌓인다.

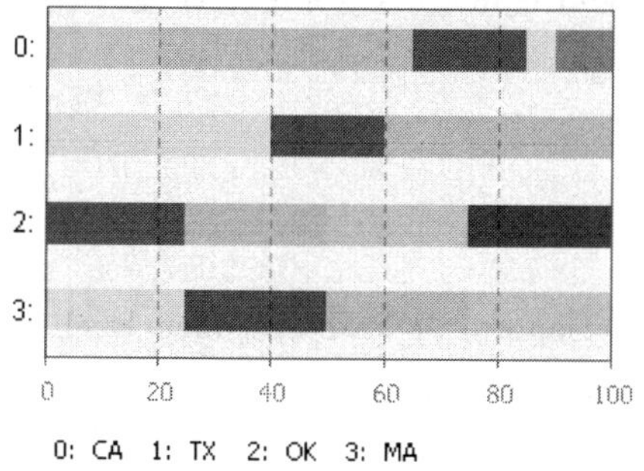

시간 색상 차트(Time Color Chart)

최근 시간 동안 여러 색상의 가로 줄무늬(색상은 데이터 값에 따라 다름)의 막대로 여러 데이터 세트의 추세를 표시한다. 조건이 true로 평가되면 이 조건에 대해 정의한 색상과 일치하는 색상으로 막대 줄무늬의 색상을 표현한다. 차트를 사용하여 시간 경과에 따른 에이전트 state 변경을 시각화한다 (예 : 동작 중 / 유휴 상태)

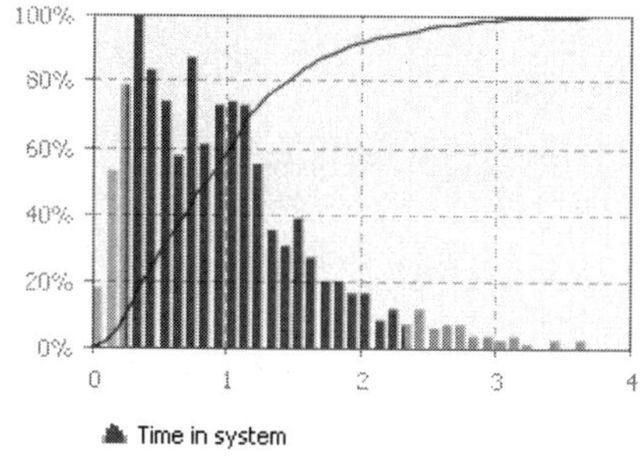

히스토그램(Histogram)

히스토그램 데이터 객체가 수집한 통계를 표시한다. 히스토그램은 Y축을 따라 축척되어 막대 그래프의 가장 높은 막대가 그림의 전체 높이를 차지한다. PDF 막대, CDF 라인 및 평균 위치를 표시하도록 선택할 수도 있다.

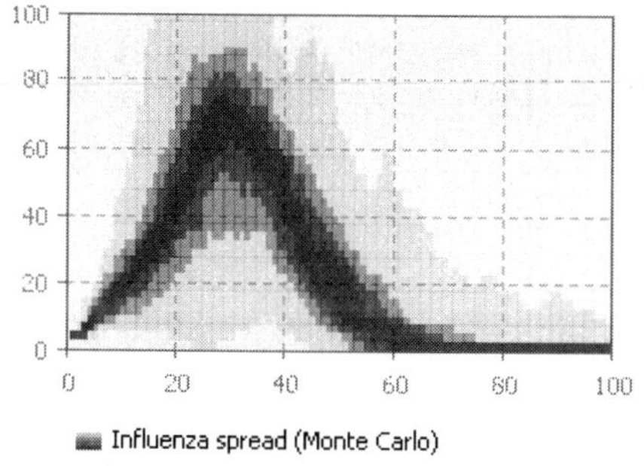

히스토그램2D(Histogram2D)

2차원 히스토그램의 컬렉션을 표시한다. 각 막대 그래프는 해당하는 (X, Y)에 PDF 값 또는 엔빌로프를 반영하는 여러 직사각형의 색상 점으로 표현된다. 차트의 X축과 Y 축은 항상 모든 막대 그래프에 맞도록 조정된다.

차트에 표시할 2개의 데이터 항목을 추가한다. 여기서는 이전 단계에서 *consumers* 파퓰레이션에 대해 정의한 통계 함수 *NUser* 및 *NPotential*을 호출한다.

7. 차트에 그리려는 통계를 추가하려면 **Add data item**(데이터 항목 추가)을 클릭한다.

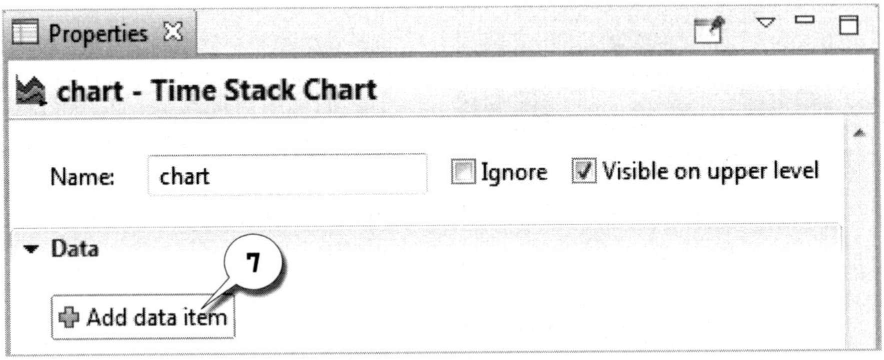

8. 데이터 항목의 **properties**를 다음과 같이 수정한다.

- **Title**: *Users* – 데이터 항목의 제목
- **Color**: *yellowGreen*
- **Value**: *consumers.NUser()*

에이전트 파퓰레이션 이름은 *consumers*이고, *NUser ( )*는 이 파퓰레이션에 대해 정의한 통계 함수이다.

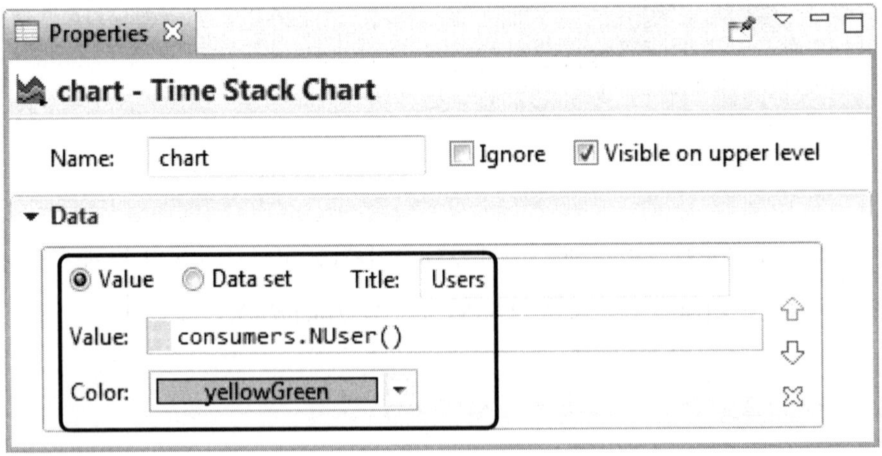

9. 다음의 데이터 아이템을 하나 더 추가한다.

- **Title**: *Potential users*
- **Color**: *lavender*
- **Value**: *consumers.NPotential()*

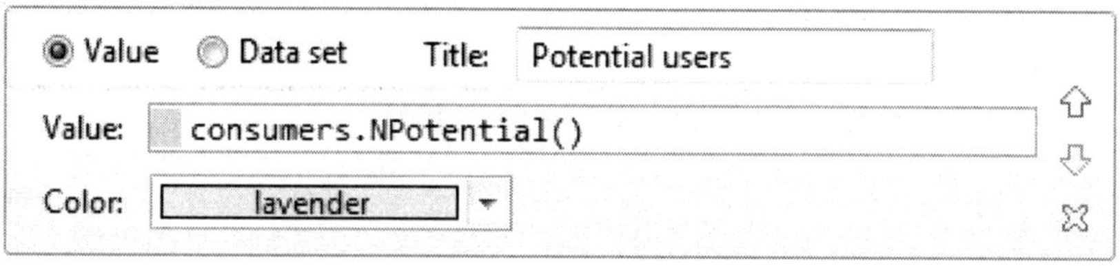

차트의 시간 스케일 조정하기

- 관찰값이 있는 차트(시간 플롯, 시간 스택 차트, 시간 색상 차트)를 사용할 때는 시간 스케일을 조정할 수 있다.
- Time window(시간 창) 속성을 사용하여 시간 차트의 시간 범위를 구성한다. 시간 차트는 주어진 순간에 제한된 수의 데이터 샘플만 표시하기 때문에 선택한 시간 창에 대해 적절한 수의 샘플이 있는지 확인한다.
- 모델을 실행하고 차트가 아래 그림과 유사한 경우 차트에 표시되는 데이터 샘플 수를 늘리거나 차트의 시간 창을 줄여야 한다.

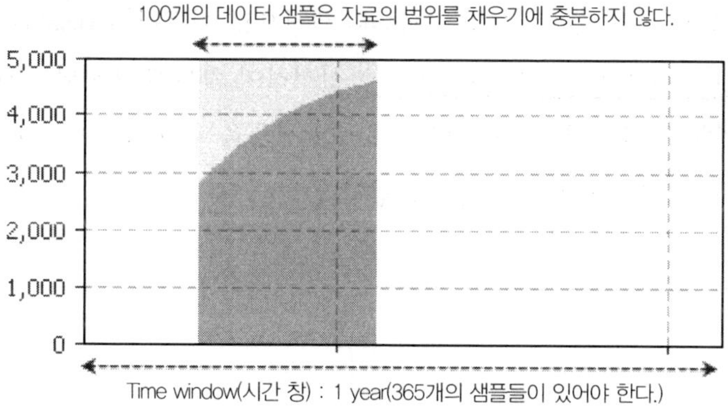

1년 범위를 표시하고 있으므로 차트의 설정을 조정해야 한다.

10. **Scale** 섹션으로 이동하여 **Time window**(시간 창)를 *1 year*으로 설정한다.

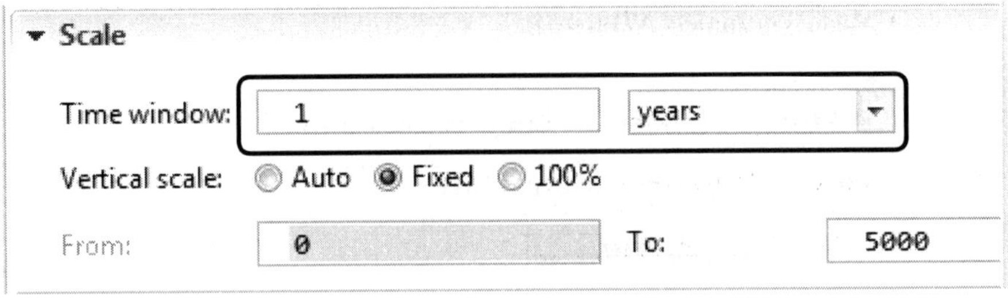

11. 차트에는 *consumers* 파퓰레이션 통계가 표시되고 모델에는 5,000명의 소비자가 있으므로 차트의 **Vertical scale**(수직 스케일)을 **Fixed**(고정)로 설정하고, **To**(~까지) 입력박스에 5000을 입력한다.

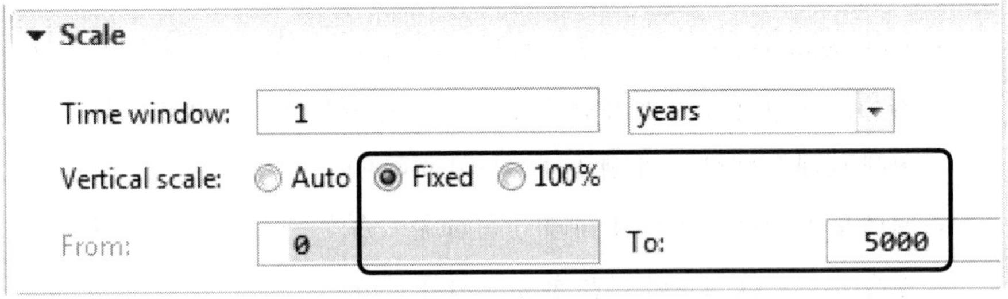

12. 이제 시간 창을 설정했으므로 **Data update** 섹션으로 이동하여 **Display up to 365 latest samples**(365개의 최신 샘플까지 표시)로 설정하여 차트에 표시되는 데이터 샘플의 최대 수를 변경한다. 매일 하나의 데이터 샘플을 추가하기 때문에 365개의 데이터 샘플은 1년 범위에 이상적인 분량이다.

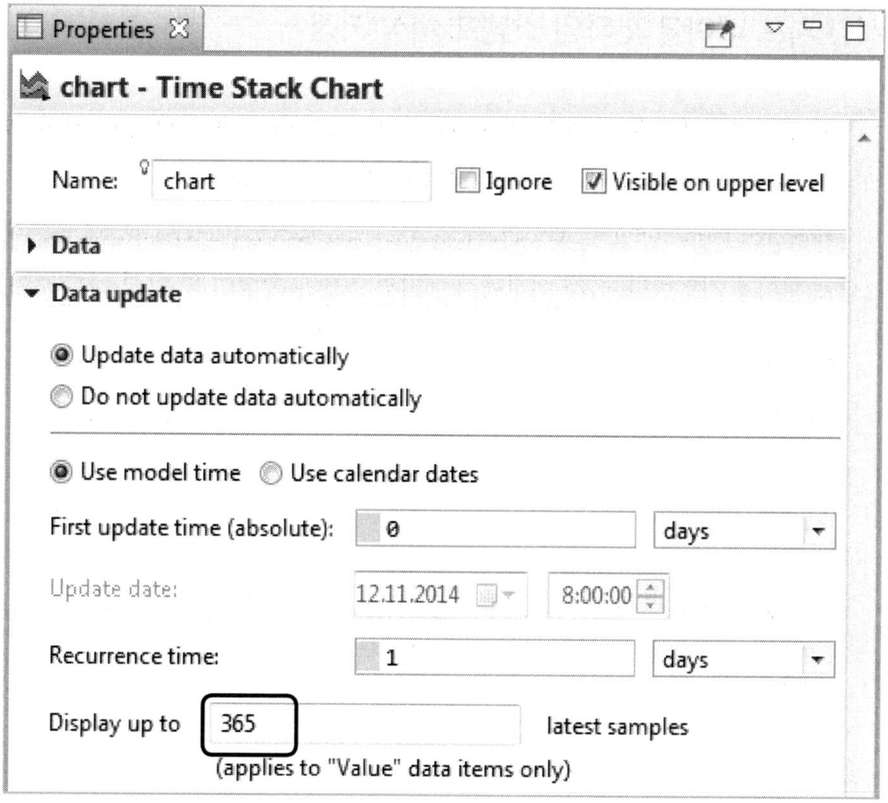

13. 시간 스택 차트의 **Appearance**(모양) properties로 이동하여 시간 축 근처에 모델 날짜만 표시하도록 **Model date**(date only)로 설정한다.

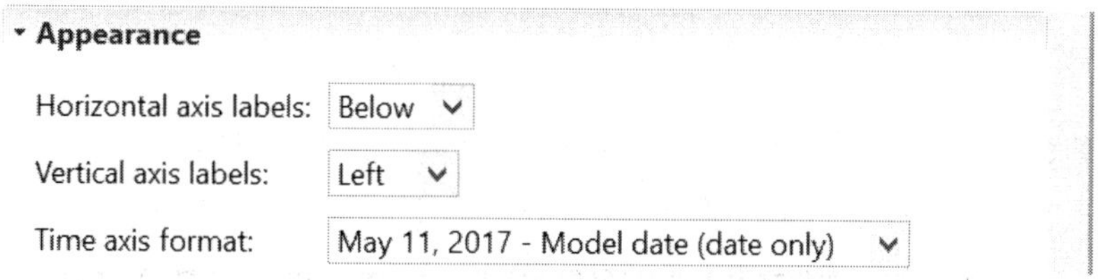

시간 차트 레이블의 타임 스탬프 서식 지정

기록이 있는 차트는 모델 날짜를 시간 (x-) 축 레이블로 표시할 수 있으며, 제안된 형식 중 하나를 선택하여 타임 스탬프의 형식을 지정할 수 있다

Time axis format(타임 축 형식)의 속성(차트 **properties**의 **Appearance** 섹션에 있음)에서 타임 스탬프 형식을 지정한다. 아래 섹션에서는 타임 스탬프 형식의 몇 가지 예를 보여준다.

Model date (date only)

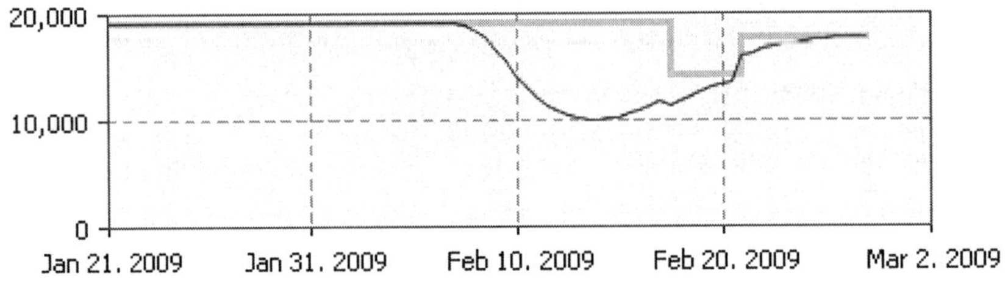

Model date (time only)

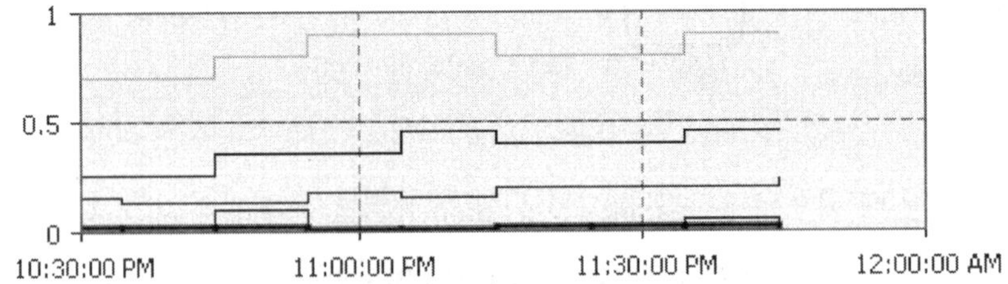

HH:mm – Only hours and minutes are displayed

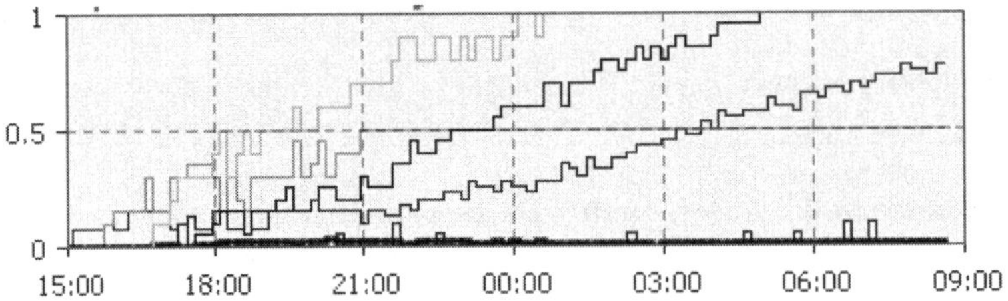

14. *Main* 다이어그램에서 *consumers* 에이전트 파퓰레이션의 프리젠테이션을 오른쪽으로 이동시킨다.

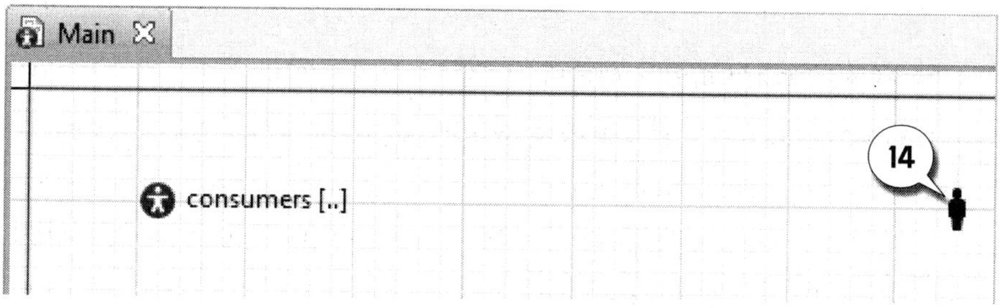

15. 모델을 실행하고 시간 스택 차트를 사용하여 프로세스를 검토한다.

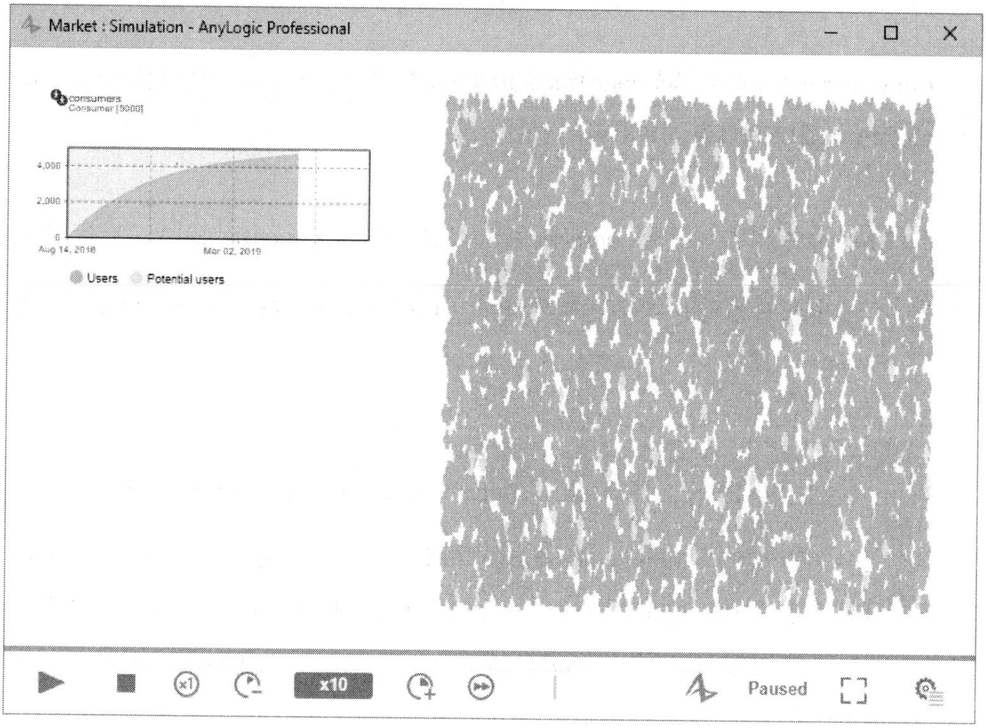

4단계. 입소문 효과(word of mouth effect) 추가

이 단계에서는 사람들이 제품을 구매하도록 설득하는 방식, 즉 종종 입소문 효과(word of mouth effect)라고 불리는 것을 모델링하겠다.

- 사람들이 서로 소통할 수 있게 한다. 우리 모델에서 소비자는 평균적으로 매일 다른 사람 1명과 접촉한다.
- 제품의 현재 사용자는 이러한 만남에서 잠재적 사용자에게 영향을 줄 수 있다. 잠재적 사용자가 제품을 구입할 확률을 *AdoptionFraction=0.01*로 정의한다.

*ContactRate(접촉률)*와 *AdoptionFraction(채택률)*이라는 2개의 파라미터를 Consumer에 추가하여 모델의 로직을 개발한다.

1. **Projects** 뷰의 트리에서 *Consumer*를 더블클릭하여 *Consumer* 다이어그램을 연다.
2. 소비자의 평균 일일 접촉을 정의하는 파라미터를 추가한다. **Agent** Palette의 **Parameter** 를 다이어그램으로 드래그한다.
3. 파라미터의 이름을 *ContactRate*라고 설정한다.
4. rate은 1일당 1이므로 파라미터의 **Default value**(기본값)로 1을 입력한다.
5. 다른 파라미터인 *AdoptionFraction*을 추가하여 다른 사람들에게 영향을 미치는 사람을 정의한다. 이 숫자는 소비자와 접촉한 후 제품을 사용할 사람들의 비율을 표현한다. 기본 파라미터의 **Type**은 *double*을 그대로 두고, **Default value**은 *0.01*로 설정한다.

Consumer 다이어그램은 다음과 같아야 한다.

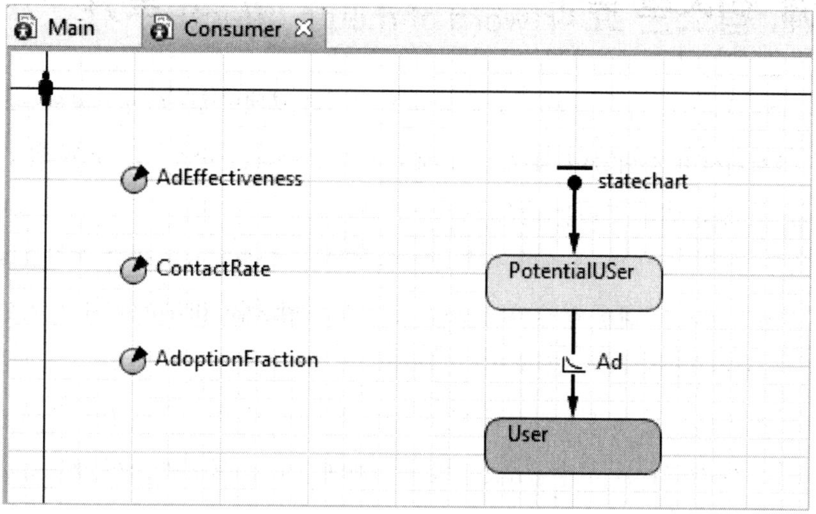

이제 우리의 에이전트들이 상호작용할 수 있게 하겠다. 이는 소비자 중 일부가 제품을 구매할 것으로 확신하게 될 입소문 효과를 의미한다.

에이전트 상호작용

AnyLogic은 에이전트 기반 모델링에 고유한 통신 메커니즘인 *message passing*(메시지 전달)을 지원한다.

- 에이전트는 개별 에이전트 또는 에이전트 그룹에 메시지를 보낼 수 있다.
- 메시지는 텍스트 문자열, 정수, 객체에 대한 참조 또는 여러 필드가 있는 구조를 포함하여 모든 유형 또는 복합 객체가 될 수 있다.
- 다른 에이전트에게 메시지를 보내려면 특정 에이전트의 특정 함수를 사용한다. 아래에 한 에이전트에서 다른 에이전트로 메시지를 전송하는 데 가장 자주 사용되는 함수들을 나열하였다.

  – sendToAll(msg) : 동일한 파퓰레이션의 모든 에이전트에게 메시지를 보낸다.

– sendToRandom(msg) : 동일한 파퓰레이션에서 임의로 선택된 하나의 에이전트에게 메시지를 보낸다.

– send(msg, agent) : 주어진 *agent*에게 메시지를 보낸다(함수의 두 번째 인수로 에이전트 수신자에 대한 참조를 전달)

우리 모델에서는 *User* state의 사용자만 메시지를 보낸다. state에서 에이전트가 수행하는 활동, 즉 현재 상태를 종료하지 않고 수행하는 활동을 정의하는 가장 좋은 방법은 *internal transition*(내부 전환)을 사용하는 것이다.

6. *Consumer* 다이어그램을 열고, 다음 단계에서 state 내부에 그릴 내부 transition에 맞게 *User* state의 크기를 늘린다.

7. *User* state 내부에 내부(internal) transition을 작성한다. 아래에 표시된 것과 같은 transition을 그리려면 state 안의 **Statechart** Palette에서 **Transition** 을 드래그하여 transition의 시작점이 state 경계선 위에 놓이도록 한다. 그런 다음 transition 끝점을 state 경계선 위의 다른 지점으로 이동할 수 있다. 꼭지점을 추가하려면 transition을 더블클릭한다.

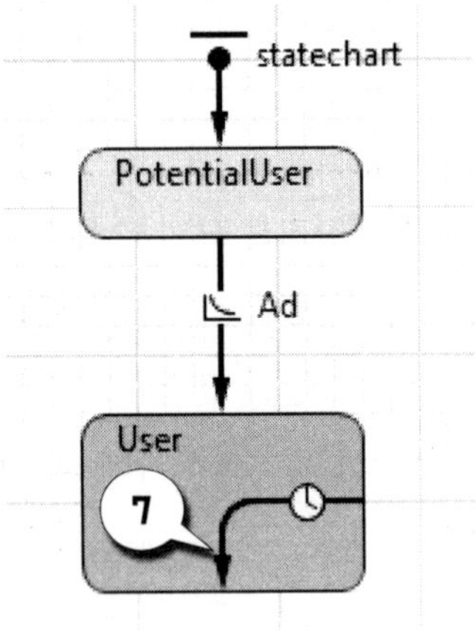

내부 및 외부 transition은 다르게 동작하므로 새로 생성된 transition이 완전히 state 내부에 있는지 확인해야 한다.

내부 transition

- 내부 transition은 state 내부에 있는 순환 transition이다. transition 의 시작점과 종료점은 모두 state경계선 위에 놓여 있다.
- 내부 transition이 state의 경계를 벗어나지 않기 때문에, 이 state의 외부인 statechart로 벗어나지 않는다. transition이 발생할 때 exit 또는 entry 작업이 실행되지 않으며 state의 현재 단순 상태는 종료되지 않는다.

8. Transition의 **properties**를 수정한다. 이 transition은 지정된 **Rate**인 *ContactRate*(파라미터의 전체 이름을 입력하는 대신 코드자동완성 기능을 사용)와 함께 발생한다. transition의 이름을 *Contact*로 지정하고 이름을 표시하도록 설정한다.

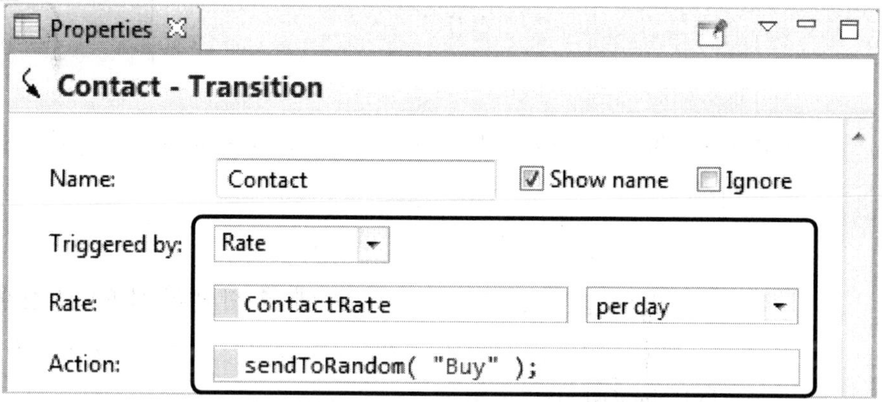

9. 이 transition을 트리거할 때 실행할 액션을 지정한다(코드자동완성기능을 사용하여 코드 작성). sendToRandom("Buy");

우리는 제품 사용자가 잠재적 사용자와 이야기하기를 원하기 때문에 *User* state에서 순환 transition을 설정한다. transition이 발생할 때마다 코드 sendToRandom("Buy");는 소비자가 다른 에이전트를 무작위로 선택하여 *"Buy"* 텍스트 메시지를 보낸다. 메시지를 받는 에이전트가 잠재적 사용자인 경우(즉, 수신 에이전트가 *PotentialUser* state인 경우) 수신 에이전트의 state는 *User*로 변경된다. 이제 이 transition을 추가한다.

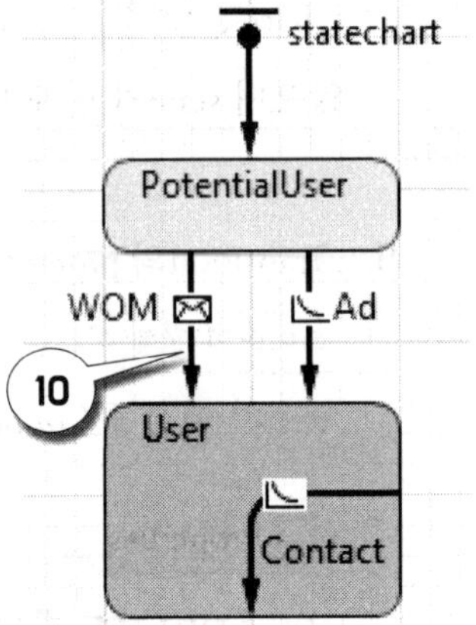

10. *PotentialUser*에서 *User* state로 가는 또 다른 transition을 작성하고 이름을 *WOM*으로 지정한다. 이 transition은 입소문 효과로 인한 구매를 모델링한다.

11. transition의 **properties**를 수정한다.

- **Triggered by** 목록에서 **Message**를 클릭한다.
- **Fire transition**(전환 작동) 영역에서, **On particular message**.(특정 메세지에 대하여)를 선택한다.
- **Message** 입력 필드에서 "Buy"를 입력한다.
- 모든 접촉이 성공적인지 알 수 없기 때문에, 즉 한 번의 접촉으로 잠재적인 사용자가 제품을 구입할 수 있다고 확신하지 못하기 때문에, *AdoptionFraction*을 사용하여 접촉의 빈도를 감소시킨다. transition의 **Guard**(가드)를 다음과 같이 지정한다. *randomTrue(AdoptionFraction)*

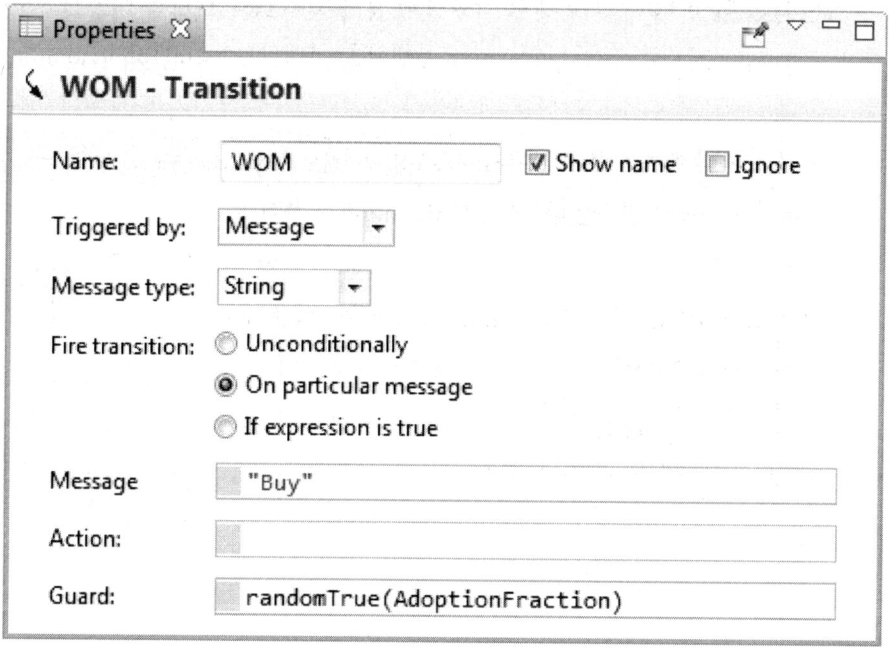

transition의 가드(guard)

- statechart가 단순한 state가 되면 나가는 모든 transition의 트리거가 수집되고 statechart는 그 중 하나가 발생할 때까지 기다리기 시작한다.
- 트리거 이벤트가 발생하면 해당 transition의 가드가 평가된다. 가드가 *true*이면 transition이 발생할 수 있다(대체가능한 동시 이벤트로 트리거가 재설정될 수 있음). 이 가드 평가 알고리즘은 "*guard-after-triggers*"라고 한다.

이것은 입소문 마케팅 모델링의 마지막 단계이다. AnyLogic은 다른 에이전트의 메시지를 statechart에 전달하고, statechart가 *PotentialUser* state에 있으면 *User* state로 즉각 전환된다. statechart가 다른 state에 있으면 메시지를 무시한다.

12. **Projects** 뷰에서 모델 항목 근처에 별표가 표시되어 모델에 저장되지 않은 변경 사항이 있음을 보여준다. 툴바에서  **Save**(저장)를 클릭하여 모델을 저장한다.

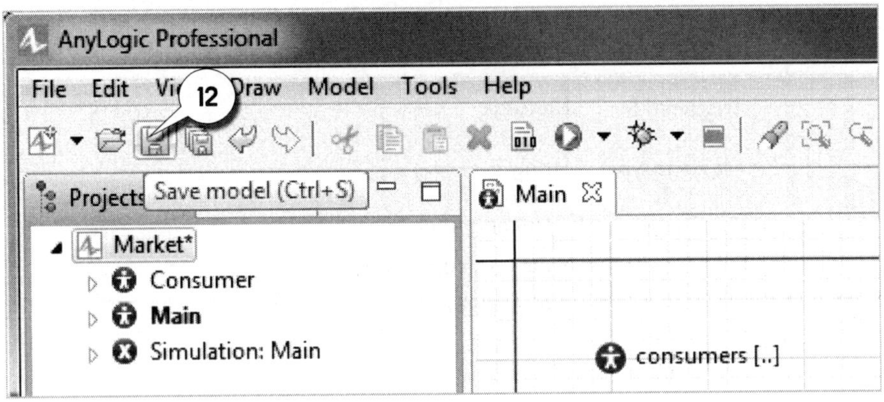

13. 모델을 실행하면, 시장 포화가 보다 신속하게 일어나야 하며 차트에는 잘 알려진 S자형 제품 채택 곡선이 표시된다.

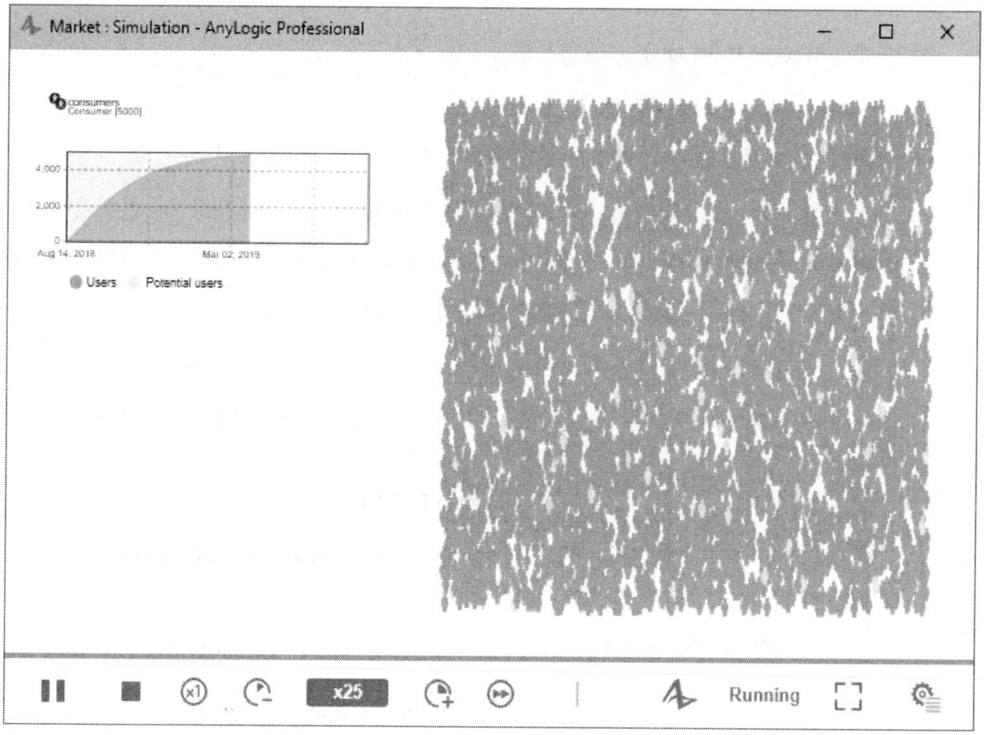

5단계. 제품 폐기 고려

이 단계에서는 제품 폐기를 모델링한다.

- 제품의 평균 사용기간은 6개월이라고 가정한다.
- 사용자가 제품을 버리거나 소비하면 교체가 필요하다. 소비자가 첫 번째 단위를 버리거나 소비할 때(즉, state가 *User*에서 *PotentialUser*로 되돌아오는 경우) 잠재적 사용자가 된다고 가정하여 반복 구매 행위를 모델링한다.

1. *Consumer* 다이어그램을 열고 *DiscardTime*(폐기시간) 파라미터를 추가한다.

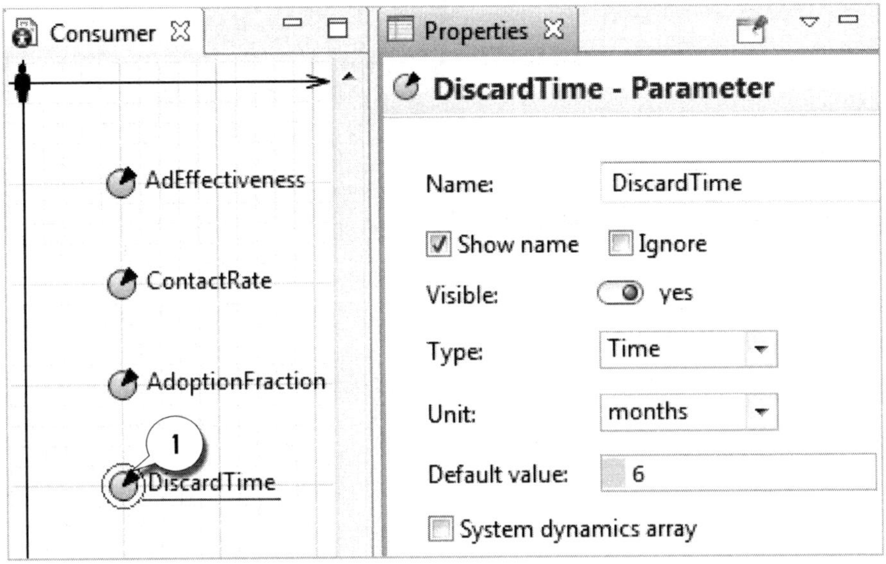

2. 이 파라미터는 제품수명을 정의한다. 파라미터의 **Type**으로 **Time**을 선택하고, **Unit**(단위) 목록에서 **months**를 클릭한 다음 **Default value**로 *6*을 입력한다.

3. 제품이 폐기되는 것을 모델링하기 위하여 state가 *User*에서 *PotentialUser*로 전환

되는 transition을 작성한다. 그림과 같이 꺾인 형태로 transition을 그리려면 **Statechart** Palette에서 **Transition** 요소를 더블클릭한다(Palette의 요소 아이콘이 로 변경되어야 함). transition 소스의 state인 *User*를 클릭하고 꺾인 점들이 있어야 할 위치를 클릭하고, 타겟 state인 *PotentialUser*를 클릭한다.

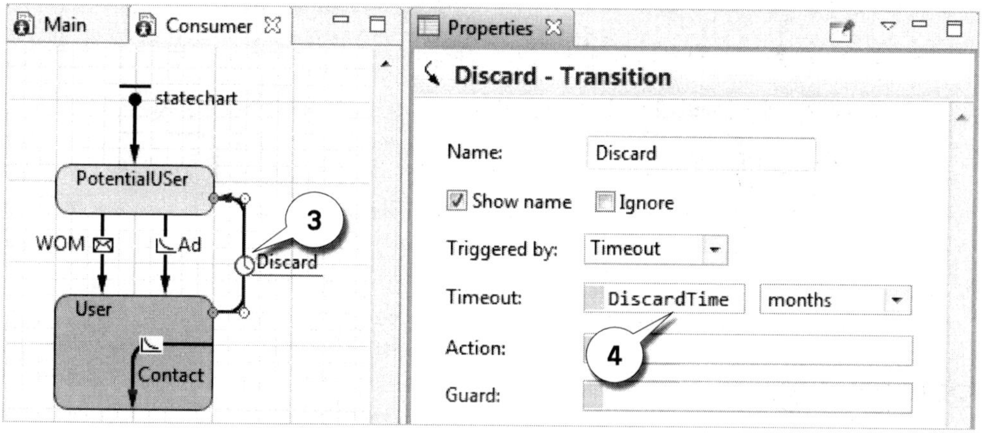

4. transition 이름을 *Discard(폐기)*로 지정하고 상수인 timeout 값 *DiscardTime*에 의해 트리거하도록 설정한다. 오른쪽 목록에서 **months**를 선택한다.

AnyLogic은 (왼쪽 아래 그림과 같이) 빨간색 하이라이트를 사용하여 종점이 state에 연결되지 않은 transition에 대해 주의를 준다. 오류를 찾으려면 transition을 선택하였을 때 연결된 지점이 청록색(cyan)으로 하이라이트된다(오른쪽 그림, PotentialAdopter에 대한 연결 참조). AnyLogic에서 User의 transition 시작점을 하이라이트하지 않으면 수동으로 이 점을 state로 이동하여 연결을 설정하고 오류를 수정해야 한다.

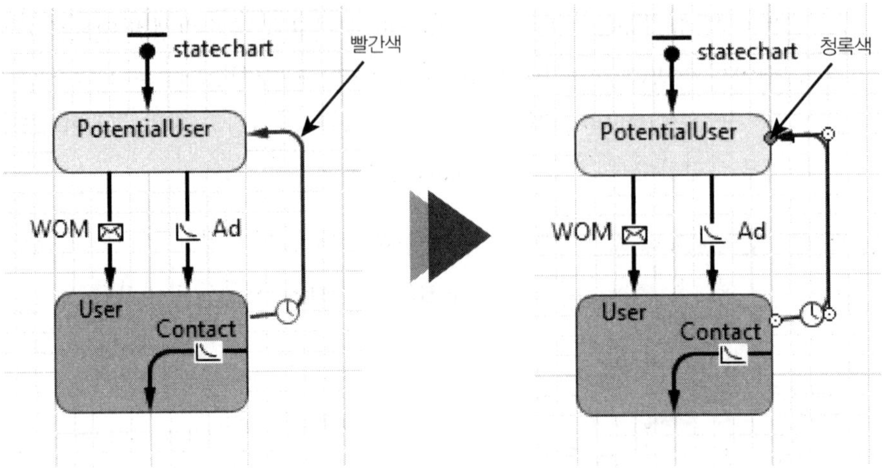

오타 에러 수정

잘못 명명된 모델 요소는 일반적인 에러이다. AnyLogic에서 이름은 대소문자를 구분한다. 즉, 모델 요소의 속성에 (*DiscardTime* 대신) *Discardtime*을 입력하면 다음 에러가 발생한다.

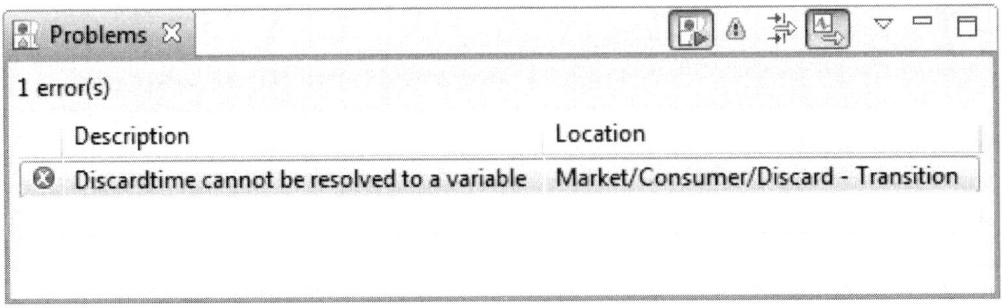

에러를 수정하려면 **Problems**(문제) 뷰에서 에러를 더블클릭한다. 에러가 그래픽인 경우 AnyLogic은 그래픽 편집기에서 에러의 원인 요소를 하이라이트한다. 요소의 속성에 에러가 있는 경우 AnyLogic은 요소의 **properties**를 열고 문제가 발생한 필드를 표시한다.

제품 폐기를 모델링하는 작업이 완료되었으며, 폐기가 있으면 즉시 교체품을 구입해야 한다.

5. 모델을 실행하고 폐기가 채택 다이내믹스에 어떻게 영향을 주는지 관찰한다. 제품이 시장을 포화상태로 만든 후에도 제품 폐기가 간혹 발생한다.

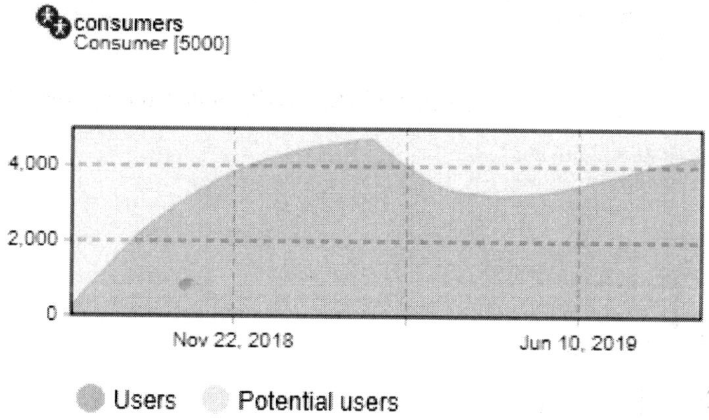

6단계. 배송시간 고려

우리 모델에서는 제품을 항상 사용할 수 있으며 *PotentialUser*에서 *User*로의 transition은 무조건적이고 즉각적인 것으로 가정한다. 이제는 에이전트가 제품 구매 결정을 한 시간과 제품을 받은 시간의 차이를 반영하는 state를 statechart에 추가하여 모델을 개선한다.

1. *User* state를 화면 하단으로 이동시켜서 *PotentialUser*과 *User* 사이에 다른 state를 배치 위한 공간을 준비한다.

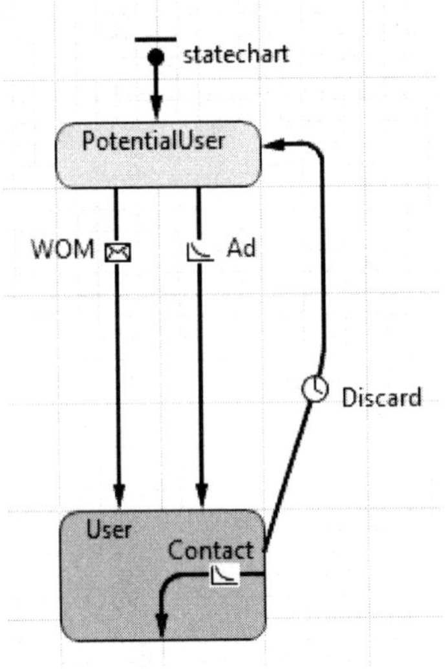

2. transition에서 *User* state를 분리한다.

   WOM 및 *Ad* transition을 선택하고, 끝점을 화면 상단으로 이동한 다음 *PotentialUser*에서 *Discard* transition을 분리한다. 그러면 연결이 끊긴 transition이 빨간색으로 표시된다.

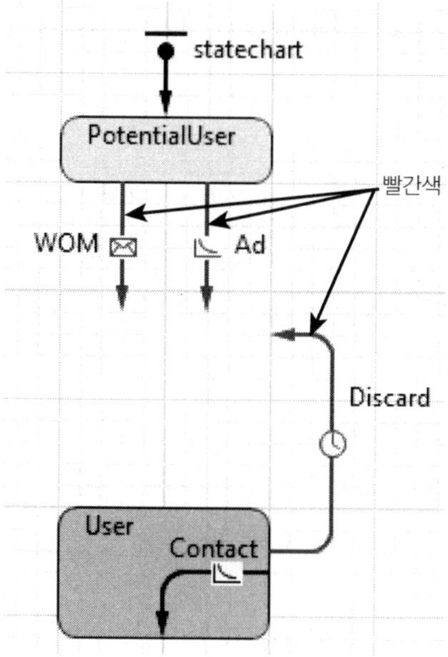

3. **Statechart** Palette에서 또 다른 **State** 를 소비자의 statechart 중간에 추가하고 이름을 *WantsToBuy(구매를 원함)*로 지정한다. 이 state에 있는 소비자는 제품을 구매하기로 결정했으나 아직 구매하지 않았다.

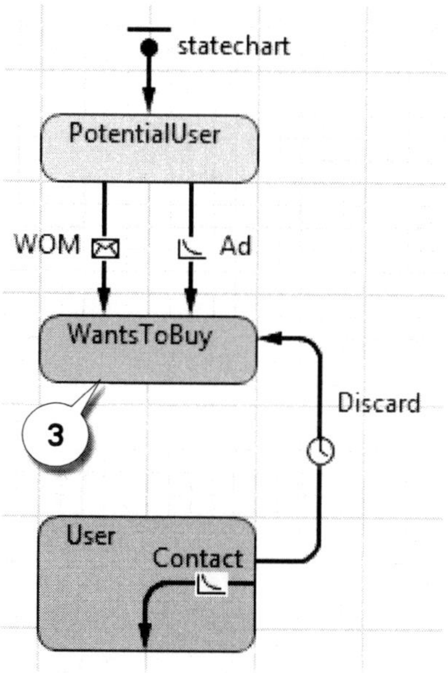

4. 중간에 있는 state로 transition 재연결한다. 이제 *WOM*, *Ad* 및 *Discard* transition이 *WantsToBuy* state에서 종료된다.

5. 다른 state들과 비슷하게 *WantsToBuy*를 수정한다.

Fill color: *gold*

Entry action: *shapeBody.setFillColor(gold)*

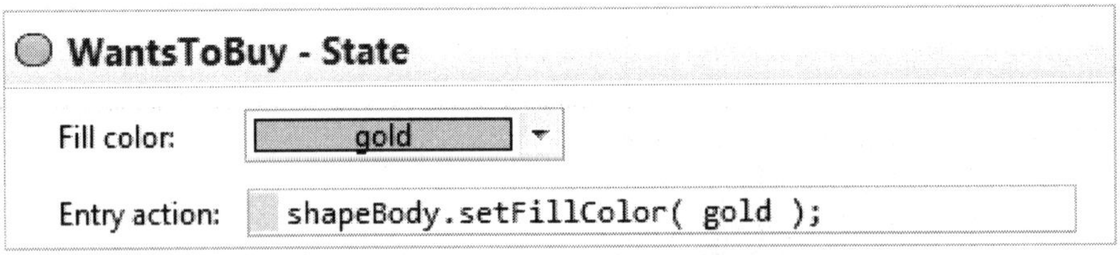

6. *WantsToBuy* state에서 *User* state로 transition을 추가하여 제품 선적을 모델링하고 이름을 *Purchase(구매)*로 지정한다.

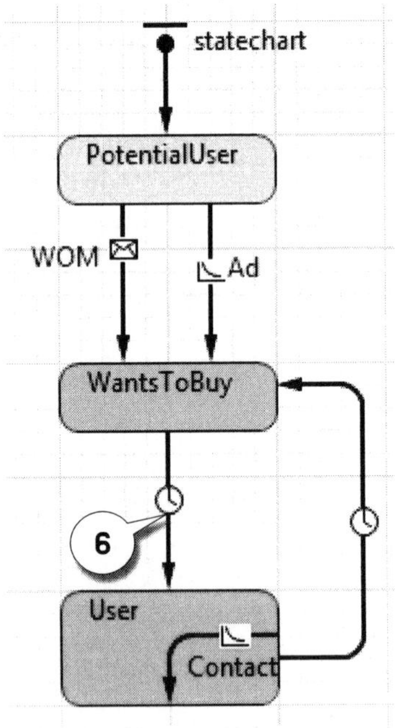

7. 일반적으로 제품을 받는데 2일이 소요된다고 가정한다. 즉, 일단 *Consumer*의 statechart가 *WantsToBuy* state로 진입하면 2일간의 지연상태로 *User* state에서 진행된다. 이점을 염두에 두고 *Purchase* transition의 timeout을 2일로 설정한다.

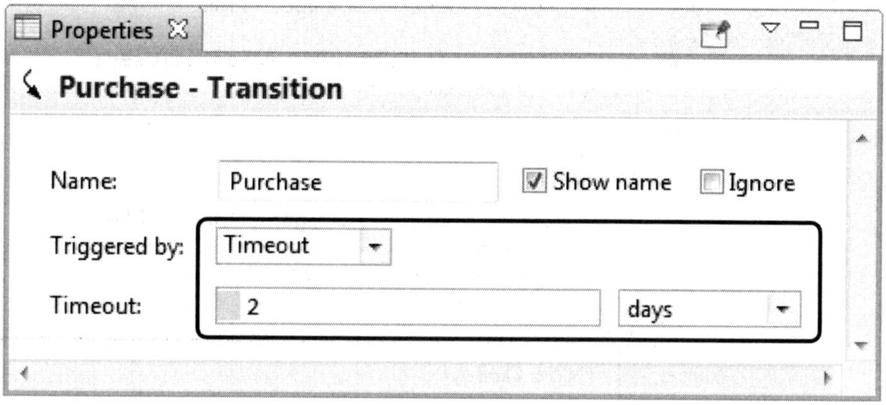

8. 제품의 시장 주도 수요를 카운트하는 통계 함수를 하나 더 정의한다. *Main*의 편집기에서 *consumers*를 클릭하고 **Statistics** 속성 섹션으로 이동한 다음 통계 항목인 *NWantToBuy*를 추가하고 condition에 다음을 입력한다.

item.inState(Consumer.WantsToBuy)

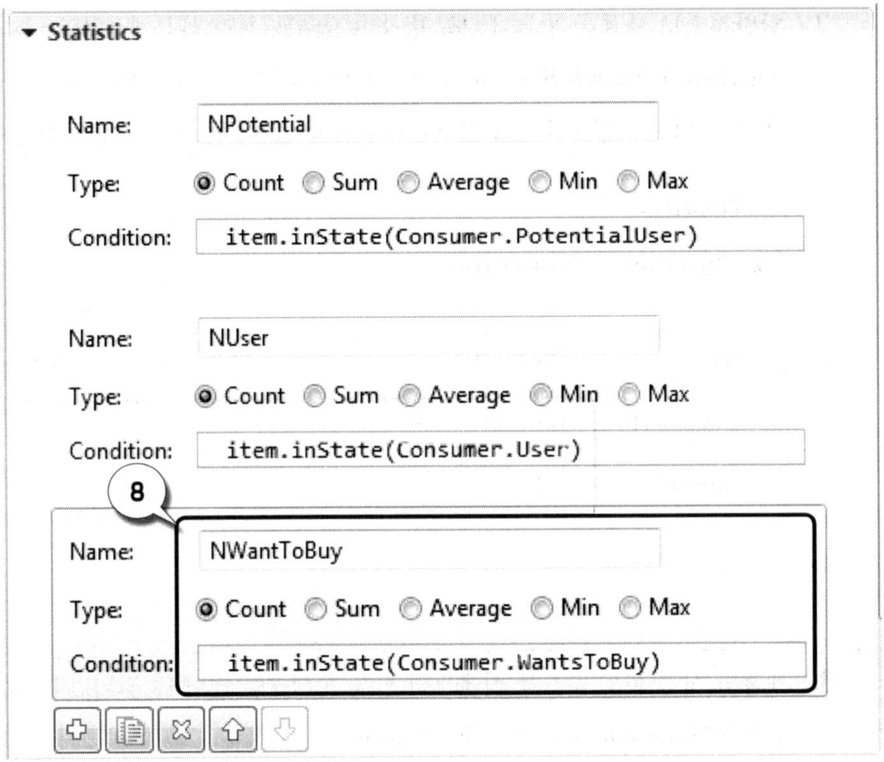

9. *Main*에서 시간 스택 차트를 선택하고 차트와 함께 표시할 다른 데이터 항목을 추가한 다음, Title에 *Want to buy*, Value에 *consumers.NWantToBuy()*를 입력하고, Color를 *gold*로 지정한다.

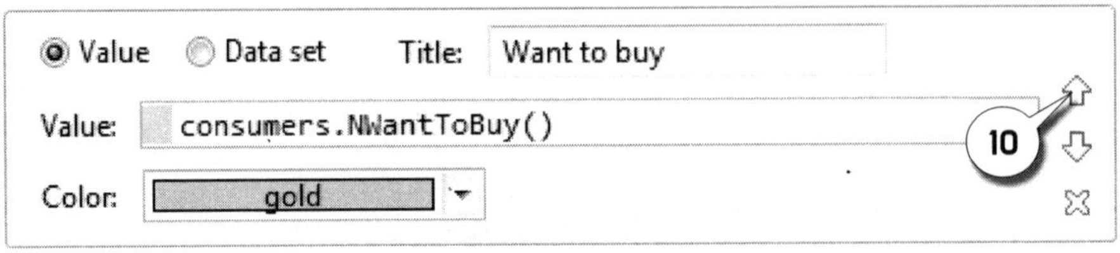

10. 항목의 섹션을 선택하고 "위로" 버튼 [⇧]을 클릭하여 목록에서 새로 정의된 데이터 항목을 두 번째로 만든다.

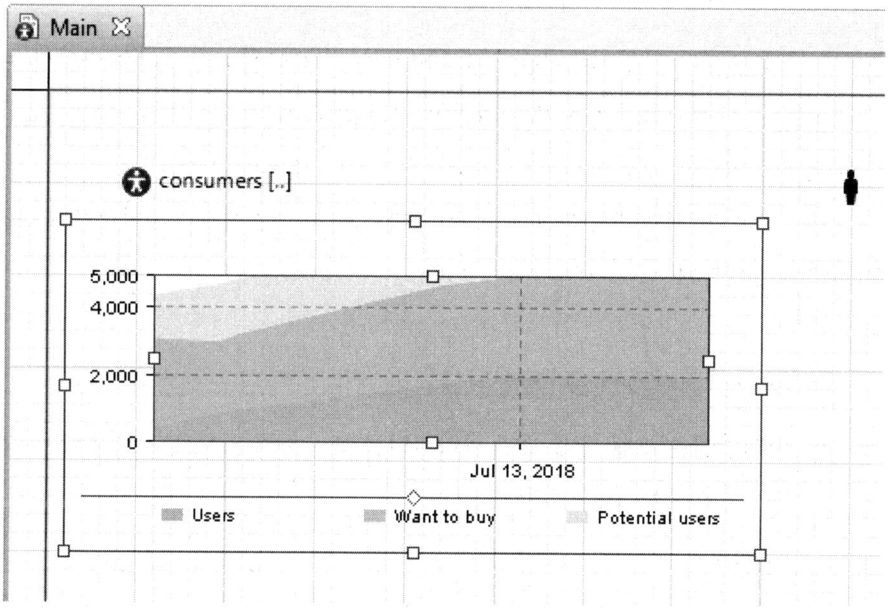

11. 모델을 실행하면 AnyLogic에서는 제품을 기다리는 고객의 수를 *gold*(금색)로 표시한다.

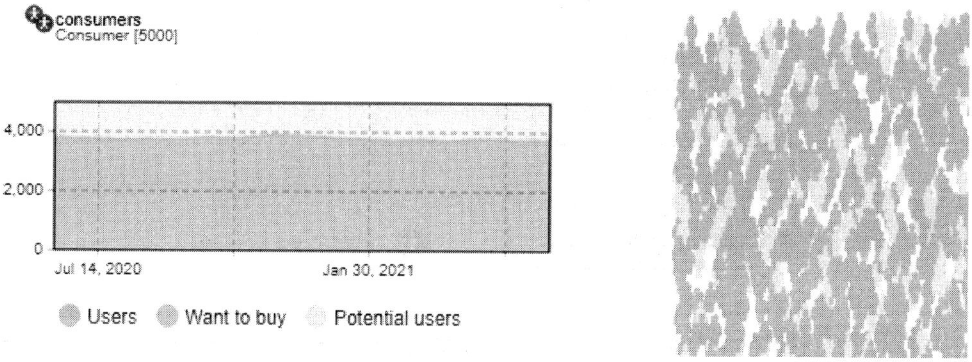

7단계. 소비자 구매충동 시뮬레이션

우리의 모델은 소비자가 제품이 배송되기까지 기다리는 데 걸리는 다양한 시간을 처리해야 한다. 배송시간이 소비자가 기꺼이 기다릴 수 있는 시간을 초과하면 소비자는 자신의 결정을 번복하고 구매 희망자가 아닌 잠재적 사용자로 돌아간다.

먼저, 제품의 최대 배송시간(25일)과 최대 소비자 대기시간(7일)의 2가지 파라미터를 *Main*에서 정의한다.

1. *Main* 에이전트 타입의 다이어그램을 연다.
2. 런타임에는 모델 창에 모델 파라미터를 표시하지 않으므로 모델 창 기본 표시영역 외부에 배치할 수 있다.

   *Main*에서는 모델 창이 파란색 사각형 프레임으로 표시된다. 프레임 내부의 요소는 모델 런타임에 표시되지만 그래픽 다이어그램의 캔버스를 오른쪽으로 약간 이동하고 아래 그림과 같이 2개의 파라미터를 배치하여 숨길 수 있다.

그래픽 다이어그램의 캔버스를 이동하려면 마우스 우측 버튼을 누르고 마우스를 움직인다.

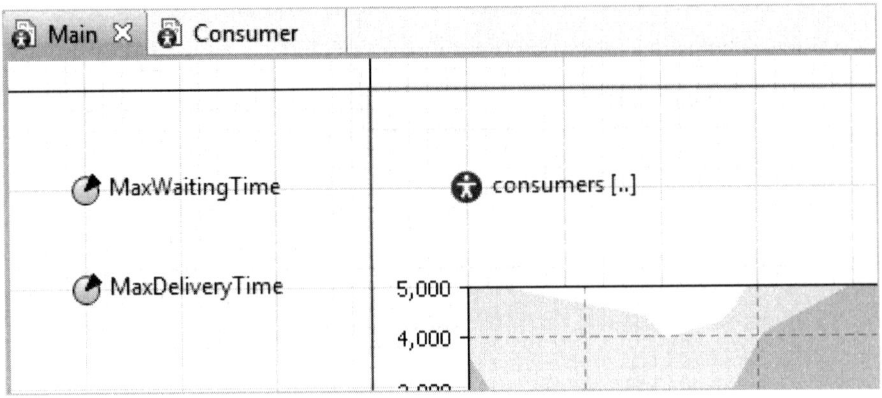

3. 파라미터를 다음과 같이 구성한다. *MaxWaitingTime(최대 대기시간)*은 소비자가 최대로 제품 배송을 기다릴 수 있는 시간을 정의한다(이 경우 7일).

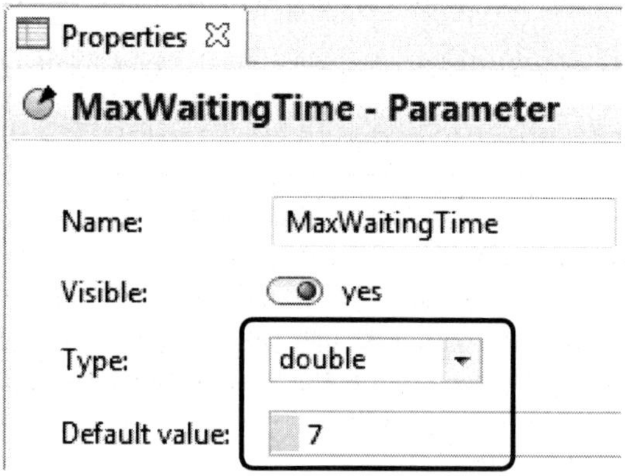

4. *MaxDeliveryTime(최대 배송시간)* 파라미터를 25일로 설정하면 제품이 배송되는 데 최대 25일이 걸릴 수 있다.

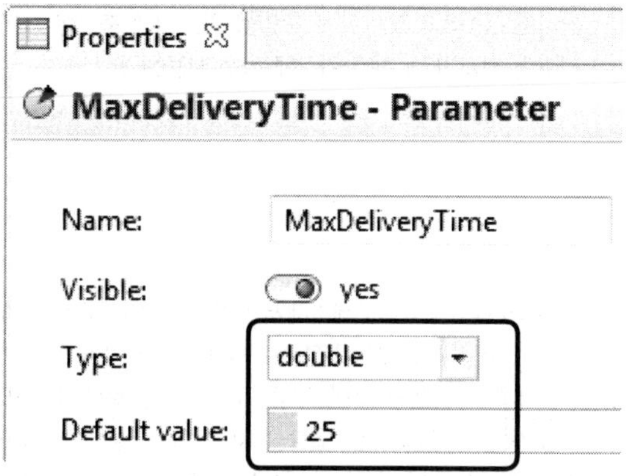

제품을 인도하는 데 평균 1 ~ 25일(평균 2일)이 소요된다고 가정한다. 이를 염두에 두고 배송기간을 고정값인 2일에서 이 패턴을 설명하는 확률식으로 변경한다.

확률 분포 함수

다음 표는 AnyLogic에서 자주 사용되는 분포들을 설명하고 있지만 프로그램의 **Help** 섹션에서 전체 목록을 찾을 수 있다.

확률분포	주요 사용법
Uniform(균일분포) 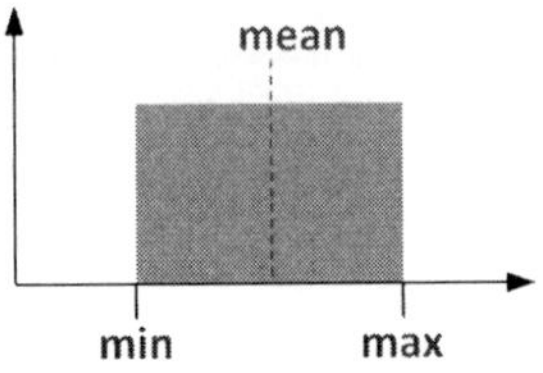 uniform(min, max)	최솟값과 최댓값을 알고 있지만 나머지 값이 어떻게 분산되어 있는지 알 수 없다. 즉, 어떤 값이 다른 값보다 자주 발생하는지 알 수 없으며 최솟값과 최댓값 사이의 어떤 위치도 값도 발생할 가능성이 있다고 가정한다.
Triangular(삼각분포) 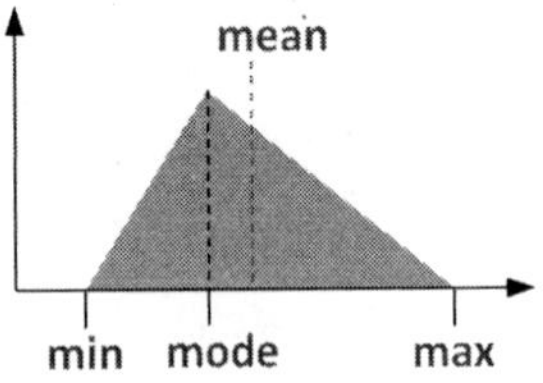 triangular(min, mode, max)	최솟값과 최댓값을 알고 있으며 최빈값(modal value)에 대한 추측을 할 수 있다. 삼각분포는 의미있는 분포 모양을 만들기에 충분한 표본이 없는 서비스 시간 또는 작업 기간에 자주 사용된다.
Exponential(지수분포) 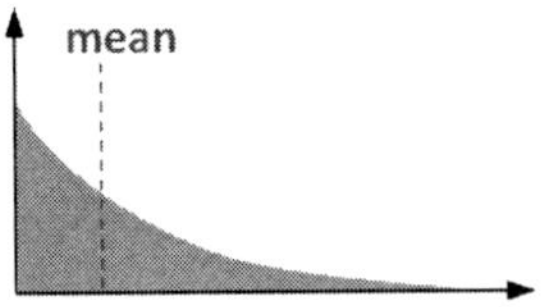 exponential(lambda, min)	푸아송(Poisson) 프로세스에서 이벤트 간의 시간, 즉 이벤트가 일정한 평균 속도로 독립적으로 발생하는 시간을 설명한다. 프로세스 모델에서 고객, 부품, 호출, 주문, 트랜잭션 또는 실패의 입력 스트림에 대한 도착간 시간으로 사용된다. 에이전트 기반 모델에서 지수분포는 특정 전역 평균 속도로 발생하는 것으로 알려진 에이전트의 독립 이벤트를 모델링하는 rate전환에 대한 timeout으로 사용된다.

Normal(정규분포) 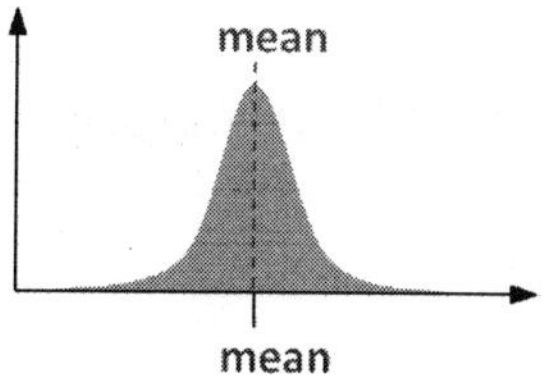 normal(sigma, mean)	평균 주위에 집중되는 경향이 있는 데이터를 잘 설명한다. 정규분포는 양측에서 제한이 없으므로 음수 값을 피하기 위해 제한하려면 truncated(잘린) 양식을 사용하거나 로그노말, 와이불, 감마 또는 베타와 같은 다른 분포를 사용해야 한다.
Discrete uniform(이산균일분포) 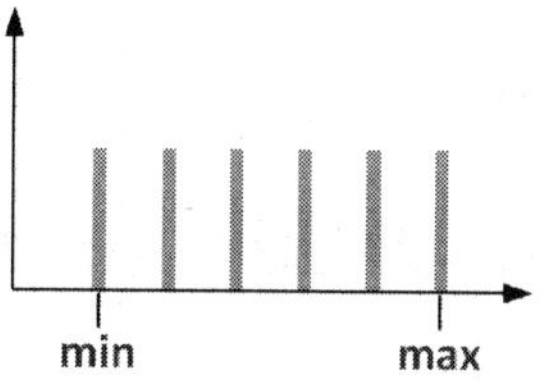 uniform_discr(min, max)	동등한 가능성을 가진 한정된 수의 결과를 모델링하는 데 사용되거나 어떤 결과가 발생할 가능성이 더 큰지에 대해 알지 못하는 경우에 사용된다. 최솟값과 최댓값 모두 가능한 결과 집합에 포함되므로 *uniform_discr(3, 7)* 호출은 3, 4, 5, 6 또는 7을 반환할 수 있다. (Borshchev, 2013)

표에서 볼 수 있듯이 삼각분포는 필요한 시간 패턴을 정의하는 가장 쉬운 방법이다.

5. *Consumer* 다이어그램을 열고 *Purchase* transition을 선택한 다음, transition의 timeout 표현식을 변경하겠다. 마법사를 사용하여 분포 함수(distribution function)를 선택하고 속성에 이름을 삽입한다. 기존 값을 대체하려면 마우스를 사용하여 기존 **Timeout** 표현식을 선택한다.

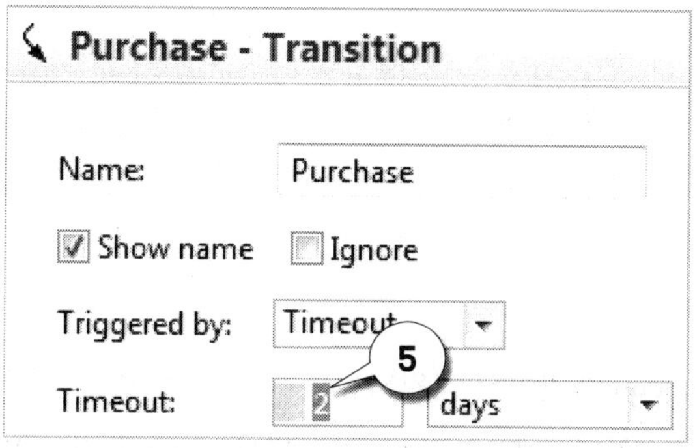

6. **Choose Probability Distribution...**(확률 분포 선택 ...) 툴바 버튼을 클릭한다.

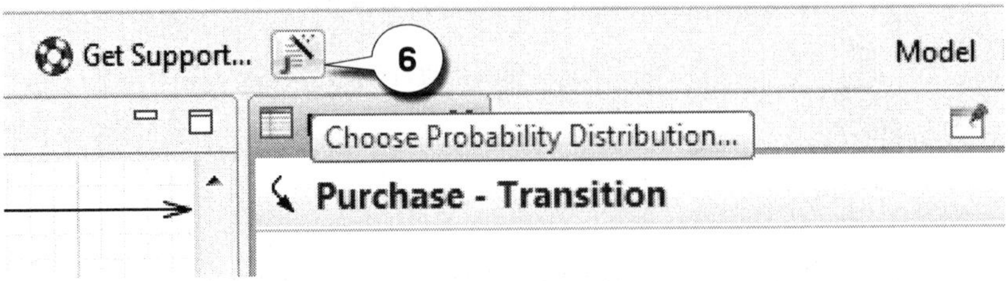

Get Support...
6
Model
Choose Probability Distribution...
Purchase - Transition

7. **Choose Probability Distribution...** 대화상자가 나타난다.

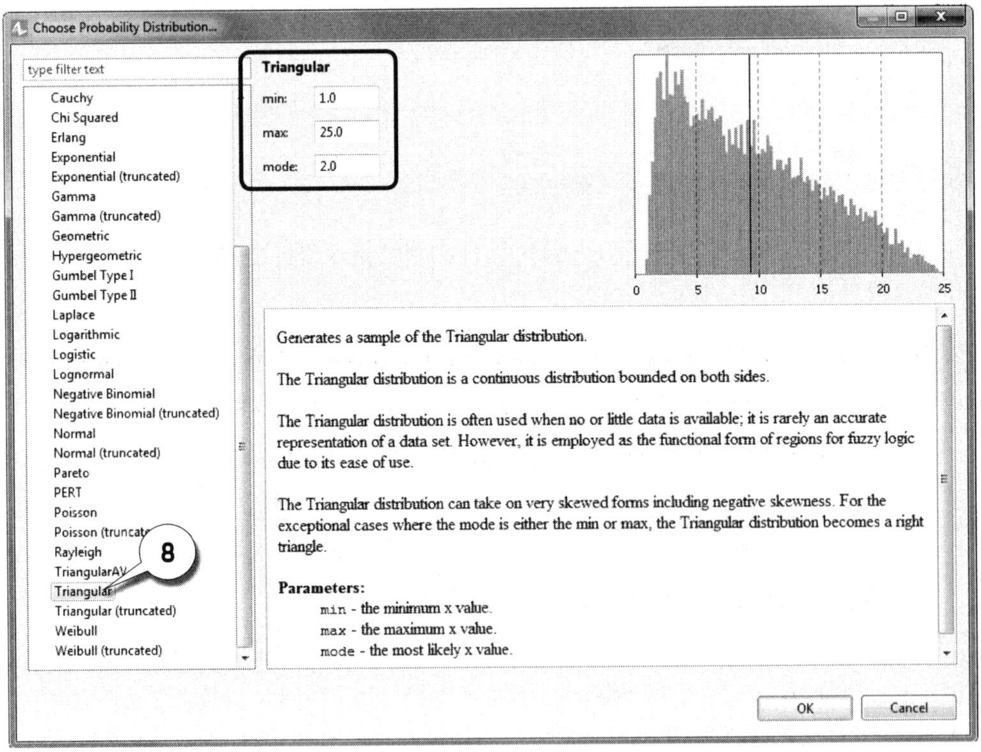

Choose Probability Distribution...
type filter text
Cauchy
Chi Squared
Erlang
Exponential
Exponential (truncated)
Gamma
Gamma (truncated)
Geometric
Hypergeometric
Gumbel Type I
Gumbel Type II
Laplace
Logarithmic
Logistic
Lognormal
Negative Binomial
Negative Binomial (truncated)
Normal
Normal (truncated)
Pareto
PERT
Poisson
Rayleigh
Triangular
Triangular (truncated)
Weibull
Weibull (truncated)
8
Triangular
min: 1.0
max: 25.0
mode: 2.0
0 5 10 15 20 25
Generates a sample of the Triangular distribution.
The Triangular distribution is a continuous distribution bounded on both sides.
The Triangular distribution is often used when no or little data is available; it is rarely an accurate representation of a data set. However, it is employed as the functional form of regions for fuzzy logic due to its ease of use.
The Triangular distribution can take on very skewed forms including negative skewness. For the exceptional cases where the mode is either the min or max, the Triangular distribution becomes a right triangle.
Parameters:
min - the minimum x value.
max - the maximum x value.
mode - the most likely x value.
OK
Cancel

8. **Choose Probability Description** 화면에서 지원되는 분포 목록을 볼 수 있으며 목록의 이름을 클릭하면 분포의 설명을 볼 수 있다. 목록에서 *triangular*(삼각분포)를 선

택하고, **min**, **max** 및 **mode** 파라미터를 각각 1, 25, 2로 설정한다. 오른쪽 상단에는 지정된 파라미터를 사용한 분포로 즉시 빌드된 PDF가 표시된다. 완료되면 **OK**를 클릭한다.

9. 표현식 *triangular(1, 25, 2)*가 자동으로 timeout 값으로 삽입된 것을 볼 수 있다. 이것을 다시 *triangular(1, main.MaxDeliveryTime, 2)*로 수정한다.

   여기서 *main*은 consumer 에이전트에서 *Main* 에이전트에 액세스하는 방법이다.

10. state가 *WantsToBuy*에서 *PotentialUser*로 이동하는 마지막 transition인 *CantWait(기다릴 수 없음)*을 그린다. 이 transition은 소비자의 조급함으로 인해 구매 결정이 어떻게 바뀌는 지 모델링하는 것이고, *Consumer* 다이어그램은 다음과 같이 보일 것이다.

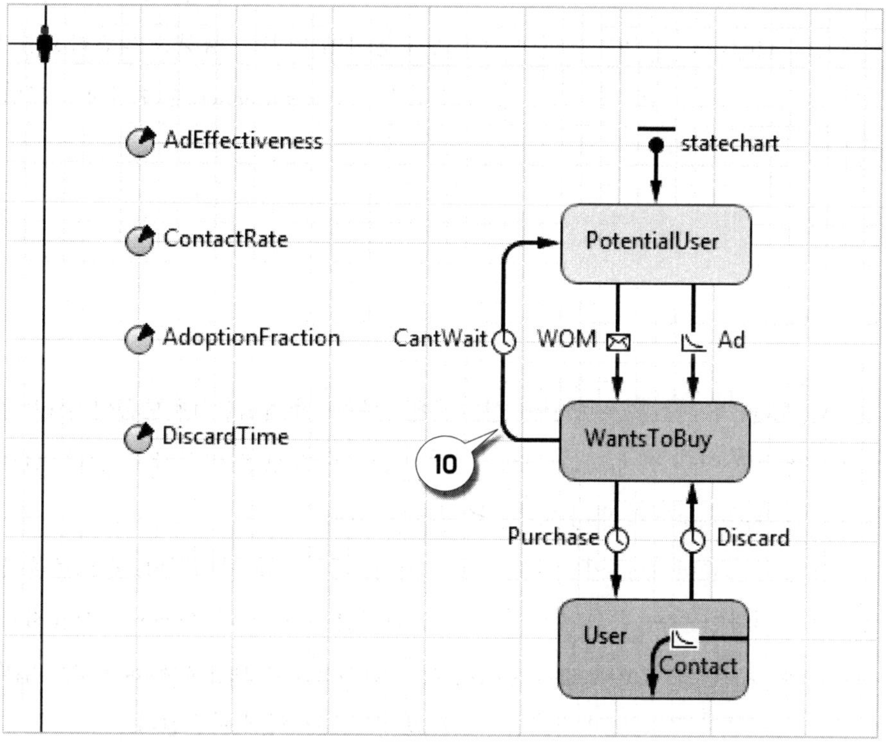

11. transition의 **properties**에서 *triangularAV(main.MaxWaitingTime, 0.15)* **days** 동안의 Timeout에 의해 트리거되도록 수정한다

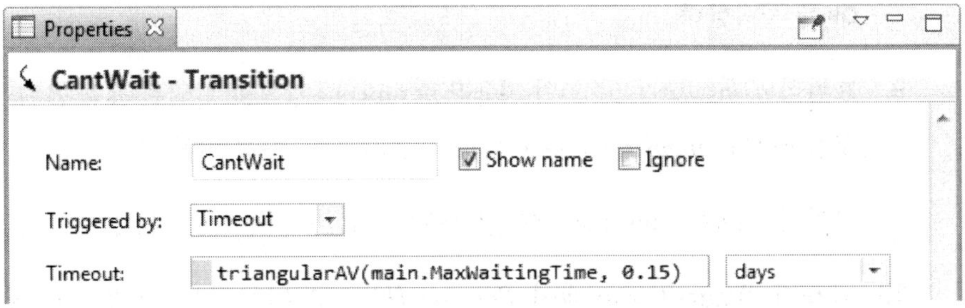

최대 대기시간을 상수 *MaxWaitingTime*으로 설정하는 대신, 평균 1주일, 편차는 최대 15%까지 가능한 삼각분포(triangular distribution)를 따르는 것으로 가정한다.

최대 대기시간과 최대 배송시간을 상수 파라미터로 쉽게 정의할 수 있지만, 이 수를 동적으로 변경하고 이러한 변경이 시스템의 동작에 미치는 영향을 확인하고자 한다. 모델에 상호작용을 추가할 수 있는 한 가지 방법은 컨트롤(control)을 추가하고 모델 파라미터에 연결하는 것이다.

컨트롤

AnyLogic의 컨트롤은 모델에 상호작용 기능을 추가하는 데 도움이 된다. 컨트롤을 사용하여 모델 실행 전에 파라미터를 설정하고 즉시 모델을 변경할 수 있다. 컨트롤은 코드를 실행하거나 모델의 파라미터를 변경할 수 있다.

함수를 호출하거나, 이벤트를 예약하거나, 메시지를 보내거나, 컨트롤을 사용하여 모델을 중지하는 것과 같은 임의의 작업을 연결할 수도 있다. **Action**은 사용자가 컨트롤을 터치할 때마다 실행된다. 컨트롤의 값은 일반적으로 컨트롤의 **Action** 코드 입력필드에서 값으로 사용할 수 있으며 컨트롤의 *getValue* 함수에 의해 반환된다.

아래 표는 각 컨트롤을 간략하게 설명하고 있다.

컨트롤	설명
Button Stop the agent	대화식으로 모델에 영향을 줄 수 있다. 모델 런타임에 버튼을 클릭할 때마다 모델이 수행할 특정 **Action** 을 (버튼의 **Action** 속성에서) 정의할 수 있다.
Check Box Show density map	선택 또는 선택 취소할 수 있으며 상태를 표시하는 컨트롤이다. 체크박스는 종종 *boolean* 변수 및 파라미터의 값을 변경하는 데 사용된다.
Edit Box 36.6	적은 양의 텍스트를 입력할 수 있는 텍스트 컨트롤이다. 이 컨트롤을 variable(변수) 또는 *String*, *double* 또는 *int* 타입의 파라미터에 연결할 수 있다. 이 경우 사용자가 입력박스의 내용을 변경하면 링크된 변수/파라미터가 즉시 이 내용을 해당 값으로 받는다.
Radio Buttons Choice 1 Choice 2 Choice 3	한 번에 하나의 버튼만 선택할 수 있는 버튼 그룹이다. 이 컨트롤을 변수 또는 *int* 타입의 파라미터에 연결할 수 있다. 이 경우 사용자가 단추 그룹에서 다른 옵션을 선택하면 링크 된 변수/파라미터가 이 옵션의 인덱스를 즉시 값으로 가져온다. Radio Buttons 테이블에 정의된 첫 번째 버튼에는 인덱스 0이 있고, 두 번째 버튼에는 인덱스 1, … 등이 있다.
Slider 0 54.645 100	사용자가 노브(knob)를 조절하여 간격 내의 숫자 값을 그래픽 방식으로 선택할 수 있게 한다. 모델 런타임에서 숫자 변수 및 파라미터 값을 수정하는 데 일반적으로 사용된다. 정확한 *double* 값을 설정하기가 어려울 경우 슬라이더 대신 입력박스에 텍스트 입력을 사용할 수 있다.

추가로 4가지 컨트롤이 있다.

- **Combo Box**
- **List Box**
- **File Chooser**
- **Progress Bar**

우리는 제한된 간격 내에서 숫자 값을 선택할 수 있는 슬라이더 컨트롤을 추가할 것이다. 슬라이더는 종종 숫자 변수 및 파라미터의 값을 수정하는 데 사용된다.

12. *Main* 다이어그램으로 돌아가서, **Controls** Palette를 열고 2개의 **Sliders** 를 차트 아래의 다이어그램으로 드래그한다. 우리는 슬라이더를 2개의 파라미터에 연결할 것이다.

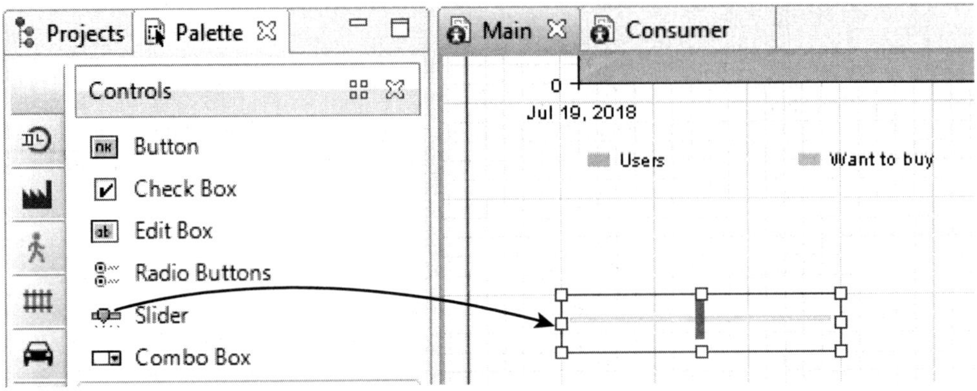

13. 슬라이더의 properties를 수정한다.
   - **Link to**(~로 연결) 체크박스를 선택하고 오른쪽에서 파라미터 *MaxWaitingTime*을 선택한다.
   - 슬라이더의 **Minimum**과 **Maximum values**를 설정한다. 파라미터 값은 여기서 정의하는 범위 내에서 변화될 수 있으며 **Minimum**을 2, **Maximum value**를 15로 설정한다.
   - 마지막으로, **Add labels...** (레이블 추가) 버튼을 클릭하여 런타임에 슬라이더의 최소, 최대 및 현재 값을 표시한다 (슬라이더 아래에 *min*, *value* 및 *max* 텍스트 모양이 표시됨).

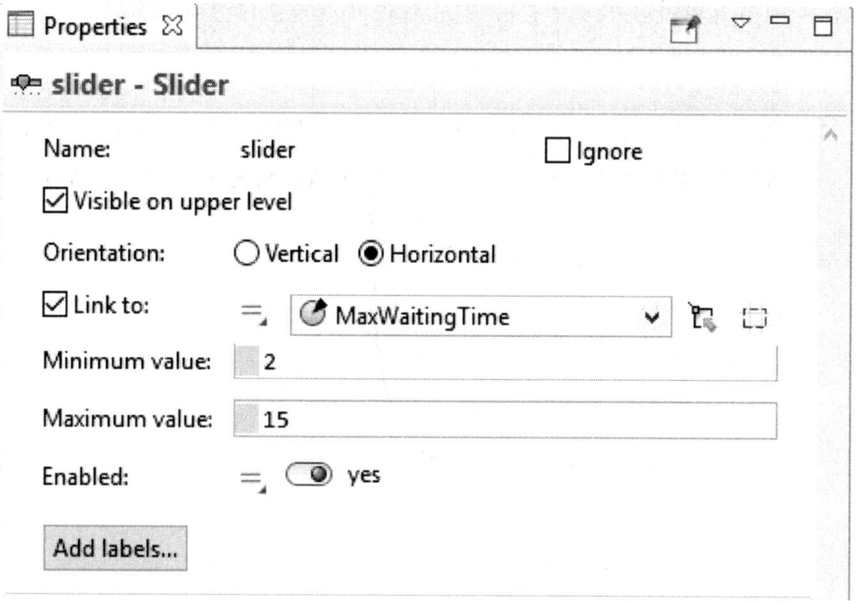

14. 아래에 다른 슬라이더를 추가하고 다음과 같이 구성한다.

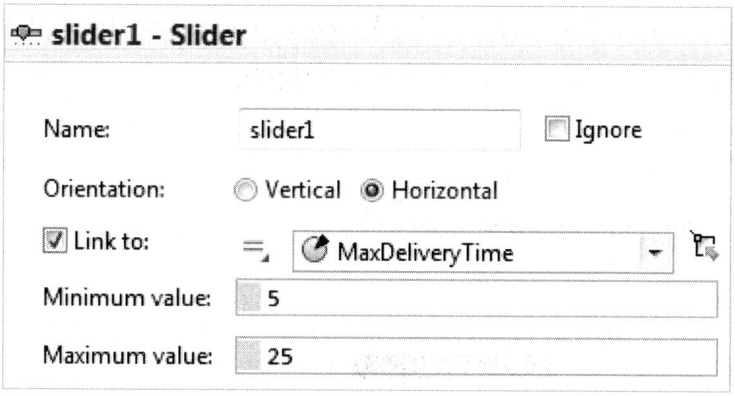

일부 컨트롤에는 레이블이 내장되어 있지만, 슬라이더에 수동으로 **Text** 도형을 사용하여 만들어야 한다.

15. **Presentation** Palette를 열고 2개의 **Text** *Aa* 도형을 다이어그램으로 드래그하

여서 슬라이더 위에 놓는다. 이 컨트롤의 제목을 구성해 보겠다.

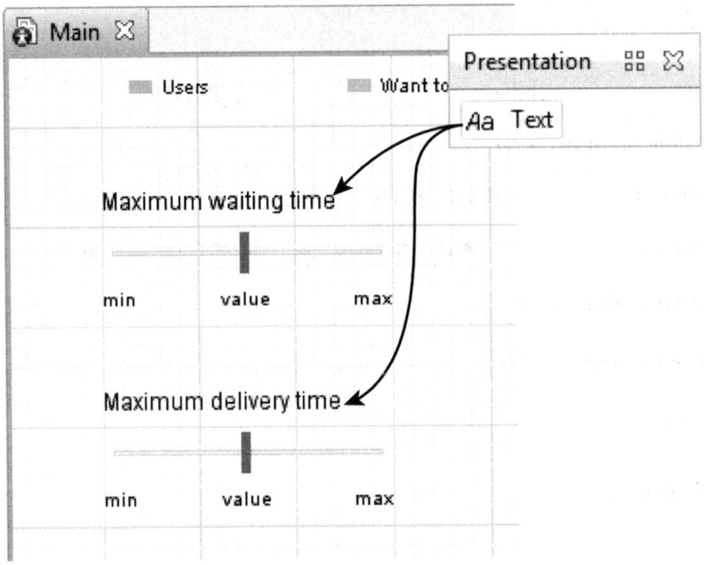

16. Properties 뷰에서 **Text** 섹션에 모델이 표시할 텍스트를 입력한다. 텍스트 도형을 사용하여 슬라이더 중 하나는 제목을 *Maximum waiting time*이라고 지정하고, 다른 하나는 *Maximum delivery time*이라고 지정한다.

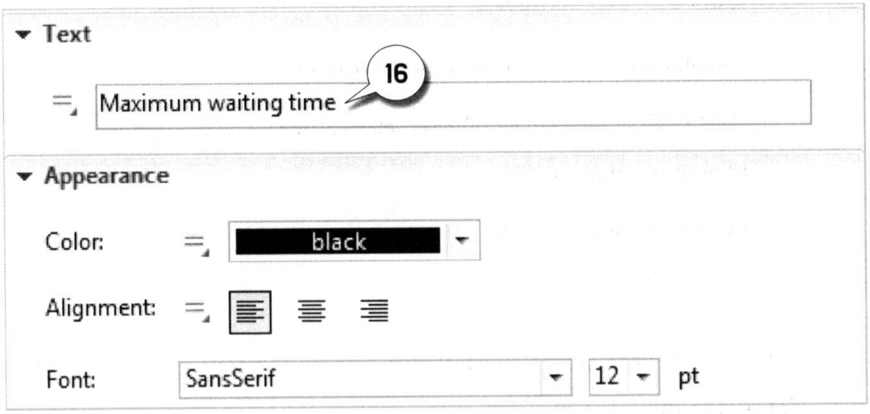

17. properties 섹션의 **Appearance** 아래에서 텍스트의 색상, 맞춤, 글꼴 및 포인트 크기에 대하여 사용자 정의를 할 수 있다.

    슬라이더의 최솟값, 현재값 및 최대값을 표시하는 레이블은 **Text Aa** 도형이다. 동적 속성은 모델의 런타임에서 슬라이더의 최솟값, 현재값 및 최대값을 표시하며 텍스트 도형을 편집하는 것처럼 레이블을 편집할 수 있다.

    consumers 요소를 모델 창 프레임을 넘어서 왼쪽으로 이동할 수도 있다.

18. 모델을 실행하고 동작을 관찰한다. 슬라이더를 사용하여 최대 대기시간 또는 배송시간을 변경하면 변경사항이 소비자 행동 및 전체 제품 채택 다이내믹스에 반영된다.

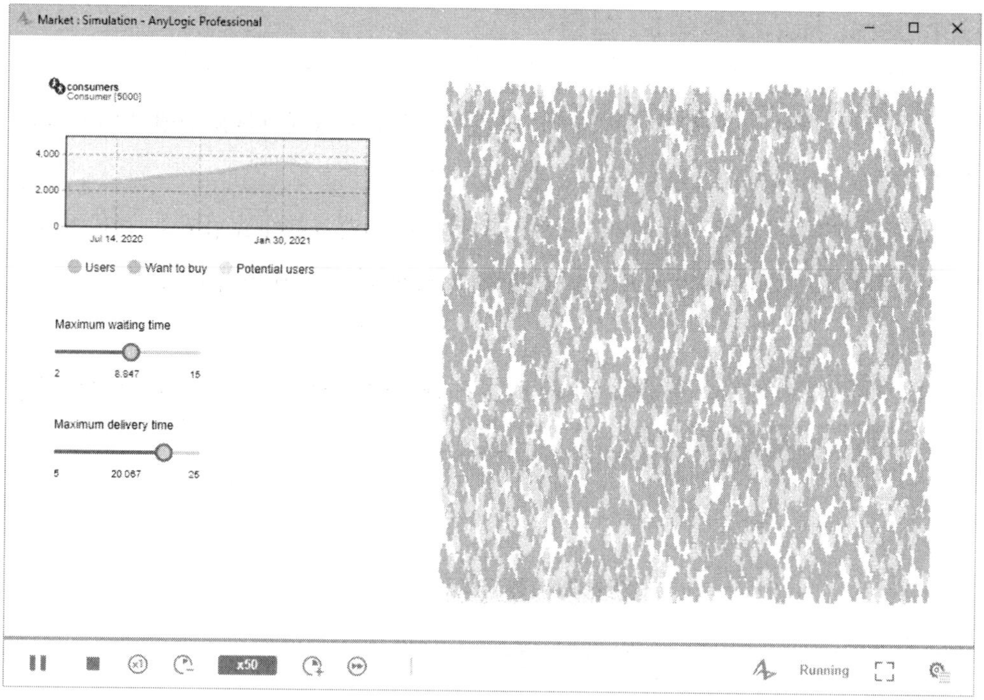

8단계. 다른 파라미터 값으로 모델 실행 비교

이 단계에서는 모델을 실행하고, 다른 설정에서 제품 채택 프로세스를 관찰하고자 한다. 수동으로 파라미터 값을 변경하여 모델을 실행하고 결과를 저장할 수 있지만 AnyLogic에 내장되어 있는 실험을 사용하여 출력을 비교하는 것이 훨씬 쉽다.

먼저, *ContactRate* 파라미터를 수동으로 변경하고 모델 동작을 비교할 수 있는 실험을 만든다. 실험을 통해 1년이 넘는 기간의 데이터를 조사하고, 500일을 사용한다.

Compares Run(실행 비교) 실험

이 대화식 실험을 통해 모델의 파라미터를 입력하고 시뮬레이션을 실행한 다음 추후 비교를 위해 시뮬레이션 결과를 차트에 추가할 수 있다.

실험의 기본 사용자 인터페이스에는 입력필드와 출력차트가 포함된다. 파라미터는 입력을 정의하고 파라미터의 컨트롤 타입은 **Value editor**의 설정에 따라 다르다.

1. *Main* 다이어그램을 열어 **Analysis** Palette에서 **Data Set** 을 추가하고, 이름을 *usersDS*로 지정한다.

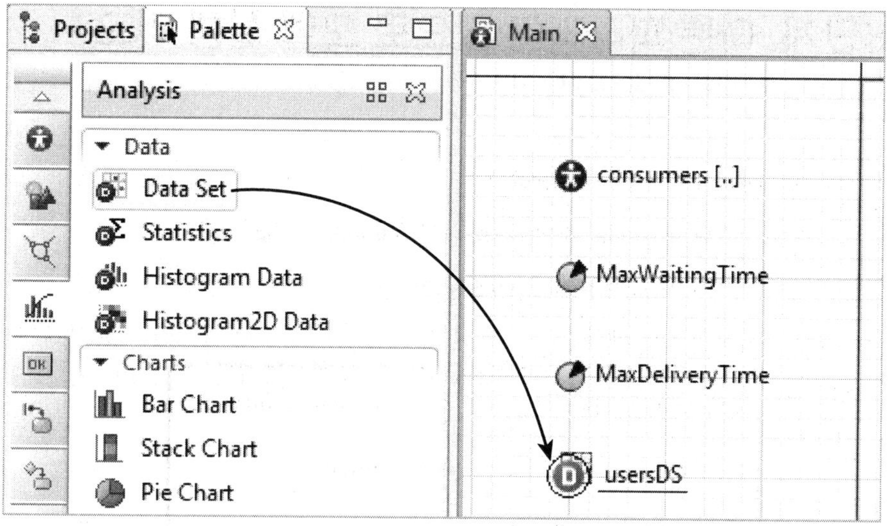

Data Set는 *double* 타입의 **2D (X, Y)** 데이터를 저장할 수 있다. 이 데이터 세트가 제품 판매 다이내믹스의 내역을 저장하기를 원하며, 타임스탬프와 제품 사용자의 현재 숫자를 가진 데이터 샘플을 저장할 것이다.

2. 타임스탬프를 저장하려면 데이터 집합의 옵션을 **Use time as horizontal axis value**(가로 축의 값으로 시간을 사용)로 둔다.

3. 데이터 세트에 저장할 값을 설정한다. **Vertical axis value**(세로축 값) 속성에서 다음을 입력한다. consumers.NUser().

4. 데이터 세트는 최신 데이터 항목을 제한적으로 유지하며 샘플 크기를 500으로 제한한다. 데이터 세트를 Keep up to 500 latest samples로 설정한다. Update data automatically(데이터를 자동으로 업데이트)를 선택하고, 기본 Recurrence time(반복횟수)은 1로 설정한다. 이것은 모델의 전체 기간 동안 하루에 하나의 데이터 샘플을 추가할 것이다.

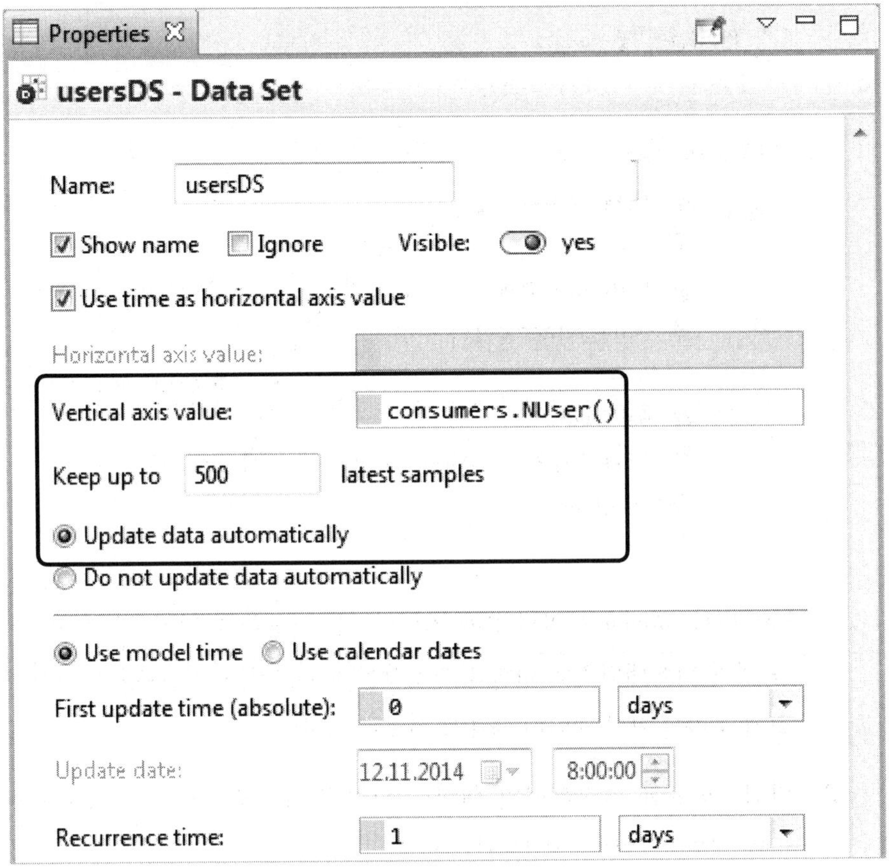

이제 주요 변수의 기록(제품 사용자 수)을 저장할 데이터 집합이 생겼다. 에이전트 파퓰레이션인 *consumers*를 위해 생성한 통계 함수 *NUser()*를 호출하여 데이터 샘플을 얻는다.

5. 그런 다음, *Main* 다이어그램의 2개의 파라미터(*MaxWaitingTime*과 *MaxDeliveryTime*)에 대한 **Value editor** 섹션을 변경한다. **Control type**으로 *Slider*를 선택하고, 기본값의 슬라이더에 있는 것과 *Main*의 슬라이더와 동일하게 **Min**과 **Max** 값을 설정하고, 원하는 경우 기본 레이블(예 : *Maximum waiting time*)을 변경한다.

이제 실행 비교 실험을 만들 준비가 되었다.

6. **Projects** 뷰를 열고 모델 항목을 우측클릭한 다음 콘텍스트 메뉴에서 **New > Experiment**를 선택하면, **New experiment**(새 실험) 마법사가 나타난다.

7. Experiment Type(실험 타입) 목록에서 **Compare Runs**(실행 비교) 를 선택하고 Next를 클릭한다.

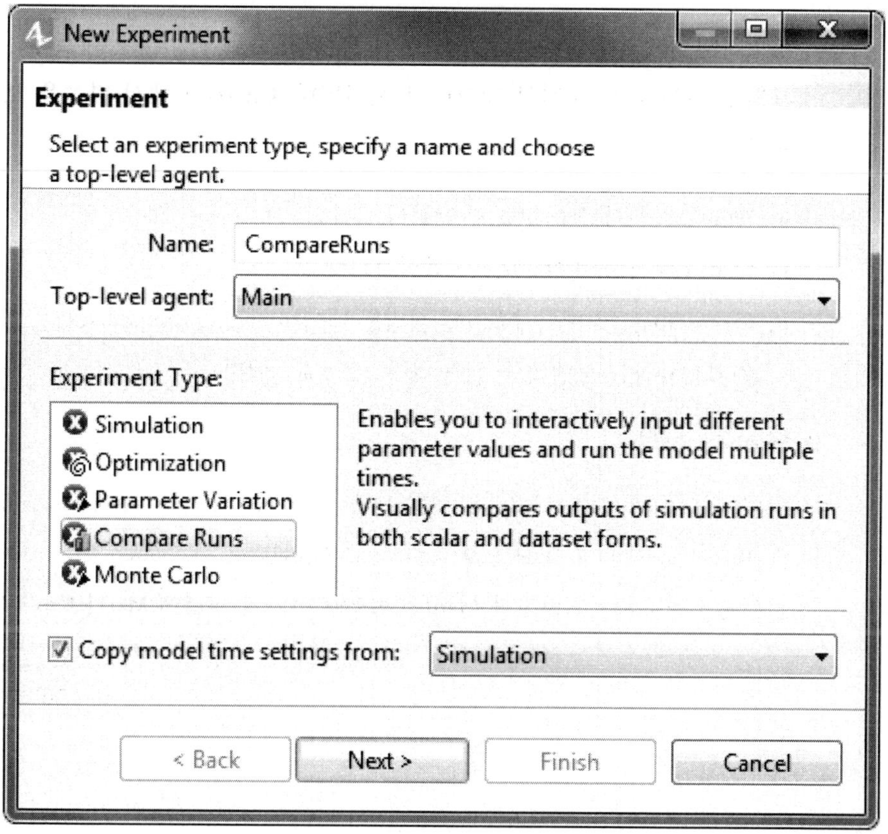

8. **Parameters** 페이지에서 2개의 파라미터를 **Selection**(선택) 컬럼에 추가한다. 파라미터를 추가하려면 왼쪽의 **Available**(사용 가능) 목록에서 파라미터를 선택하고 ▶ 화살표를 클릭한다. ▶▶ 버튼을 클릭하여 모든 파라미터를 추가할 수도 있다. 2개의 파라미터가 모두 **Selection**에 옮겨지면 **Next**를 클릭한다.

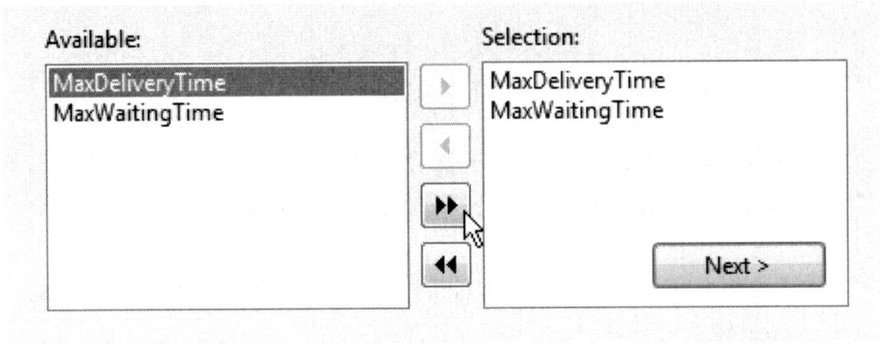

9. 마법사의 다음 페이지에서, 이 실험의 출력 차트를 구성한다. 차트에는 데이터 세트 *usersDS*에서 수집한 데이터가 표시된다. Charts 표에서 다음을 모두 수행한다.

   a. **Type** 컬럼에서 **dataset**을 선택한다.

   b. **Chart Title** 컬럼에서 *Users*를 입력한다.

   c. **Expression** 컬럼에서, *Main*에 정의된 데이터 세트는 *root.usersDS*를 참조하며, 여기서 *root*는 모델의 최상위 에이전트(*Main*)이다.

10. **Finish**를 클릭한다.

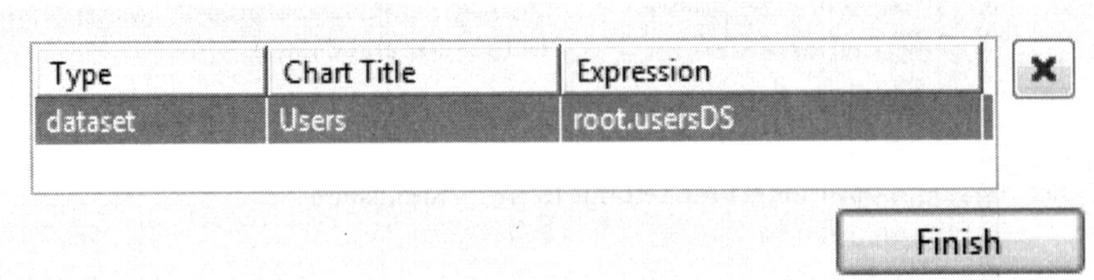

CompareRuns 실험 다이어그램이 자동으로 열리고 마법사로 만든 기본 사용자 인터페이스가 표시된다.

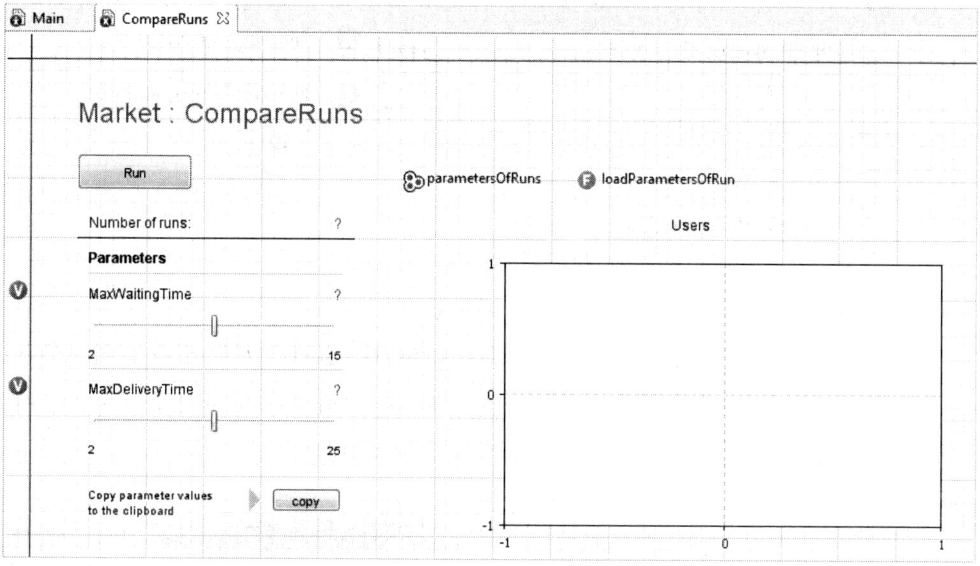

11. 실험을 통해 500일 동안 모델을 시뮬레이션하려면 **Projects** 뷰의 트리에서 *CompareRuns* 실험을 선택한다. experiment properties에서 **Model time** 속성 섹션을 열고 **Stop time**(정지 시간) 입력필드에 500을 입력한다.

12. 실험을 실행하려면, **Run**리스트에서 새로 생성된 **Market / CompareRuns** 실험을 선택하거나, **Projects** 트리에서 *CompareRuns* 실험을 우측클릭하고 콘텍스트 메뉴에서 **Run** ▶ 을 선택한다.

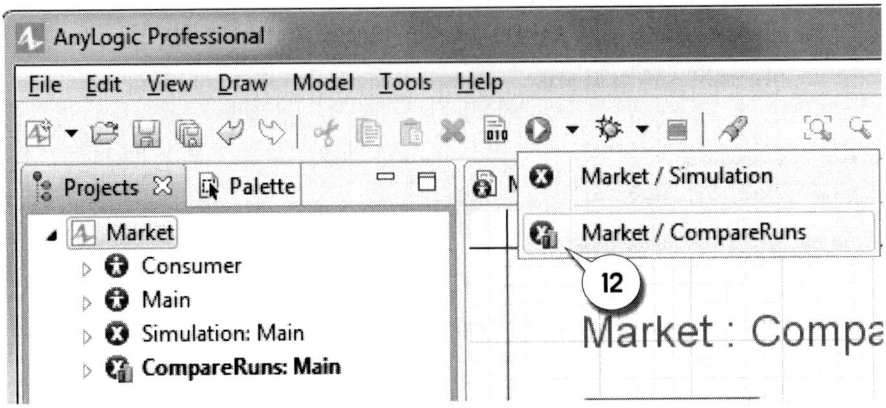

13. 모델 창에서 **Run** 버튼을 클릭하여 기본 파라미터 값과 연관된 결과를 확인한다. 그런 다음 파라미터 값을 변경하고 다시 **Run**을 클릭하여 새 설정에 대한 시스템 동작을 관찰한다. 차트에 검토 결과가 모두 표시된다.

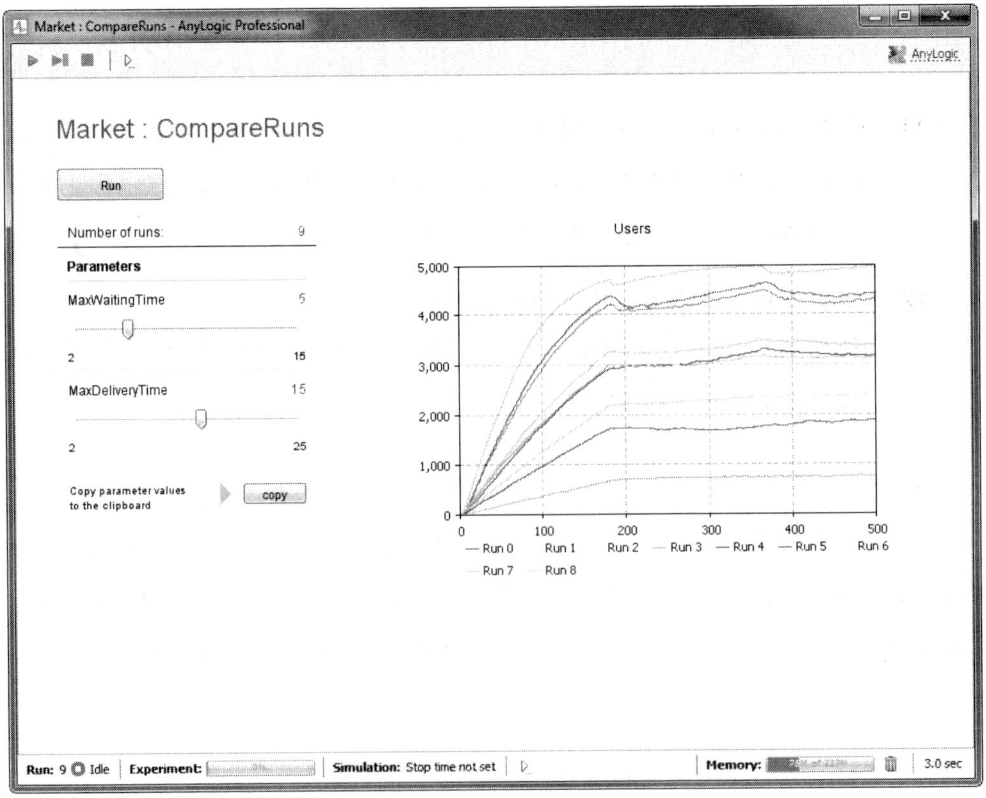

14. 차트의 각 커브는 특정 시뮬레이션 실행에 해당하며 차트 범례의 항목을 클릭하면 해당 실행에 해당하는 커브를 하이라이트 할 수 있다. 왼쪽의 컨트롤에는 이 결과를 가져오는 값이 표시된다. 커브의 선택을 취소하려면 범례를 한 번 더 클릭한다.

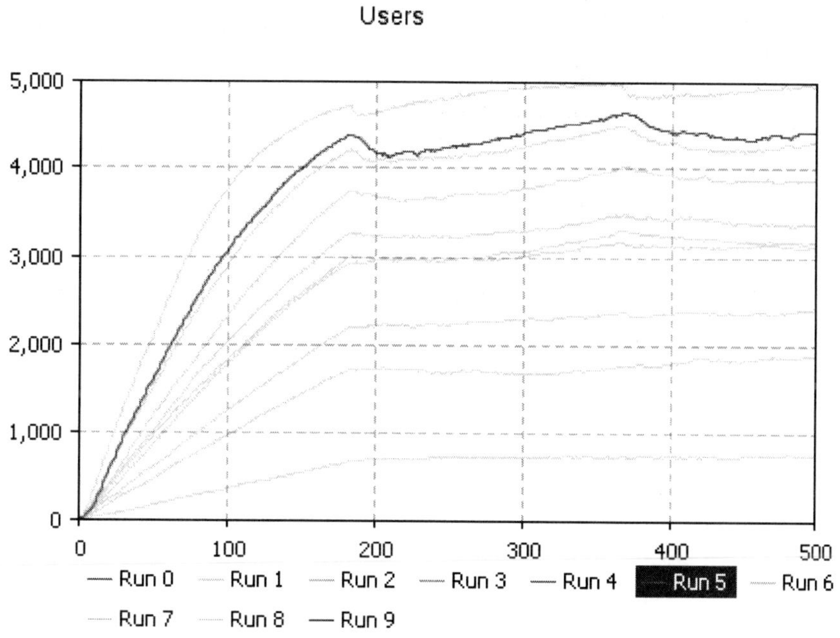

15. 범례를 클릭하고 콘텍스트 메뉴에서 **Copy all**(전체 복사) 또는 **Copy selected**(선택 복사)를 선택하여 데이터 세트를 복사할 수 있다.

이제 에이전트 기반의 *Market* 모델 개발을 마쳤으므로, 경쟁 제품을 도입하는 등 고객의 로직을 보다 정교하게 만들어 확장할 수 있다. AnyLogic 예제 모델의 "*Big Book of Simulation Modeling*" 섹션의 모델에서 유사한 모델 *Statechart for Choice of Competing Products*를 찾을 수 있다. 모델을 보려면 **Help** 메뉴에서 **Examples**를 선택한다.

2장. 시스템 다이내믹스 모델링

"시스템 다이내믹스는 복잡계의 구조와 다이내믹스를 이해할 수 있게 해주는 개념적 도구의 관점과 집합이다. 시스템 다이내믹스는 또한 복잡계에 대하여 공식적인 컴퓨터 시뮬레이션을 구축하고 보다 효과적인 정책과 조직을 설계하는 데 사용할 수 있는 엄격한 모델링 방법이다."

– 존 스터먼(John Sterman), "Business Dynamics:
Systems Thinking and Modeling for a Complex World"

시스템 다이내믹스 방법은 MIT의 제이 포레스터(Jay Forrester) 교수가 1950 년대에 만들었다. 포레스터 교수는 그의 과학 및 엔지니어링 배경을 바탕으로 물리 및 전자회로 법칙을 사용하여 경제 및 사회 시스템을 연구했다.

오늘날 시스템 다이내믹스는 일반적으로 장기적이고 전략적인 모델에 사용되고 있으며 높은 수준의 객체 집단화를 가정한다. SD 모델은 사람, 제품, 이벤트 및 기타 개별 항목을 수량으로 나타낸다.

시스템 다이내믹스는 동적 시스템을 연구하는 방법론이다. 그것은 여러분에게 다음을 제안한다.

- 시스템을 자체 행위를 정의하는 인과적으로 폐쇄된 구조로써 모델링한다.
- 시스템의 균형 또는 강화 피드백 루프(원형 인과관계) 찾는다. 피드백 루프는 시스템 다이내믹스의 핵심이다.
- 그것들에 영향을 미치는 저량(stock, 누적량)과 유량(flow, 흐름량)을 식별한다.

저량은 누적되는 양이며 시스템 상태를 특성화한다. 그것들은 시스템의 메모리이며 불균형의 근원이다. 모델은 집단화된 경우에서만 작동하며 저량의 각 항목들은 구별할 수 없다. 유량은 이러한 시스템 상태가 변경되는 속도(rate)이다.

저량과 유량의 구별에 어려움이 있는 경우 우리가 구별하는 방법을 고려하기 바란다. 저량은 일반적으로 인력, 재고수준, 자금 또는 지식과 같은 수량으로 표현되는 반면, 유량은 일반적으로 클라이언트를 월별 또는 달러 당 고객과 같이 주어진 기간 동안 측정한다.

이 장에서는 AnyLogic을 사용하여 시스템 다이내믹스 모델을 개발하는 방법을 알려준다. 시스템 다이내믹스 접근법에 대한 자세한 정보가 필요하면 존 스터먼의 책 "*Business Dynamics: Systems Thinking and Modeling for a Complex World*"를 학습하기를 권장한다.

SEIR 모델

우리는 많은 사람들 사이에서 전염성 질병의 확산을 보여주는 모델을 만들 것이다. 샘플 모델은 그 중 1명은 전염성이 있는 1만명의 파퓰레이션(이것을 *TotalPopulation*이라고 할 것임.)을 만들 것이다.

- 감염 단계에서 사람은 매일 평균 *ContactRateInfectious* = 1.25명으로 접촉한다. 전염성이 있는 사람이 감수성이 있는 사람과 접촉하게 되면 감수성이 있는 사람의 감염 가능성은 *Infectivity* = 0.6이다.
- 감수성이 있는 사람이 감염되면 감염 잠복기는 *AverageIncubationTime* = 10일 동안 지속된다. 우리는 잠복기에 있는 사람들을 묘사하기 위해 *exposed*라는 단어를 사용할 것이다.
- 잠복기 후에, 전염병 단계가 시작된다. 이 단계는 *AverageIllnessDuration* = 15일 동안 지속된다.
- 질병에서 회복된 사람은 두 번째 감염으로부터 면역이 된다.

1단계. 저량유량도(stock and flow diagram) 작성

1. 메뉴에서 **File**(파일) 〉 **New**(새로 만들기) 〉 **Model**(모델)을 선택하여 새 모델을 만들고, 이름을 *SEIR*라고 한다. **Model time units**(모델 시간 단위)로 **days**(일)를 선택한다.

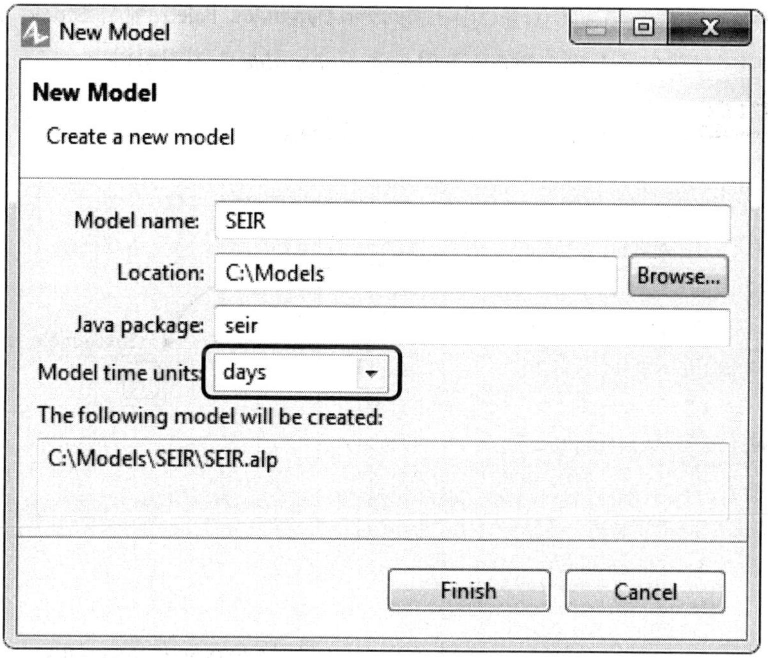

저량유량도 작성부터 시작한다. 전염병의 진행상황을 모델링하려면 파퓰레이션의 다양성을 줄여야 한다. 이 예제에서는 다음 네 가지 중요한 특성을 고려할 것이다.

- *Susceptible* – 바이러스에 감염되지 않은 사람들
- *Exposed* – 감염되었지만 다른 사람을 감염시킬 수 없는 사람들
- *Infectious* – 감염되었으며 다른 사람을 감염시킬 수 있는 사람들
- *Recovered* – 바이러스로부터 회복된 사람들

SEIR은 4단계를 나타내는 두문자로 된 단어이다 : 감수성이 있는 사람(**S**usceptible) – 노출된 사람(**E**xposed) – 전염된 사람(**I**nfectious) – 회복된 사람(**R**ecovered). 문제의 전체적인 구조와 용어는 "전염병 구획모델(SEIR, Susceptible Exposed Infectious Recovered)"에서 가져온 것이다.

모델에는 4개의 저량이 있으며 각 단계마다 하나씩 있다.

2. **System Dynamics** Palette를 연다. **System Dynamics** Palette에서 **Stock**(저량)▢을 다이어그램으로 드래그한다. 그 이름을 *Susceptible*로 지정한다.

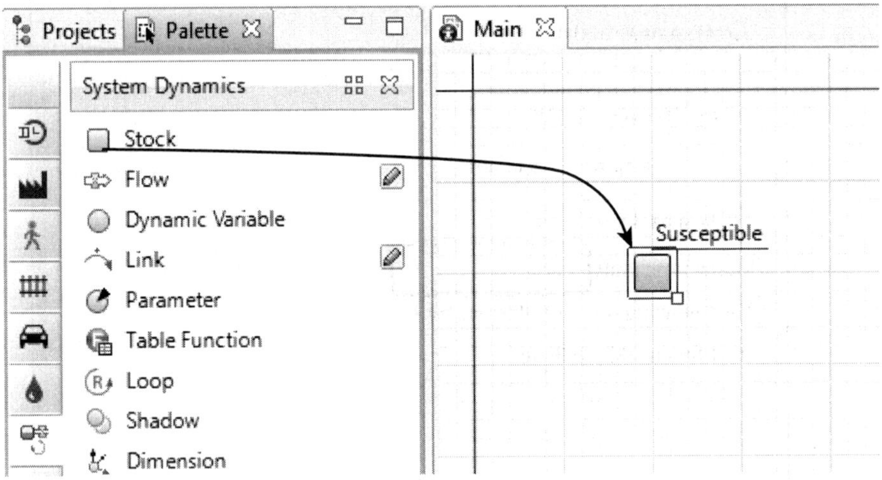

3. 3개의 stock을 추가하여, 그림과 같이 그 이름을 *Exposed*, *Infectious*, 그리고 *Recovered*로 지정한다.

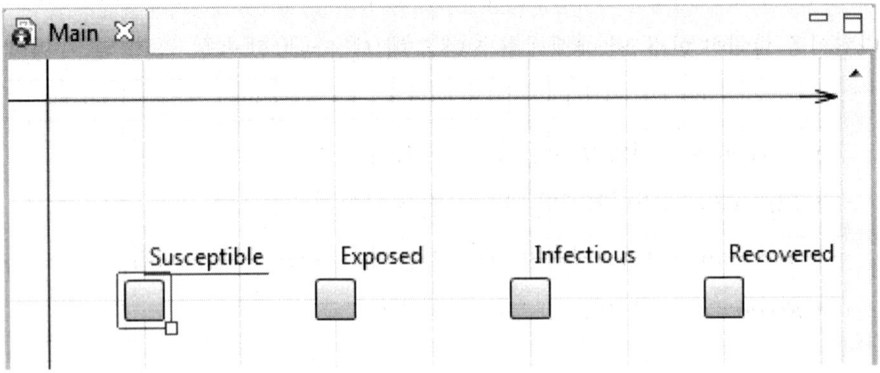

저량(Stock)과 유량(flow)

시스템 다이내믹에서 저량(레벨, 누적 또는 상태변수라고도 함)은 실제 세계의 재료, 지식, 사람, 돈 등을 나타낸다. 유량은 변동률, 즉 저량의 값이 어떻게 변화하고 시스템의 다이내믹스를 어떻게 정의하는지 정의한다. 다음은 저량과 유량의 예이다.

저량	유입	유출
인구	출생 이민유입	사망 이민유출
연료탱크	연료주입	연료소모

유량은 하나의 저량에서 흘러나와 다른 저량으로 흘러갈 수 있다. 이렇게 유량은 첫 번째 저량에서 유출되어 동시에 두 번째 저량에 유입된다.

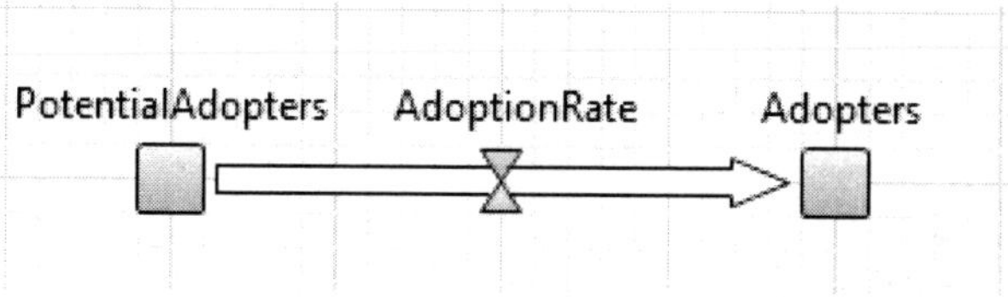

유량은 "아무 것도 아닌 곳"에서도 저량으로 흘러들어갈 수 있다. 이 경우 구름("source"를 나타냄)은 흐름의 시작 지점에 그려진다.

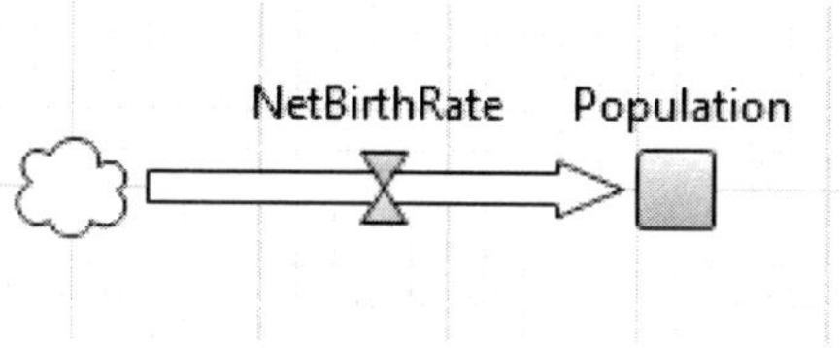

그리고 대칭적으로, 유량이 저량에서 "아무 것도 아닌 곳"으로 흘러나올 수 있다. 이 경우 구름("sink"를 나타냄)은 흐름의 끝점에서 그려진다.

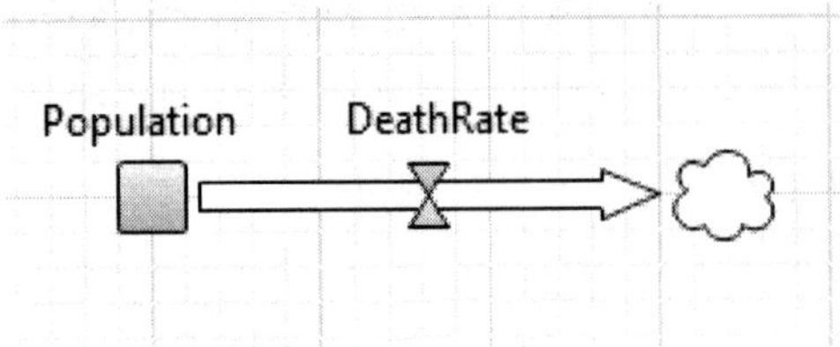

유량의 화살표는 그 방향을 나타낸다.

모델에서 감수성이 있는 사람들은 바이러스에 노출되고 감염되어 회복된다. 그것은 모델이 한 저량에서 다음 저량으로 사람들을 이동시키기 위해 3개의 유량을 사용하여 진행한다.

4. *Susceptible* 저량에서 *Exposed* 저량으로 흐르는 첫 번째 유량을 추가한다. 유량이 유출되는 *Susceptible* 저량을 더블클릭한 다음 흘러들어갈 저량(*Exposed*)을 클릭한다.

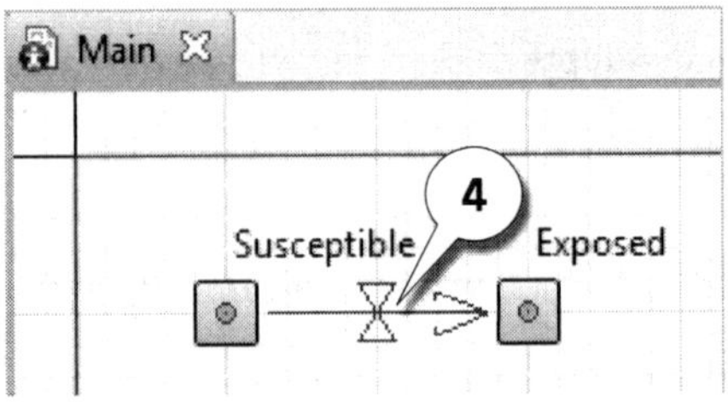

5. 그 유량의 이름을 *ExposedRate*로 지정한다.

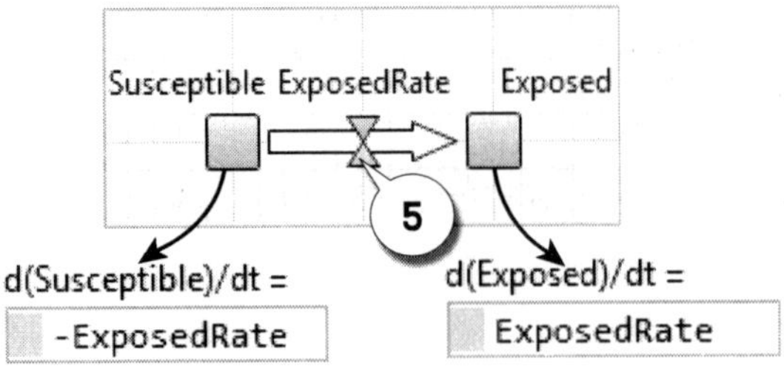

6. *Susceptible*과 *Exposed* 저량의 표현식을 볼 수 있다. *ExposedRate* 유량은 *Susceptible* 저량의 값을 감소시키고 *Exposed*를 증가시키기 때문에 수식은 아래 그림과 같아야 한다. AnyLogic은 유량을 추가할 때 자동으로 이 표현식을 작성하였다.

저량의 공식

AnyLogic은 사용자의 저량유량도에 따라 자동으로 저량의 공식을 생성한다.

저량의 값은 저량의 유입 및 유출 유량에 따라 계산된다. 유입되는 값, 즉 저량의 값을 증가시키는 유량이 추가되고 저량의 값을 감소시키는 유출 - 유량의 값만큼 저량의 현재 값에서 감소된다 :

유입 유량1 +유입 유량2 … - 유출 유량1 - 유출 유량2 …

전통적인 시스템 다이내믹스 표기법에서 수식에는 유량만 표시될 수 있다. 표현식은 편집할 수 없으며 저량에 유입 및 유출되는 유량 외의 다른 요소는 표현식에서 나타날 수 없다.

7. *Exposed*에서 *Infectious*로 유량을 추가하고, 그 이름을 *InfectiousRate*로 지정한다.

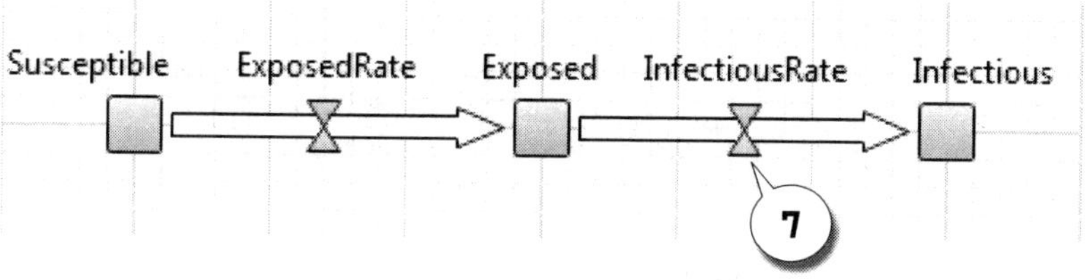

8. *Infectious*에서 *Recovered*로 유량을 추가하고 그 이름을 *RecoveredRate*로 지정한다.

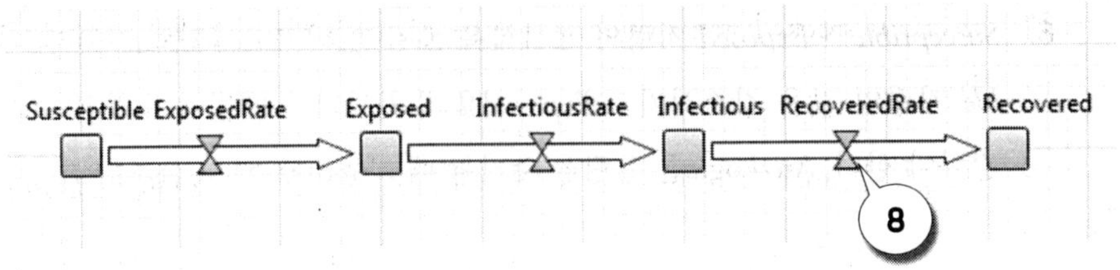

9. 아래 그림과 같이 유량 이름을 다시 정렬한다. 이렇게 하려면 유량을 선택한 다음 해당 이름을 드래그한다.

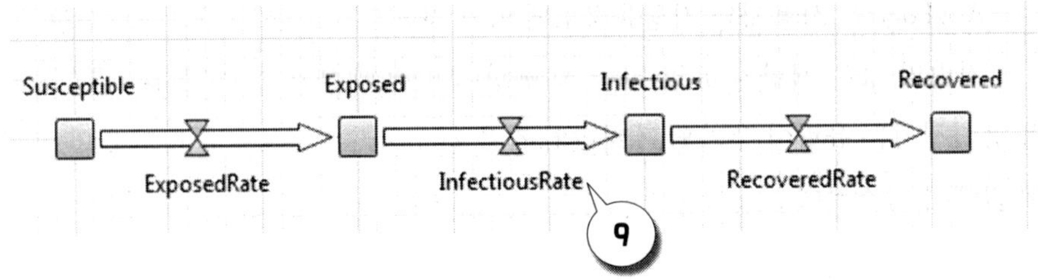

10. 이제 파라미터와 종속성(dependencies)을 정의해 보자. 5개의 **Parameters** 를 추가하고 이름을 바꾸고 아래 정보에 따라 기본값을 정의한다.

- *TotalPopulation* = 10000
- *Infectivity* = 0.6
- *ContactRateInfectious* = 1.25
- *AverageIncubationTime* = 10
- *AverageIllnessDuration* = 15

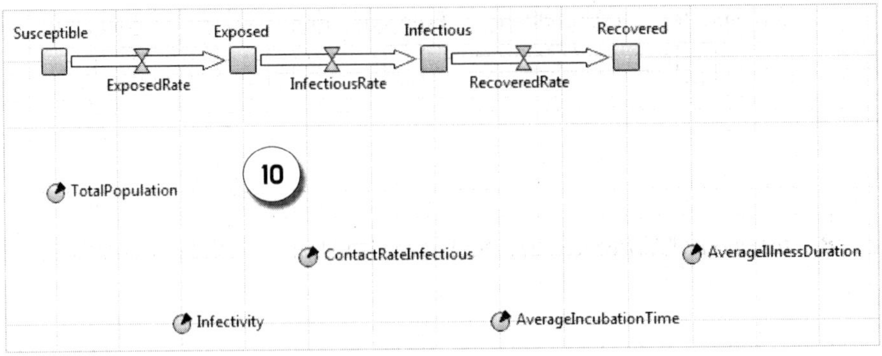

11. *Infectious* stock의 **Initial Value**(초기값)를 1로 지정하여 감염된 사람의 수를 정의한다.

12. *Susceptible* stock의 **Initial Value**를 다음과 같이 정의한다 : *TotalPopulation* - 1

    Ctrl + 스페이스(Mac OS : Alt + 스페이스)를 누른 다음 코드자동완성 기능에서 파라미터 이름을 선택할 수 있다.

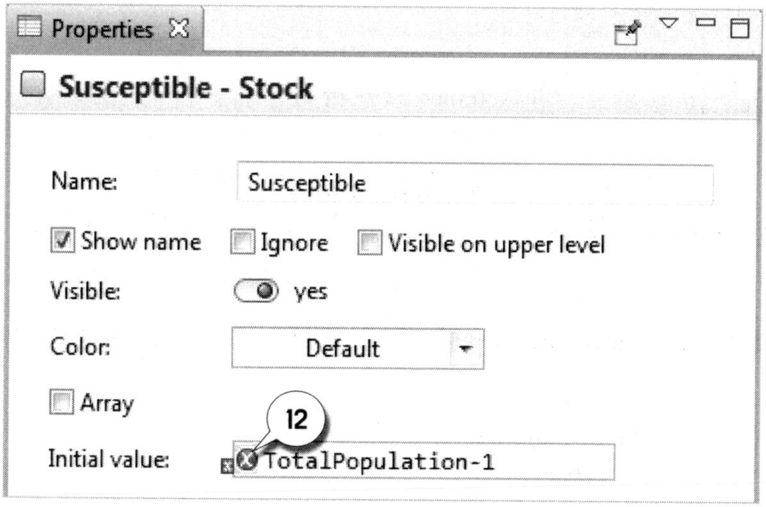

수식의 왼쪽에 빨간색 기호를 볼 수 있는데, 이 문제의 원인은 여러분이 정의한 저량유량도에서 두 요소 사이의 종속성 정의에 의한 것이다 (*Susceptible* stock의 Initial value가 *TotalPopulation* 파라미터에 의한다). 그러나 이 종속성은 그래픽에서 정의되어 있었어야 하지만 그렇지 않았다.

종속성 링크(Dependency links)

저량유량도는 2가지 도형의 종속성을 갖는다.

- 1개의 요소[저량, 유량, 보조변수(auxiliary) 또는 파라미터]는 유량과 보조변수의 표현식에서 사용된다. 이런 링크의 도형은 실선으로 그려진다.

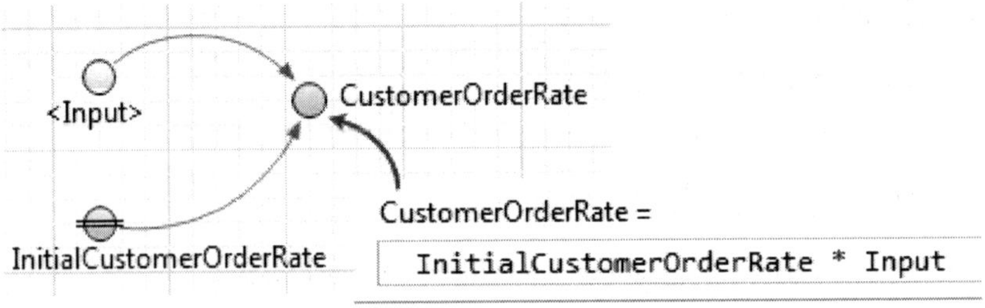

- 요소는 저량의 initial value에서 언급된다. 이 링크 도형은 점선으로 그려져 있다.

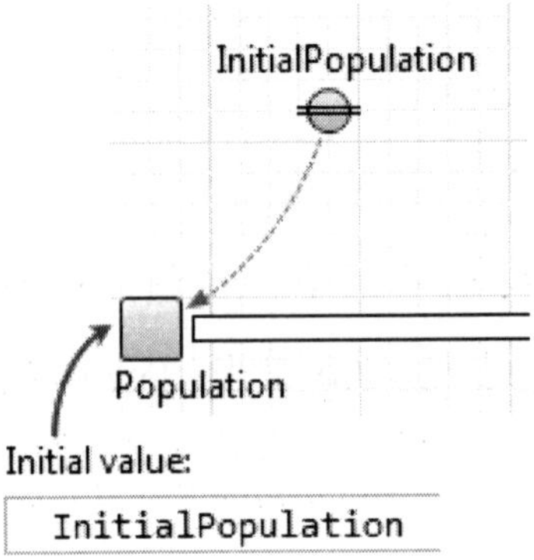

저량유량도 요소 간의 종속성을 그래픽으로 정의하려면 연결(*link*)을 사용해야 한다. 요소 A가 표현식 또는 요소 B의 **initial value**에서 사용된 경우 먼저 이러한 요소를 A에서 B까지의 링크로 연결한 다음 B의 **properties**에 **expression**(표현식)을 입력해야 한다.

13. *TotalPopulation*에서 *Susceptible*로 종속성 링크를 그린다.

System Dynamics Palette에서 Link(연결) 요소를 더블클릭하고 *TotalPopulation*을 클릭한 다음 *Susceptible* 저량을 클릭한다. 끝점에 그려지는 작은 원이 표시된 링크가 표시되어야 한다.

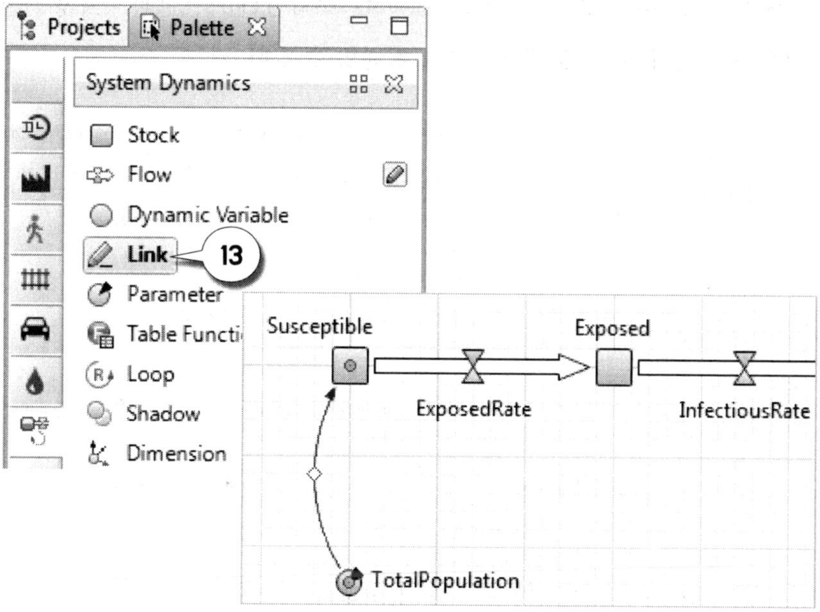

14. *ExposedRate* 유량의 표현식을 정의한다.

유량을 클릭하고 코드자동완성 기능을 이용하여 다음의 표현식을 정의한다.

*Infectious*ContactRateInfectious*Infectivity*Susceptible/TotalPopulation*

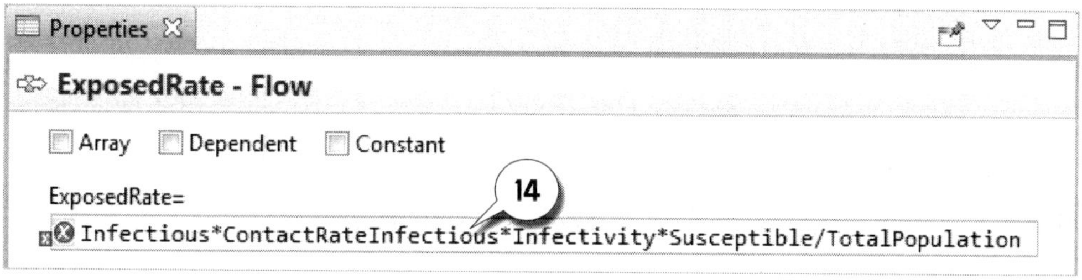

앞서 언급한 변수와 파라미터의 종속성 링크를 이 유량으로 끌어올 필요가 있다. 수동으로 링크를 그리는 것이 따분할 수 있으므로 AnyLogic의 링크 자동 생성 메커니즘을 사용하여 링크를 추가하는 방법을 알아 보자.

15. 그래픽 다이어그램에 있는 *ExposedRate* 유량을 우측클릭하고 콘텍스트 메뉴의 **Fix Variable Links**(변수 링크 수정) 〉 **Create Missing Links**(누락된 링크 생성)를 선택한다. 그러면 저량유량도에서 링크를 확인할 수 있다.

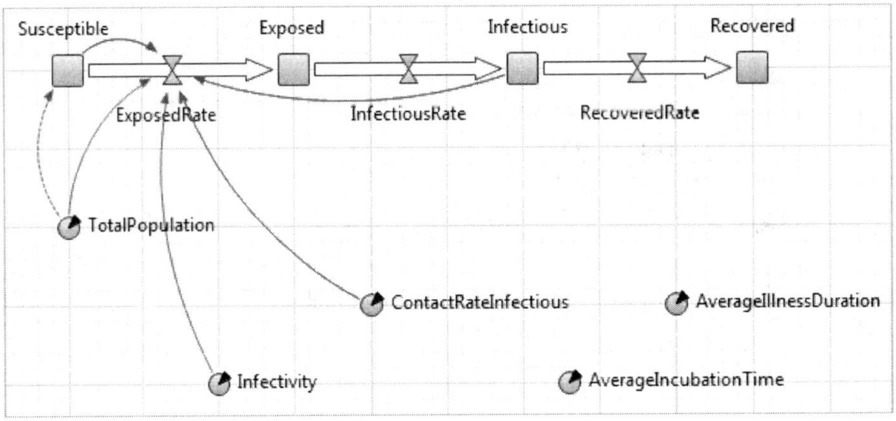

16. *InfectiousRate*의 식은 다음과 같이 정의한다.

    Exposed/AverageIncubationTime

17. *RecoveredRate*의 식은 다음과 같이 정의한다.

    Infectious/AverageIllnessDuration

18. 누락된 종속성 링크를 그리고, 저량유량도는 아래 그림과 같이 보이도록 변경한다.

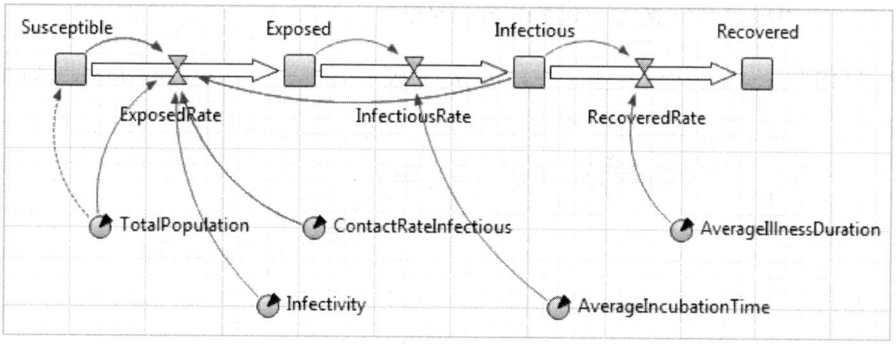

19. 종속성 링크의 도형를 조정한다. 다이어그램이 아래 그림과 일치하도록 링크의 굴곡각을 수정한다. 링크의 굴곡각을 조정하려면 그것을 선택한 다음 링크 중간에서 핸들을 드래그한다.

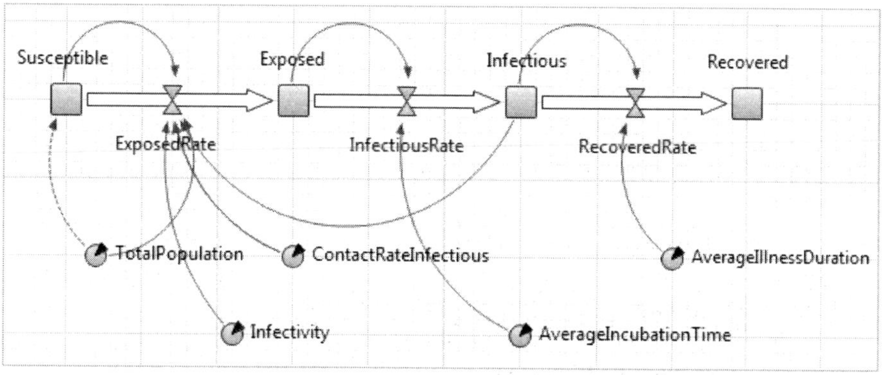

20. 모델을 실행하고 변수의 **inspect windows**(검사 창)를 사용하여 동적 특성을 검사한다. 변수의 검사 창을 열려면 변수를 클릭하여 선택한다. 창 크기를 조정하려면 오른쪽 아래 모서리를 드래그한다.

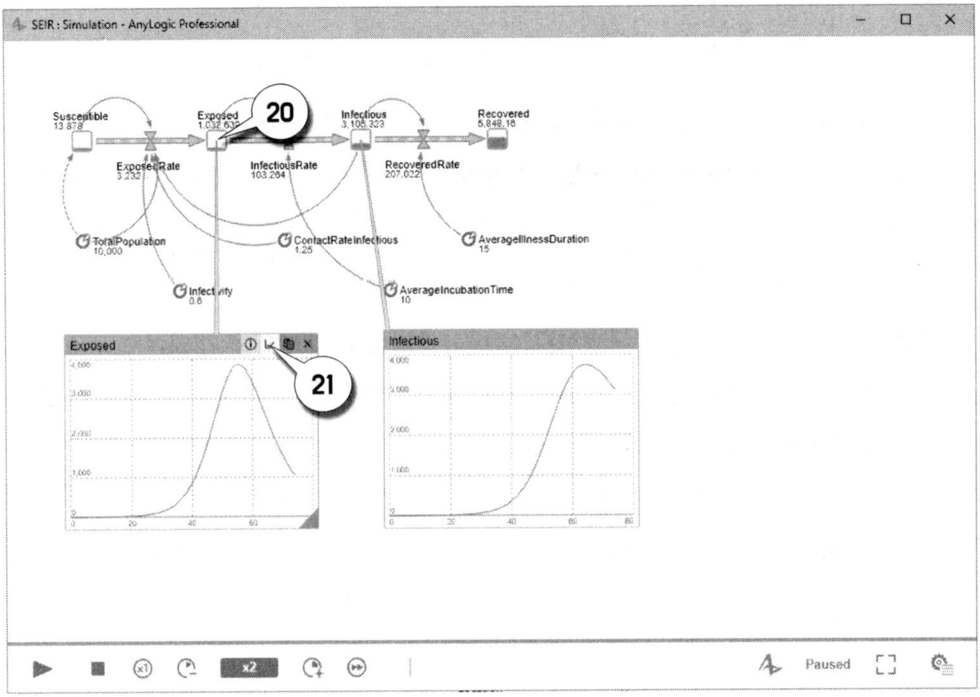

21. 검사 창을 플롯 모드(plot mode, 차트 모드)로 전환하려면 검사 창의 제목 표시줄 위로 마우스를 이동하고 그곳의 "plot(플롯)" 아이콘을 클릭한다.

22. 시뮬레이션 속도를 높이려면 모델 실행속도를 높인다.

2단계. 다이내믹스 시각화를 위한 차트 추가

피드백 루프들: 균형과 강화

시스템 다이내믹스는 시스템의 인과관계를 연구한다. 여기에는 *강화(reinforcing)* 및 *균형(balancing)* 2가지 타입의 피드백 루프가 있다.

루프 타입을 아는 방법에 대한 몇 가지 힌트가 있다(출처 Wikipedia). 원인 루프가 강화 또는 균형인지 확인하려면 "*VariableN* 증가"와 같은 가정으로 시작한 다음 루프를 수행한다.

루프가

- 만약 루프를 돌고 난 후 초기 가정과 같은 똑같은 결과를 얻는다면 강화 루프이다.
- 만약 결과가 초기 가정과 모순된다면 균형 루프이다.

다른 정의를 사용할 수도 있다.

- 강화 루프는 짝수의 음(negative)의 링크를 갖는다(0도 역시 짝수).
- 균형 루프는 홀수의 음의 링크를 갖는다.

루프에 루프 식별자를 추가하여 표시해 보자.

1. **System Dynamics** Palette에서 다이어그램으로 **Loop**(루프) Ⓡ 요소를 드래그하여 그림과 같이 배치한다.

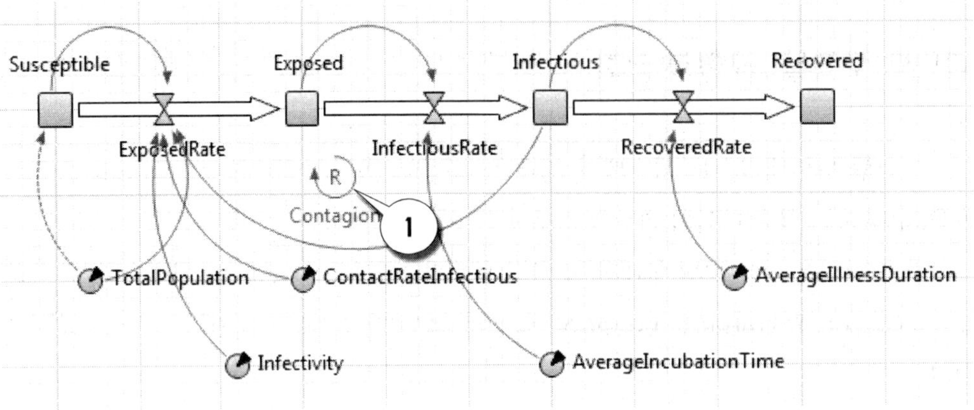

2. 루프의 **Properties**로 이동하여 Type(타입)을 R(강화 표시)로 변경하고 기본 Clockwise Direction(시계방향)을 그대로 두고 AnyLogic이 루프 아이콘 근처에 표시할 텍스트를 Contagion(전염)으로 지정한다.

루프 식별자(Loop identifiers)

*Loop*는 루프의 의미를 간략하게 설명하는 *label*(레이블)과 루프의 방향을 나타내는 화살표가 있는 그래픽 식별자이다.

인과관계 루프를 정의하는 대신 저량유량도의 변수가 서로 영향을 미치는 방식에 대한 정보를 제공한다. 루프를 추가하여 다른 사용자가 저량유량도의 영향 및 인과관계를 이해하도록 도울 수 있다.

Contagion 루프는 강화이다. *Infectious*의 증가는 *ExposedRate*의 증가로 이어지며 결국 *Exposed*의 증가를 가져온다. 이 루프의 모든 링크는 양(positive)이다.

이 저량유량도에서 다른 루프가 무엇인지 알아보자. 방향과 타입은 무엇인가?

Susceptible, *Exposed*, *Infectious* 및 *Recovered*들을 묘사하기 위해 타임차트를 추가한다.

3. **Analysis**(분석) Palette에서 **Time Plot**(시간 플롯) 을 다이어그램으로 드래그하고 아래 그림과 같이 시간을 확대한다.

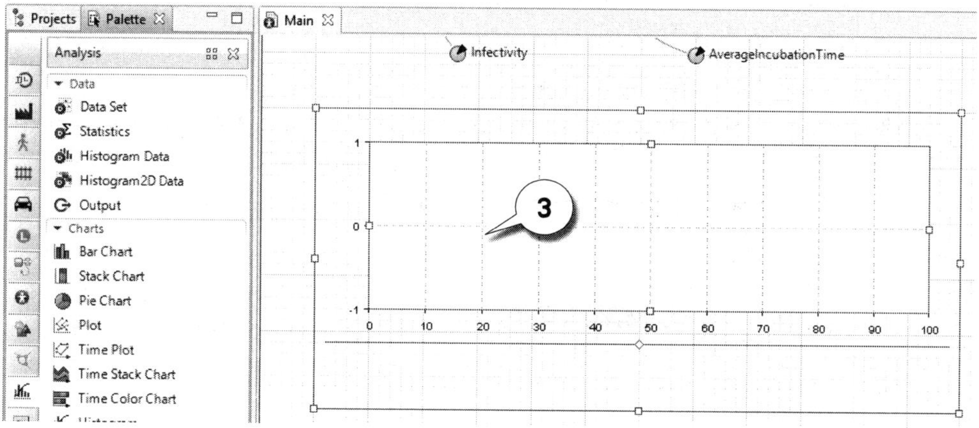

4. **Properties** 뷰에서, **Data**(자료) 섹션으로 가서 새로운 자료 항목을 추가하기 위하여 더하기 버튼을 클릭한다.

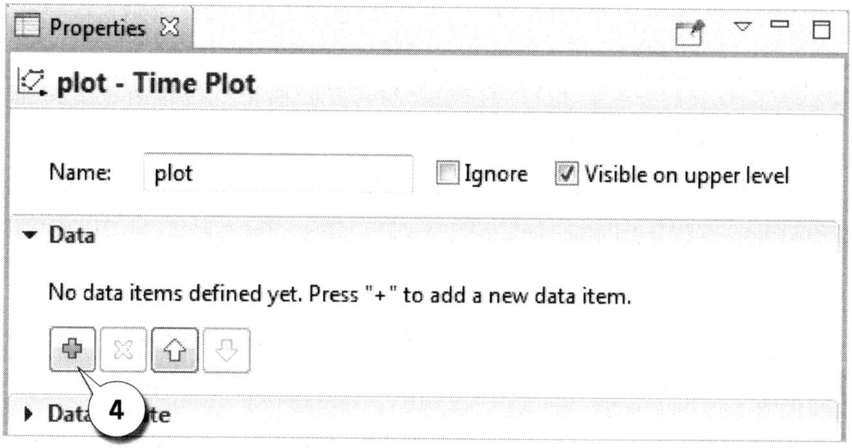

5. Data 항목의 속성을 수정한다.

- **Title**(제목): *Susceptible people* – 데이터 항목의 제목
- **Value**(값): *Susceptible* (코드자동완성 기능을 이용).

6. 3가지 데이터 항목을 추가하여 *Exposed*, *Infectious* 및 *Recovered* 같은 값으로 저량의 값을 표시한다. 이때 해당 **Title**을 정의한다.

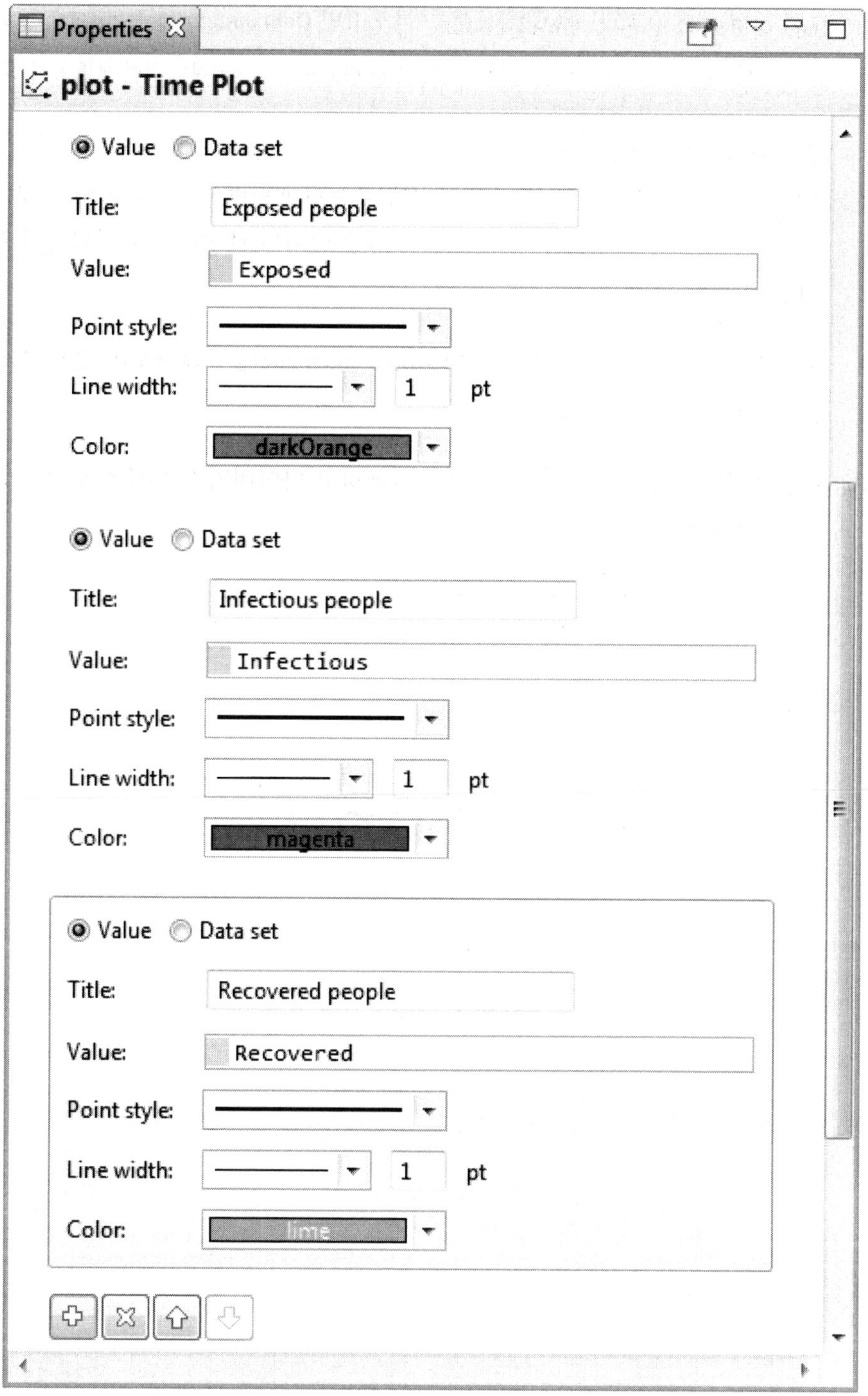
Properties
plot - Time Plot
Value
Data set
Title:
Exposed people
Value:
Exposed
Point style:
Line width:
1
pt
Color:
darkOrange
Value
Data set
Title:
Infectious people
Value:
Infectious
Point style:
Line width:
1
pt
Color:
magenta
Value
Data set
Title:
Recovered people
Value:
Recovered
Point style:
Line width:
1
pt
Color:
lime

7. 전체 모델 실행에 대한 데이터 샘플을 얻으려면 **Data update**(데이터 업데이트) 속성 섹션에서 차트를 **Display up to** *300* **latest samples**(최대 300개의 최신 샘플 표시)로 설정한다.

8. **Scale**(배율) 섹션에서 **Time window** to *300* **model time units**(시간창에 300 모델 시간 단위)를 설정하여 시간 표시에 300 모델 시간 단위의 데이터가 표시되는지 확인한다.

9. 차트 속성의 **Appearance** 섹션에서 **Fill area under line**(줄 아래 채우기) 옵션의 선택을 취소한다.

10. 마지막 모델을 완성했다. 이제 모델을 실행하고 다이내믹스 특성을 보기 위하여 추가한 차트를 사용해 보자.

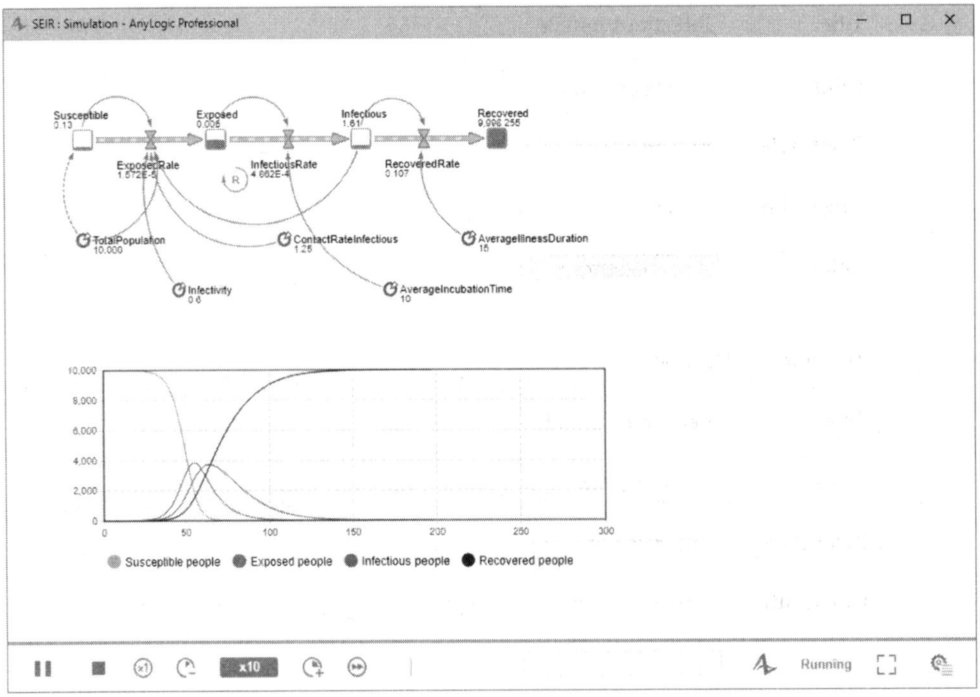

3단계. 파라미터 변형실험 (Parameter Variation Experiment)

이 단계에서 우리는 파라미터 변형실험을 수행하여 다른 접촉률이 감염률에 어떻게 영향을 주는지를 결정한다. 우리는 AnyLogic Cloud에서 이 작업을 수행할 것이다.

AnyLogic 클라우드

- AnyLogic 클라우드는 전화 및 태블릿을 포함한 모든 장치에서 모델을 온라인으로 실행하고 다른 사용자와 모델을 공유할 수 있게 해주는 웹 서비스이다.
- AnyLogic 클라우드는 광범위한 모델 실험 및 사용자 정의 웹 대시보드를 통해 온라인 시뮬레이션 분석을 수행할 수 있는 강력한 도구이다.
- AnyLogic 클라우드는 Amazon 웹서비스 플랫폼을 사용하며 누구나 공개적으로 사용할 수 있다. AnyLogic 모델링 환경을 사용하지 않더라도 클라우드에서 모델을 실행하고 시뮬레이션에서 통찰력을 얻을 수 있다. (AnyLogic 社, 2018).

1. **Projects** 뷰의 트리에서 **Run Configuration**(구성실행)의 **Main**(메인) 항목을 더블클릭한다.
2. **Run Configuration editor**(구성실행 편집기)가 나타나면, 여기서 AnyLogic 클라우드에 업로드하기 전에 모델의 입력 및 출력을 설정할 수 있다. **Inputs**(입력) 트리에서 모든 파라미터를 선택하고 빈 **Inputs**(입력) 섹션의 오른쪽으로 드래그한다.

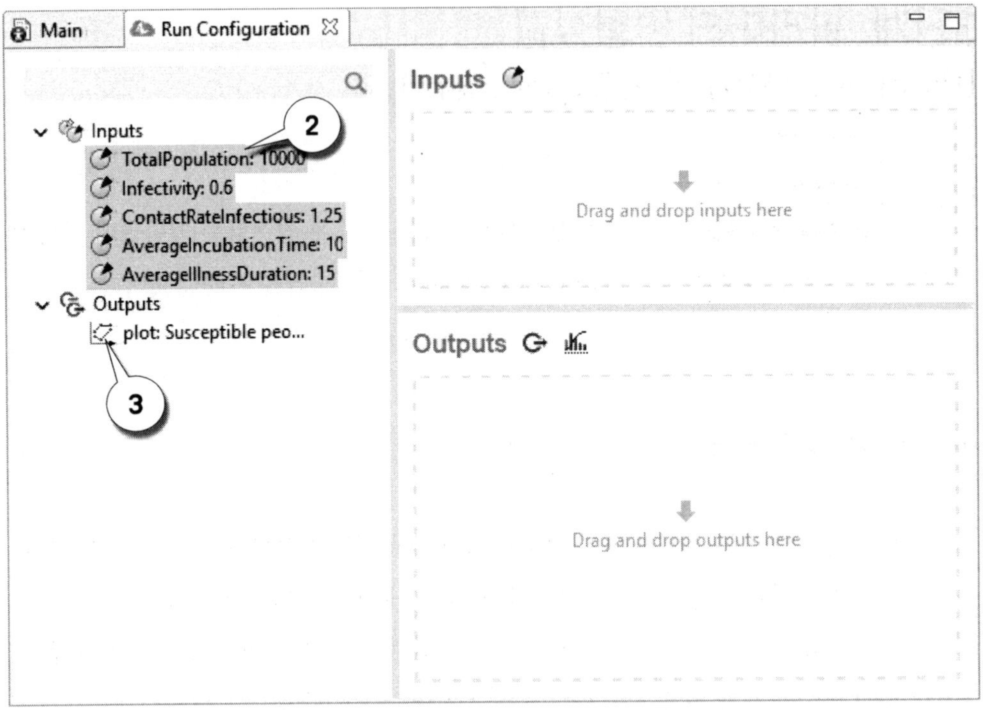

3. 단일 출력항목(플롯)에 대해서도 동일한 작업을 수행한다. **Outputs**(출력) 트리의 가지에서 오른쪽의 **Outputs** 섹션으로 드래그한다.

   선택한 항목으로 채워진 **Inputs**와 **Outputs** 섹션이 표시된다. 선택한 파라미터는 AnyLogic 클라우드로 내보낸 모델의 조정 가능한 입력이 된다. 플롯은 클라우드 모델의 출력이 된다.

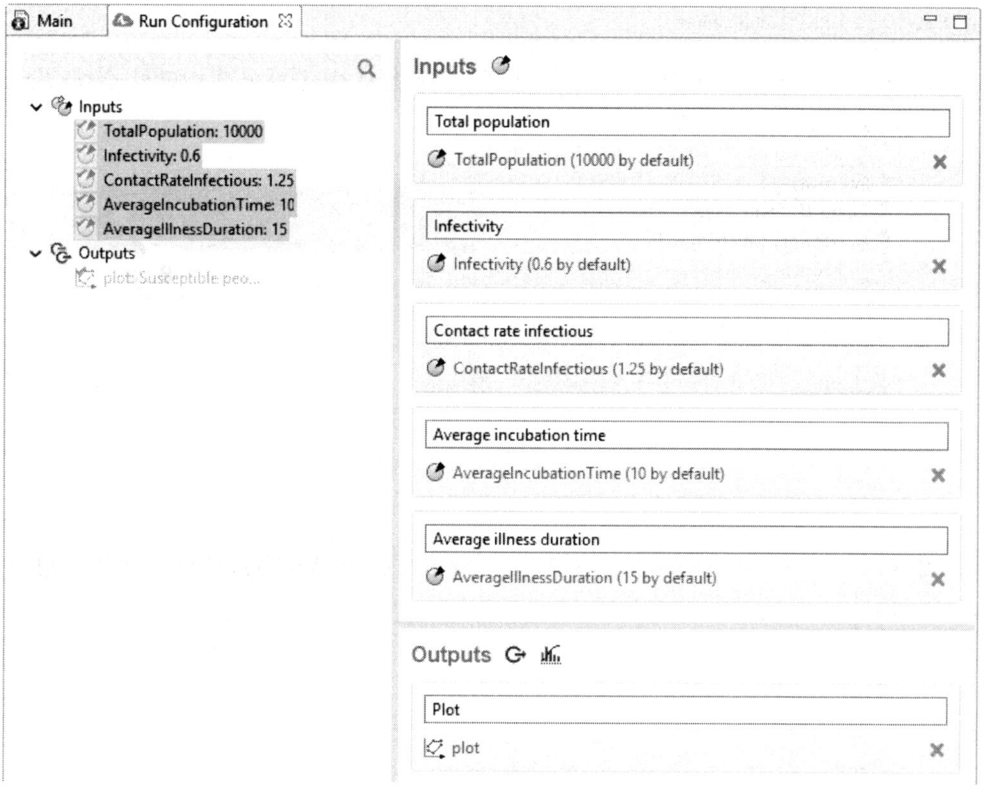

4. 모델 실행이 정확히 300일을 시뮬레이션되도록 하려면 모델의 lifetime(기간)을 300일로 제한해야 한다. **Run Configuration**의 properties에서 **Model time**(모델 시간) 섹션을 확장한다. **Stop**(중지) 옵션을 **Stop at specified time**(지정된 시간에 중지)으로 설정하고, **Stop time**(중지 시간)을 300으로 설정한다.

5. 일반 속성 섹션에서 **Export model to AnyLogic Cloud**(모델을 AnyLogic 클라우드로 내보내기) 레이블을 클릭한다.

6. AnyLogic 클라우드에 등록 또는 로그인하고 모델 업로드 옵션을 선택하도록 하는 **Export model to AnyLogic Cloud**(AnyLogic 클라우드로 모델 내보내기) 대화상자가 표시된다.

7. 모델 내보내기 조정을 마치면 브라우저에 AnyLogic 클라우드가 열린다(클라우드

에 로그인해야 한다).

8. 먼저 클라우드에서 시뮬레이션 실험을 실행해 보자. 웹페이지 상단의 실행 컨트롤을 클릭한다.

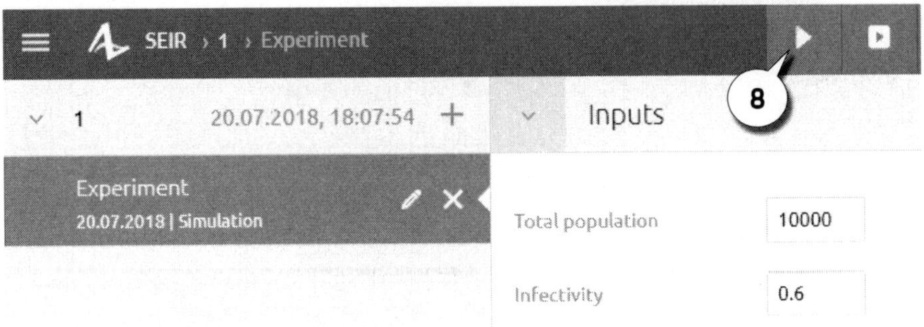

9. Outputs 섹션에서 시간차트를 볼 수 있는데, 그것은 AnyLogic에서 모델을 실행할 때 얻은 것과 같다.

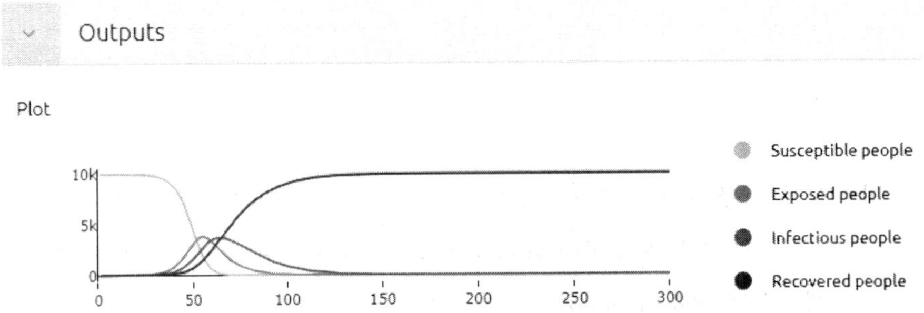

10. 클라우드에서 다른 실험을 만들어 보자. 왼쪽 프레임 상단의 "더하기(+)"버튼을 클릭한다.

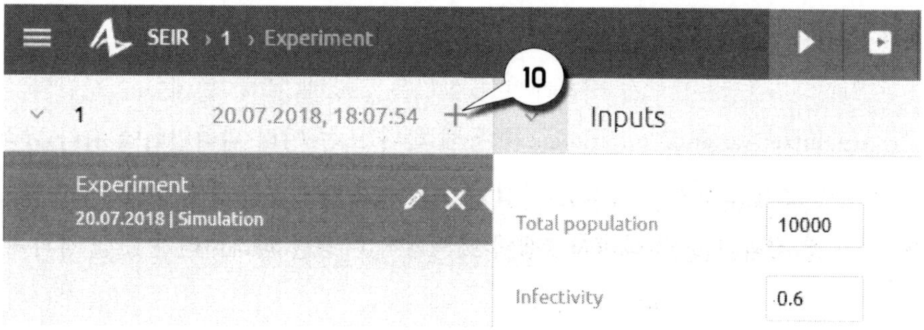

11. **New experiment**(새 실험) 팝업창이 나타나는데, **Experiment name**(실험 이름) 입력란에 ContactRateVariation을 입력한다. **Experiment Type**(실험 타입) 영역에서 **Variation**(변화)을 클릭하고 **Add**(추가)를 클릭한다.

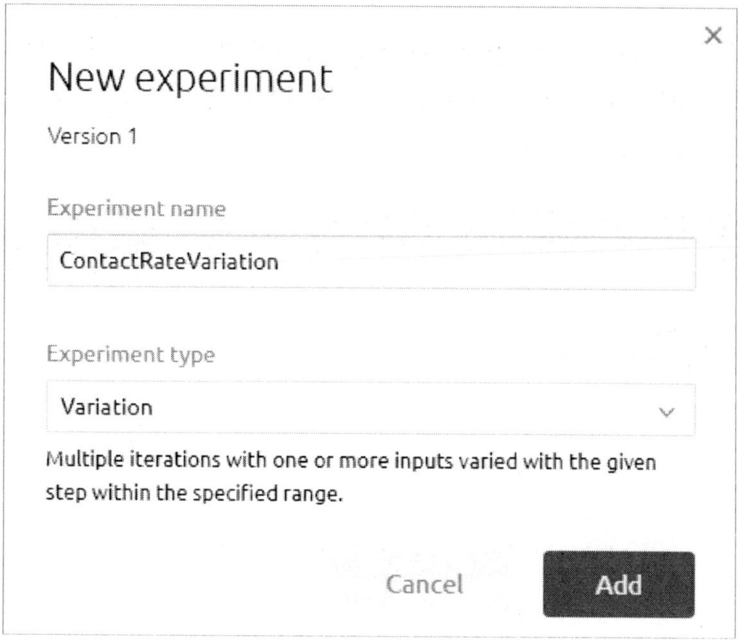

파라미터 변화실험(Parameter Variation Experiment)

parameter variation experiment를 통해 하나 또는 여러 파라미터에 따라 달라지는 일련의 단일 모델 실행을 수행하는 복잡한 모델 시뮬레이션을 만들 수 있다. 실험이 완료되면 각 실행 결과가 단일 다이어그램에 표시되어 다양한 파라미터가 모델 결과에 어떤 영향을 미치는지 더 잘 이해할 수 있다.

고정된 파라미터 값으로 실험을 실행하면 확률론적 모델에서 무작위 요인의 영향을 평가할 수 있다.

12. 왼쪽 패널에 실험이 하나 더 표시된다. 실험의 최상위 에이전트(이 경우 Main)의 파라미터가 **Inputs** 섹션에 표시된다. 기본적으로 모든 파라미터에는 고정값이 있다. 이 값은 parameter variation experiment 중에 변경되지 않는다. 실험에서 접촉률이 달라지도록 하려면 대시보드 편집기에서 다음 동작을 설정한다. 아래 그림과 같이 레이블을 클릭한다.

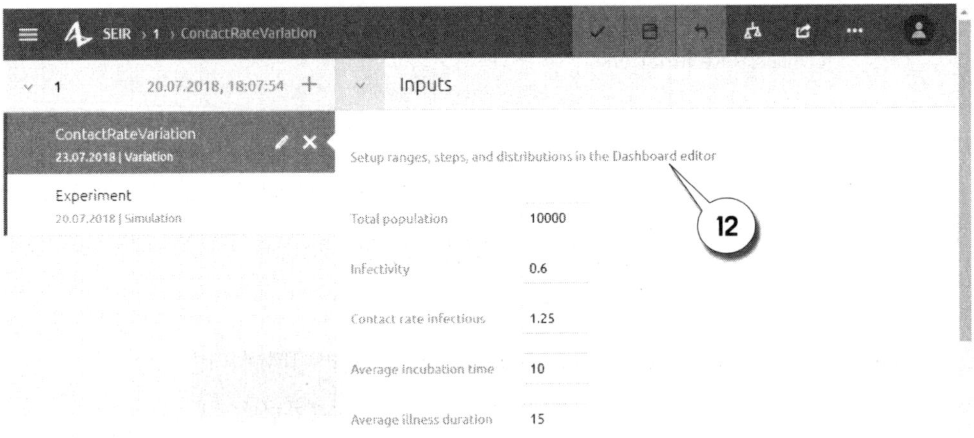

13. *Contact rate infectious*(접촉률 감염) 파라미터를 찾아 해당 컨트롤의 타입을 **Varied in range**(범위 내에서 변경)로 설정한다.

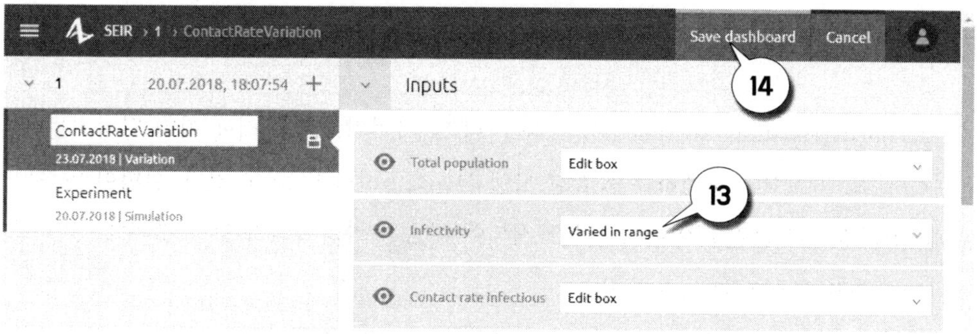

14. **Save dashboard**(대시보드 저장) 컨트롤을 클릭하여 변경사항을 저장한다.

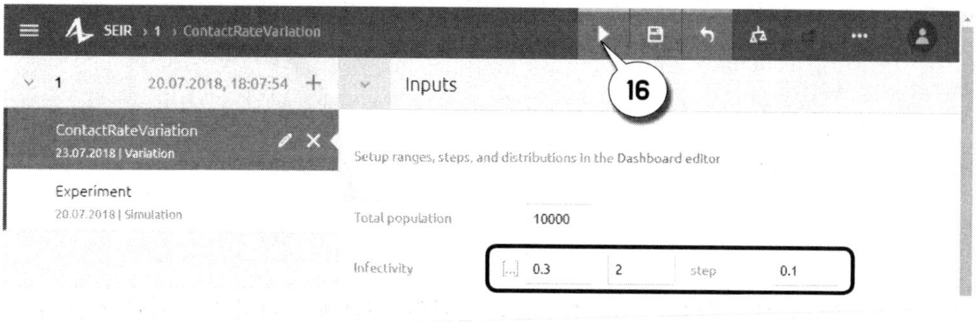

15. 파라미터의 최솟값은 0.3으로, 최댓값은 2로 하고 0.1 단위로 설정한다.

16. 이제 실험을 실행하고 출력차트를 사용하여 여러 시뮬레이션 실행의 전염병 다이내믹스를 확인할 준비가 되었다. variation experiment을 실행하려면 **Run** 컨트롤을 클릭한다.

variation experiment은 모두 *ContactRateInfectious* 파라미터에 다른 값을 사용하는 일련의 실행을 수행한 다음 시뮬레이션 출력을 출력차트에 추가한다.

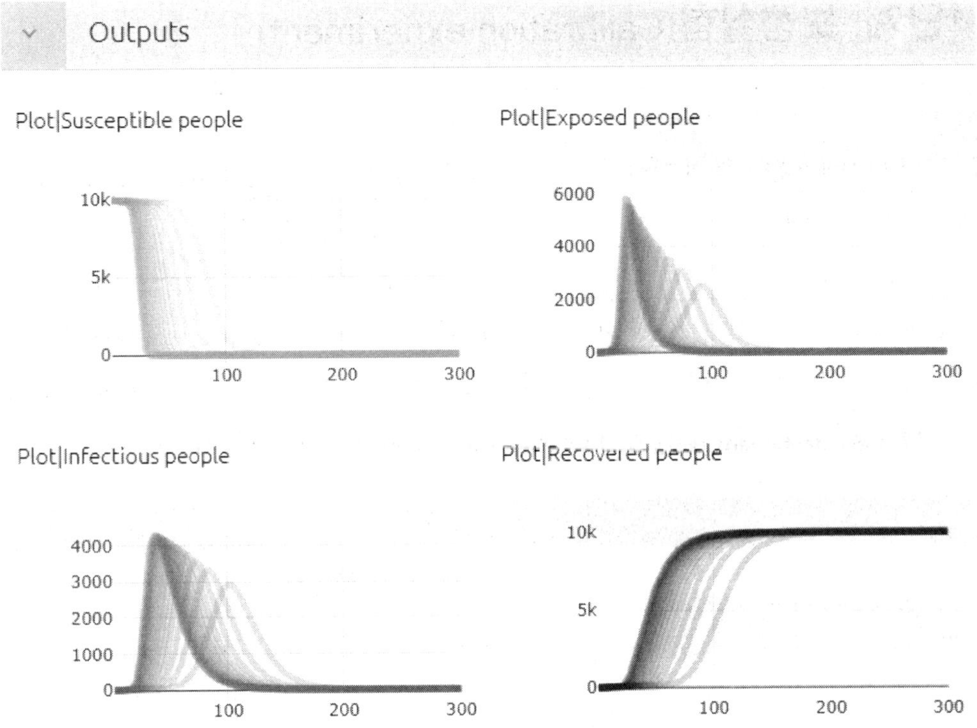

각 플롯은 이전에 정의한 파라미터 변동 범위의 18단계를 나타내는 여러 곡선(각 시뮬레이션 실행마다 하나씩) - 총 18개 - 즉, 접촉률이 0.3에서 2 사이인 18가지 감염 시나리오를 표시한다.

차트의 커브 위로 마우스를 가져 가면 특정 커브를 얻는 데 사용된 파라미터 값을 볼 수 있다. 접촉률을 높이면 감염이 더 빨리 퍼지게 된다.

4단계. 보정실험(Calibration experiment)

이 단계에서는 모델의 파라미터를 조정하여 모델의 동작이 알려진(관찰된) 패턴과 일치하는지 확인한다.

*Infectivity*와 *ContactRateInfectious*의 두 파라미터를 직접 측정할 수 없으므로 모델을 사용하기 전에 값을 결정해야 한다. 이를 수행하는 가장 좋은 방법은 유사한 사례의 기록 데이터와 조정된 파라미터 값을 사용하여 모델에서 이전 데이터를 재생성하는 데 도움이 되는 *calibration*(보정)을 사용하는 것이다.

보정실험(Calibration experiment)

- *calibration experiment*는 내장된 *OptQuest* 옵티마이저를 사용하여 주어진 데이터에 가장 적합한 시뮬레이션 출력에 해당하는 모델 파라미터 값을 찾는다.
- Calibration experiment는 모델을 반복적으로 실행하고 모델의 출력을 기록 패턴과 비교한 다음 parameter 값을 변경한다. 일련의 실행이 끝나면 실험에서 기록 패턴과 가장 잘 일치하는 결과를 생성하는 파라미터 값을 결정한다.

시간 경과에 따른 감염자 수와 같은 과거 데이터를 모델에 추가하는 것으로 시작한다. 데이터 샘플은 테이블 형식의 텍스트 파일에 저장되지만 AnyLogic의 테이블 함수를 사용하면 이 데이터를 사용하여 곡선을 작성할 수 있다.

테이블 함수(Table functions)

- 테이블 함수는 테이블 형식으로 정의된 함수이다. 사용자는 여러 (인수, 값) 쌍을

제공하여 함수를 정의하고 AnyLogic은 데이터와 선택한 보간 타입의 조합을 사용하여 테이블 함수를 작성한다. 값을 함수 인수로 전달하는 함수 호출은 (아마도 보간된) 함수 값을 반환한다.

- 테이블 함수는 표준 함수의 조합으로 설명될 수 없는 복잡한 비선형 관계를 정의하며, 테이블 함수로 정의된 실험 데이터를 연속 모드로 가져와야 한다.

1. *Main* 다이어그램을 열고 **System Dynamics**에서 **Table function**(테이블 함수) 을 추가한다. 그 이름을 *InfectiousHistory*로 한다.

2. *AnyLogic 폴더/resources/AnyLogic in 3 days/SEIR* 폴더에서 *HistoricData.txt* 파일을 연다. *AnyLogic 폴더*는 Program Files / AnyLogic 8 Professional과 같이 AnyLogic을 설치한 컴퓨터의 위치이다.

3. 텍스트 파일의 내용을 클립보드에 복사하고 테이블 함수 **properties**의 **Table Data**(테이블 데이터) 섹션으로 이동한 다음 **Paste from clipboard**(클립보드에서 붙여넣기) 버튼 을 클릭하면 **Argument**(인수) 및 **Value**(값) 컬럼이 자동으로 업데이트된다.

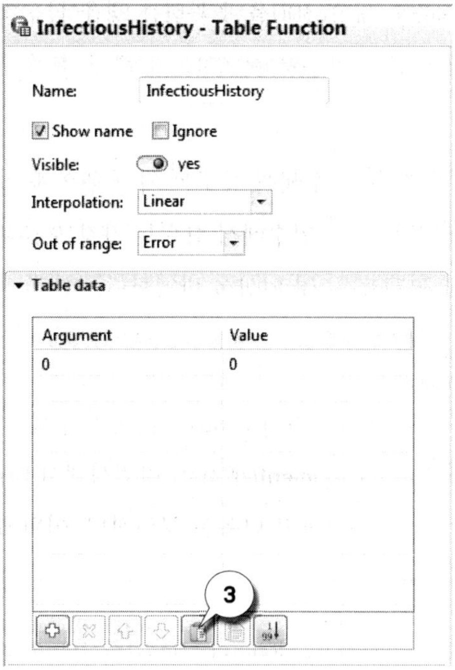

4. 테이블 함수의 **properties**인 **Preview**(미리보기) 섹션에서 테이블 함수에 대해 작성된 커브를 미리 볼 수 있다.

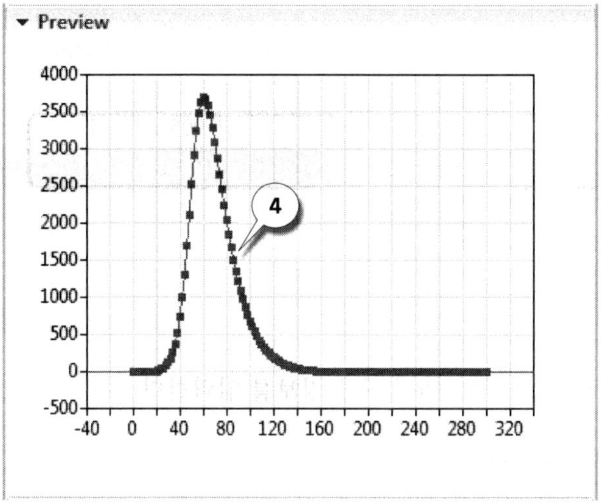

5. 함수의 인수가 **Table data**에서 정의한 값인 300을 초과하는 경우 함수가 제대로 처리할 수 있도록 **Out of range**(범위 외) 옵션을 **Nearest**(가장 가까운 값)로 설정한다.

   우리는 **Nearest**옵션을 사용하여 가장 가까운 유효한 인수가 함수를 추정하는지 확인한다. 즉, 범위의 왼쪽에 있는 모든 인수에서 함수는 가장 왼쪽에 있는 값을 취한다. 반대로 범위의 오른쪽에 오는 모든 인수에서 함수는 가장 오른쪽에 있는 값을 취한다. 미리보기 그래프는 현재 삽입 및 외삽을 반영한다.

   이제 실험을 만들 준비가 되었다.

6. **Projects** 트리에서 모델 항목(SEIR)을 우측클릭하고 **New**(새로 만들기)를 선택한 다음 **Experiment**(실험)를 클릭한다. **New Experiment**(새 실험) 마법사에서 **Experiment type**(실험 타입)으로 **Calibration**(보정)을 선택하고 다음을 클릭한다. 이번에는 마법사를 사용하여 파라미터를 설정한다.

7. 보정할 파라미터 타입(Infectivity 및 ContactRateInfectious)을 **fixed**(고정)에서 **continuous**(연속)으로 변경한 다음 범위의 **Min**(최소) 및 **Max**(최대) 값을 아래 그림과 같이 설정한다.

Parameters:

Parameter	Type	Value	Min	Max	Step
TotalPopulation	fixed				
Infectivity	continuous		0.005	1	
ContactRateInfectious	continuous		0.01	3	
AverageIncubationTime	fixed				
AverageIllnessDuration	fixed				

8. 아래 그림의 **Criteria**(범주) 테이블에서 다음 정보를 입력한다.

   - **Title**: *Infectious curve match*
   - **Match**(일치): *data series*
   - **Simulation output**(시뮬레이션 결과): *root.InfectiousDS*

- **Observed data**(관찰된 데이터): *root.InfectiousHistory*
- **Coefficient**(계수): *1.0*

Criteria:

Title	Match	Simulation output	Observed data	Coefficient
Infectious curve match	data series	root.InfectiousDS	root.InfectiousHistory	1.0

여기서도 최상위 레벨 에이전트인 *Main*을 *root*(루트)로 사용할 수 있다. 우리는 데이터세트 *InfectiousDS*를 사용하여 시뮬레이션이 끝날 때 모델 출력을 유지하고 *InfectiousHistory* 테이블 함수의 과거 데이터와 비교한다.

모델에는 하나의 범주가 있지만 모델에 여러 범주가 있는 경우 계수를 사용할 수 있다.

9. **Finish**를 클릭하면, *Calibration experiment* 다이어그램에 구성된 사용자 인터페이스 (UI)가 표시된다.

10. *Calibration*의 그래픽 편집기에서 파란색 선(축 위에 그려진 선)을 클릭한다. 모델 창의 크기를 정의하는 모델 프레임이다. **properties**에서 창의 **Width**(너비)를 900으로, **Height**(높이)를 *700*으로 조정하여 마법사에서 생성한 차트를 창에 맞춘다.

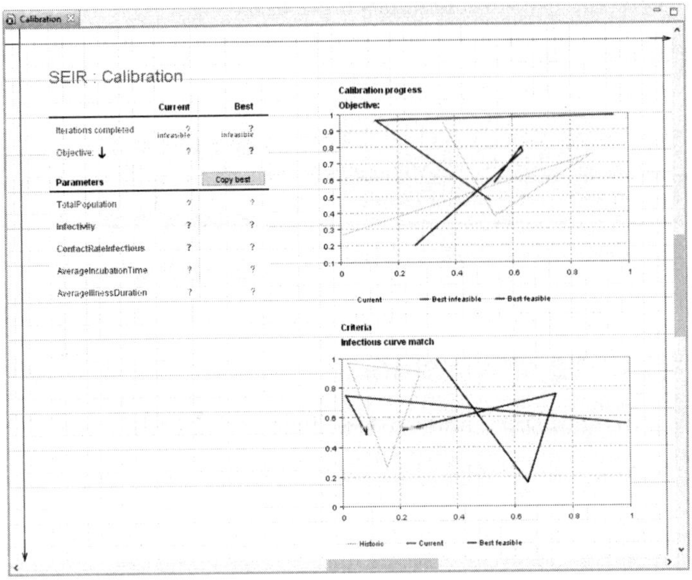

아래 그림은 실험의 **properties**이다. 그 **Objective**(목적)은 모델 출력과 과거 데이터 간의 차이의 **minimize**(최소화)이다.

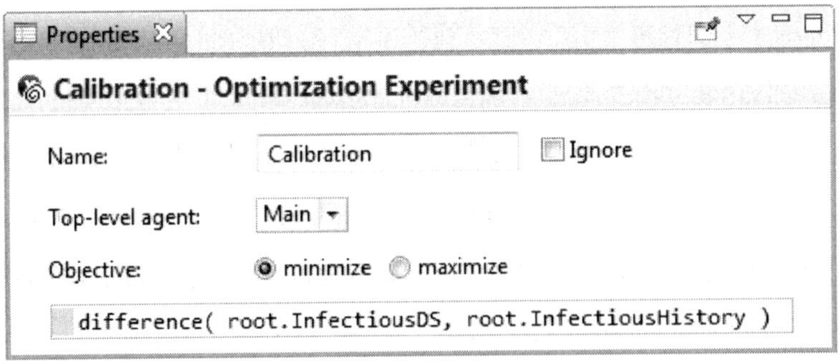

11. calibration experiment의 **properties**에서 **Advanced**(고급) 섹션을 연 다음 **Allow parallel evaluations**(병렬 평가 허용) 체크박스의 선택을 취소한다.

12. **Projects** 뷰에서 *Calibration*을 우측클릭한 다음 **Run**을 클릭하거나 **Run** 툴바 메뉴에서 실험목록의 *SEIR / Calibration*을 선택하여 calibration experiment을 실행한다.

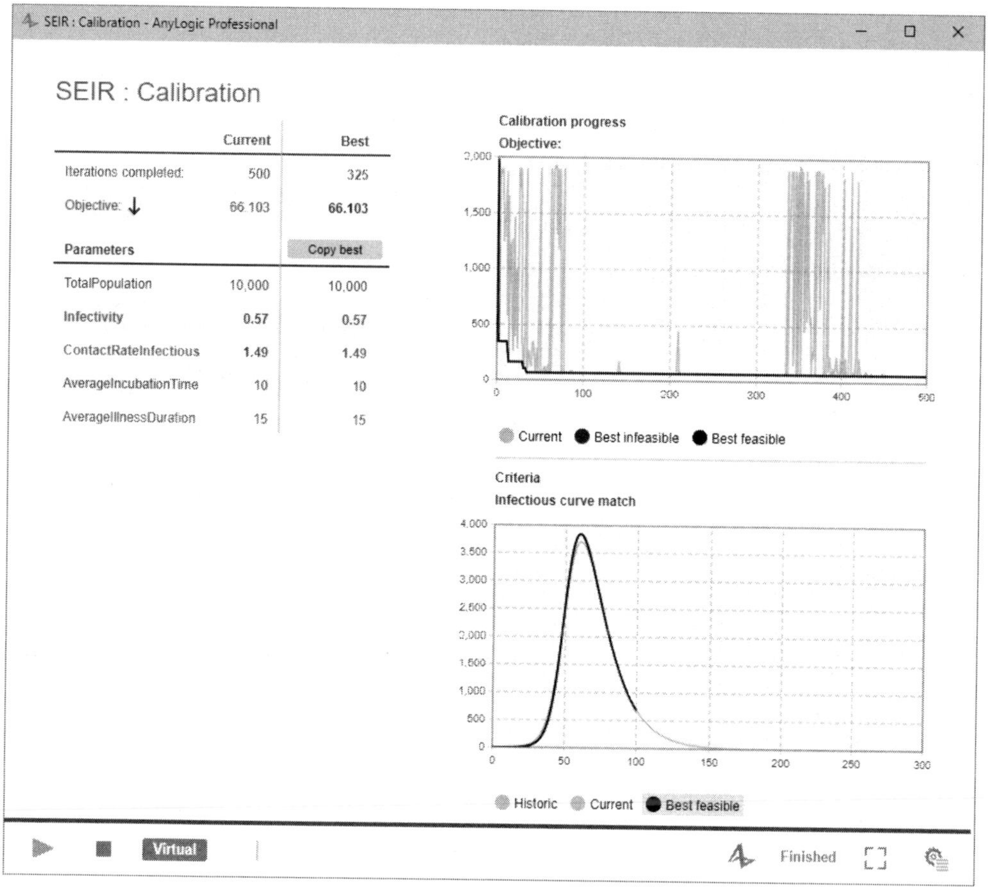

13. calibration이 완료되면 모델 창에서 **copy best**(최선의 값 복사) 버튼을 클릭하여 가장 적합한 파라미터 값을 복사한 다음 *Simulation* 실험의 **properties** 페이지에서 찾을 수 있는 **Paste from clipboard**(클립보드에서 붙여넣기) 버튼을 클릭하여 시뮬레이션 실험에 붙여 넣을 수 있다.

실험에 파라미터 값을 붙여 넣은 후 새로 보정된 파라미터 값으로 시뮬레이션을 실행할 수 있다.

3장. AnyLogic을 이용한 이산사건(Discrete-event) 모델링

이산시간 모델링(*Discrete event modeling*)은 시스템 다이내믹스와 거의 동일한 시대에 소개되었다. 1961년 IBM 엔지니어인 Geoffrey Gordon은 이산사건 모델링 방법의 첫 번째 소프트웨어 구현으로 간주되는 GPSS를 소개했다. 오늘날 GPSS의 최신 버전을 비롯한 여러 프로그램이 이산사건 모델링을 제공한다.

이산사건 모델링은 모델러가 자신이 모델링하고자 하는 시스템을 하나의 프로세스(에이전트가 수행하는 일련의 작업)로 생각할 것을 요구한다.

모델의 작업에는 지연, 다양한 리소스별 서비스, 분기 선택, 분할 및 기타 여러 가지 작업이 포함될 수 있다. 에이전트가 제한된 리소스를 두고 경쟁하고 지연될 수 있는 한 대기열은 거의 모든 이산사건 모델의 일부가 된다.

이 모델은 블록이 그림의 도형으로써 작업을 나타내는 프로세스 플로차트(flowchart)로 표현된다. 플로차트는 대개 에이전트를 생성하고 프로세스에 삽입하는 "source" 블록으로 시작하여 이를 제거하는 "sink" 블록으로 끝난다.

에이전트(*agent*) – 원래 GPSS에서는 트랜잭션(*transaction*)으로 또는 다른 시뮬레이션 소프트웨어에서는 entity(객체)로 불리고 있으며, 고객, 환자, 전화, 물리적 전자 문서, 부품, 제품, 팰릿, 컴퓨터 트랜잭션, 차량, 작업, 프로젝트, 아이디어 등을 나타낼 수 있다. *리소스*(*resource, 자원*)는 직원, 의사, 운영자, 작업자, 서버, CPU, 컴퓨터 메모리, 장비 및 수송을 나타낸다.

서비스 시간과 에이전트 도착시간은 일반적으로 확률적이며, 확률분포로부터 유도되기 때문에 이산사건 모델 자체가 확률적이다. 간단히 말해서, 이는 의미있는 결과를 산출하기 전에 특정 기간 동안 모델을 실행하거나 특정 수의 복제를 완료해야 함을 의미한다.

이산사건 모델에서 예상되는 일반적인 출력은 다음과 같다.

- 리소스의 효율(utilization)
- 에이전트가 시스템 또는 시스템의 한 부분에서 소비한 시간

- 대기시간(waiting times)
- 대기행렬의 길이(queue lengths)
- 시스템 처리량(system throughput)
- 병목(bottlenecks)

작업장 모델(Job Shop Model)

우리의 목표는 작은 작업장의 제조 및 운송과정을 시뮬레이션할 이산사건 모델을 만드는 것이다. 부품 수령장에 배달되는 원자재는 CNC기계에서 처리될 때까지 보관된다.

1단계. 간단한 모델 생성

작업장에 팰릿 도착, 하역장에 보관 및 지게차 지역에 도착하는 시뮬레이션을 할 간단한 모델을 만드는 것으로 시작한다.

1. 새 모델을 만든다. **New Model** 마법사에서 **Model name**(모델 이름)을 *Job Shop*으로 설정하고, **Model time units**(모델 시간단위)를 **minutes**(분)로 설정한다.

2. **Presentation** **Palette**를 열면, rectangle(직사각형), line(직선), oval(타원형), polyline(다수의 꼭지점을 갖는 선) 및 curve(곡선)를 포함하여 모델 애니메이션을 그리는 데 사용할 수 있는 여러 가지 도형가 있다.

3. **Presentation Palette**에서 **Image** 를 선택한 다음, *Main* 다이어그램으로 드래그한다. **Image** 도형을 사용하여 PNG, JPEG, GIF 및 BMP를 비롯한 여러 그래픽 형식의 이미지를 프레젠테이션에 추가할 수 있다.

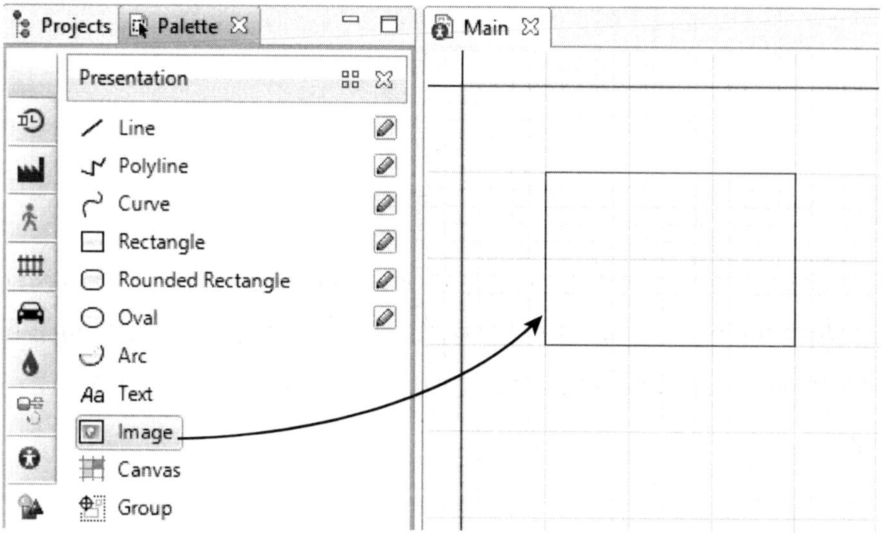

4. 도형이 표시할 이미지 파일을 선택하라는 대화상자가 나타난다.

5. 다음 위치로 이동한 다음 layout.png 이미지를 선택한다.

AnyLogic 폴더/resources/AnyLogic in 3 days/Job Shop

layout.png 이미지를 선택하면 *Main* 에이전트 타입의 다이어그램이 다음 이미지와 같아야 한다.

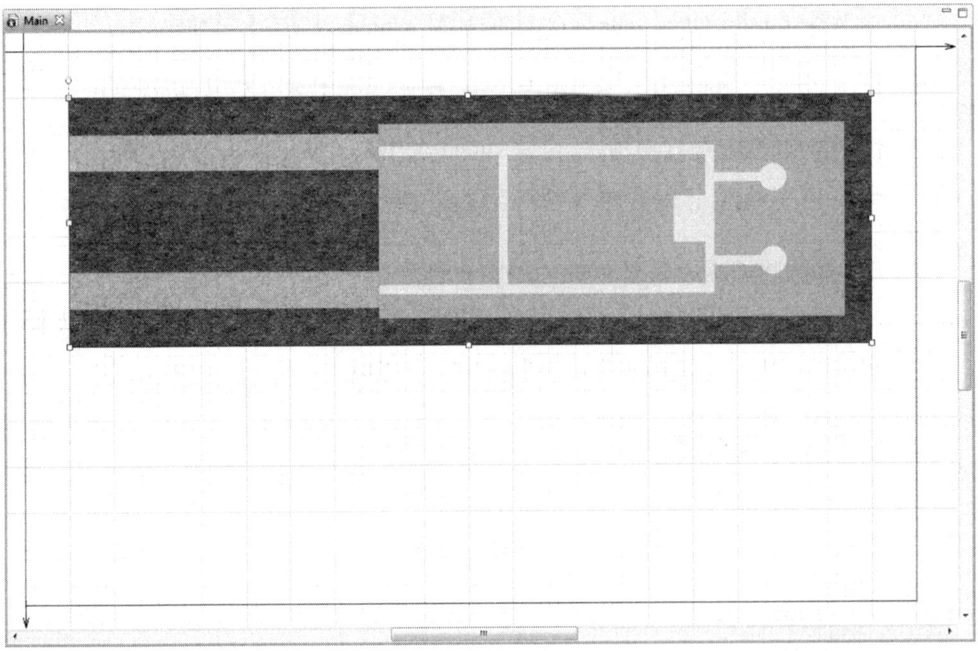

AnyLogic은 원래 크기의 이미지를 *Main* 다이어그램에 추가하지만 이미지의 너비 또는 길이도 변경할 수 있다. 아래 그림과 같이 이미지의 비율을 왜곡하면 **Properties** 뷰를 열고 **Reset to original size**(원래 크기로 재설정)을 클릭하여 이미지를 원래 크기로 되돌릴 수 있다.

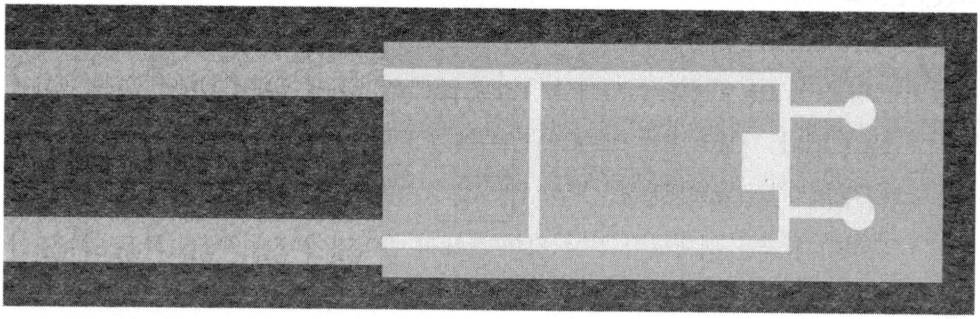

6. 그래픽 편집기에서 이미지를 선택하고, **Properties** 뷰에서 **Lock**(잠금) 체크박스를 선택하여 이미지를 잠근다.

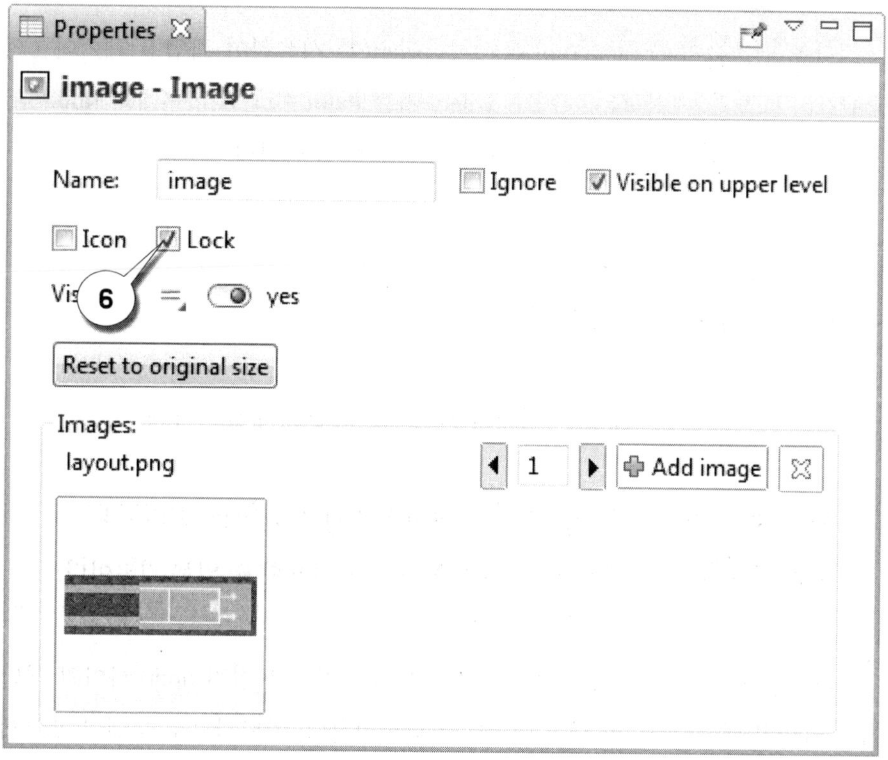

도형 잠그기(lock)

- 도형을 잠그면 마우스 클릭에 응답하지 않으므로 그래픽 편집기에서 도형을 선택할 수 없다. 팩토리 또는 병원과 같은 시설을 나타내는 레이아웃 위에 도형을 그릴 때 매우 유용하다.
- 도형의 잠금을 해제해야 하는 경우 그래픽 편집기에서 우측클릭하고 메뉴에서 **Unlock All Shapes**(모든 도형 잠금 해제)를 선택한다.

공간표시 요소(Space markup elements)

다음 단계는 **Space Markup**(공간표시) palette를 사용하여 작업장 레이아웃의 상단에 공간표시 도형을 배치하는 것이다. palette에는 **Path**(경로) 요소, 3개의 **Node**(노드) 요소, **Attractor**(지점) 요소 및 **Pallet Rack**(팰릿랙) 도형들이 포함된다.

네트워크(network) 생성하기

*Path*와 *node*는 에이전트의 위치를 정의하는 공간표시 요소이다.

- **Node**는 에이전트가 상주하거나 작업을 수행할 수 있는 장소이다.
- **Path**는 에이전트가 **Node** 간에 이동하는 데 사용할 수 있는 경로이다.

node와 path는 함께 모델의 에이전트가 출발지와 목적지 node 사이의 최단 경로를 따라 이동할 때 사용할 수 있는 네트워크를 구성한다. 일반적으로 모델의 프로세스가 정의된 물리적 공간에서 발생하고 움직이는 에이전트와 리소스가 있을 때 네트워크를 만든다. 네트워크 세그먼트는 무제한 용량을 가지며 에이전트는 서로 간섭하지 않는다고 가정한다.

이제 네트워크와 구성요소에 대해 조금 알았으므로 모델의 팰릿(pallet, 화물을 쌓는 틀이나 대(臺). 지게차로 하역 작업을 할 때에 사용함.) 이동경로를 정의할 네트워크를 만들 준비가 되었다. 첫 번째 단계는 rectangular(사각형) node를 사용하여 작업장 레이아웃의 특정 영역을 정의하는 것이다.

모델의 팰릿 자재수령장(receiving dock)을 나타내기 위해 **rectangular node**를 아래 그림과 같이 작업장 입구에 그린다.

7. **Space Markup**(공간표시) 를 열고 **Rectangular Node** 요소를 *Main* 다이어그램으로 드래그하여 node 크기를 조정한다. node는 아래 그림과 같아야 한다.

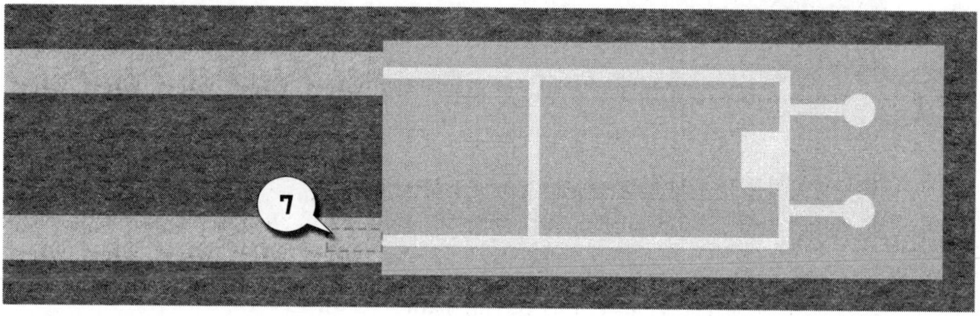

8. 생성된 node는 *receivingDock*로 이름을 붙인다.

9. 지게차(forklift truck)가 유휴 상태이거나 에이전트가 더 이상 작업을 완료하지 않아도 될 때 모델의 에이전트가 지게차를 파킹할 위치를 정의하는 node를 그린다. 다른 **Rectangular Node** 를 사용하여 아래 그림과 같이 주차(parking) 영역을 그리고 이 node의 이름을 *forkliftParking*으로 지정한다.

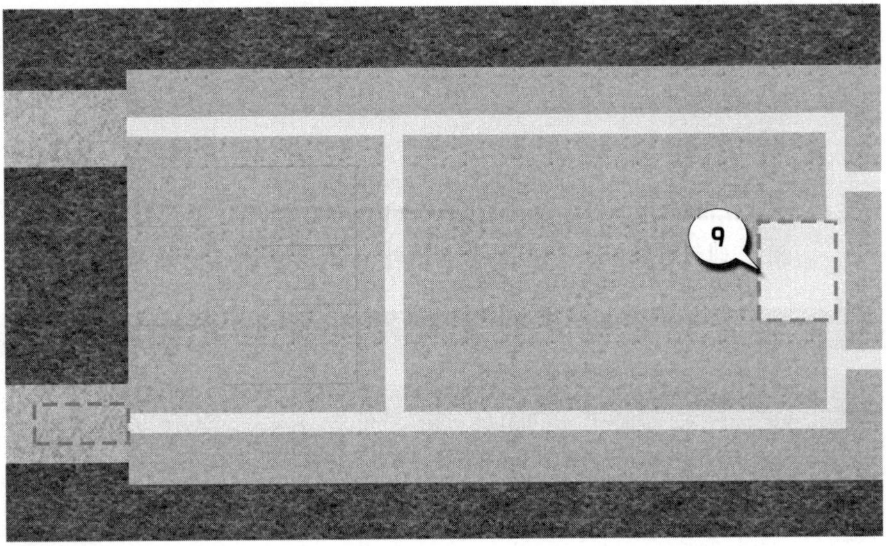

모델에서 지게차를 인도하기 위한 이동 path를 그려 보자.

10. 모델에서 지게차를 인도할 이동 path를 그리려면 다음을 수행한다.

   a. **Space Markup**에서 **Path** 요소를 더블클릭하여 드로잉 모드를 활성화한다.
   b. *receivingDock* 테두리를 클릭하고 다이어그램에서 경로의 전환점을 추가한 다음 *forkliftParking* node의 테두리를 클릭하여 아래 그림과 같은 path를 그린다.

node를 성공적으로 연결한 경우 path를 선택할 때마다 path의 연결 지점에 청록색(cyan) 하이라이트가 표시된다.

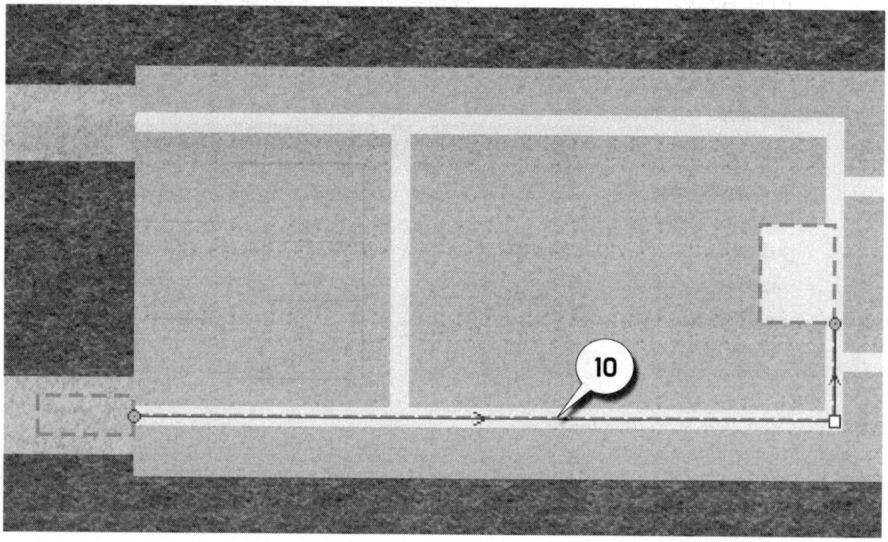

기본적으로 AnyLogic에서 path는 양방향이지만 **Bidirectional**(양방향) 속성을 지우고 이동 방향을 정의하면 선택한 path를 따라 한 방향으로만 이동하도록 제한할 수 있다. path를 선택한 다음 그래픽 편집기에서 표시되는 방향 화살표를 보고 주어진 경로의 방향을 확인할 수 있다.

11. **Pallet Rack**(팰릿랙) 요소를 **Space Markup** 에서 레이아웃으로 드래그하고 경로에 통로를 배치하여 모델의 창고 저장공간을 정의한다. 올바로 배치된 팰릿랙은 네트워크에 연결되어 있음을 나타내는 녹색 하이라이트가 표시된다.

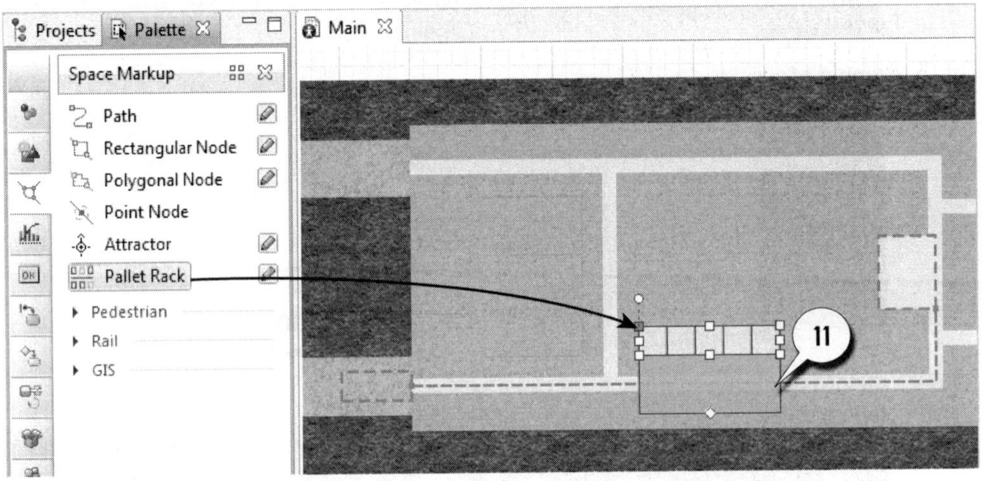

Pallet rack(팰릿랙)

Pallet Rack 공간표시 요소는 창고 및 보관 영역에서 흔히 볼 수 있는 팰릿랙을 그래픽으로 나타낸다. 아래에서 볼 수 있듯이 이 요소에는 세 가지 대체 구성이 있다.

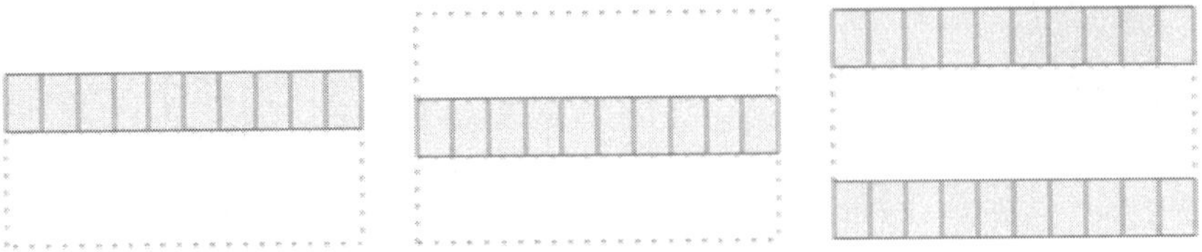

a) 랙 1개, 통로1개 b) 랙 1개, 통로 2개 c) 랙 2개, 통로 1개

런타임 동안 팰릿랙 요소는 통로(aisle) 쪽에서 사용할 수 있는 단일 층 또는 다중 층의

셀에 모델이 저장하는 에이전트를 관리한다.

12. 팰릿랙의 **Properties** 영역에서 다음의 작업을 수행한다.

a. **Type**(타입)을 지정: *two racks, one aisle(랙 2개, 통로 1개)*

b. **Number of cells**(셀 수): *10*

c. **Level height**(층 수): *10*

Position and size(위치 및 크기) 섹션에서:

d. **Length**(길이): *160*

e. **Left pallet rack depth**(왼쪽 팰릿랙의 깊이): *14*

f. **Right pallet rack depth**(오른쪽 팰릿랙의 깊이): *14*

g. **Aisle width**(통로 넓이): *11*

13. 이러한 변경을 완료하면 팰릿랙은 아래 그림에 표시된 팰릿랙과 유사해야 한다. 필요한 경우 중앙 통로가 경로에 놓이도록 팰릿랙을 이동한다. 팰릿랙을 2번 클릭하여 네트워크에 연결되었는지 확인한다. 첫 번째 클릭은 전체 네트워크를 선택하고 두 번째 클릭은 pallet rack을 선택한다. pallet rack은 네트워크에 연결되어 있음을 나타내는 녹색 하이라이트가 표시되어야 한다.

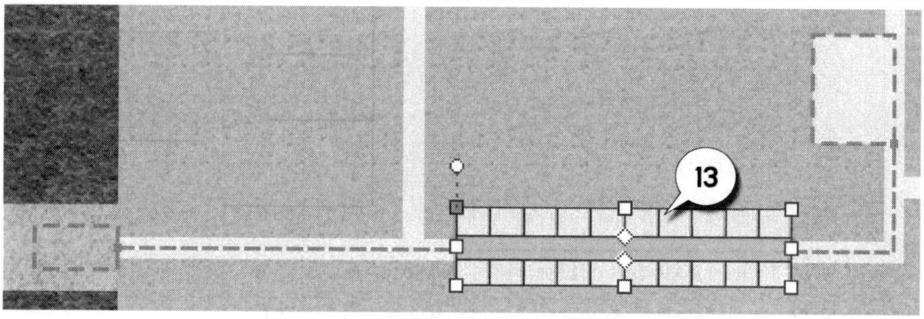

레이아웃에서 중요한 위치와 path를 그려서 모델 공간을 표시했다. 이제 AnyLogic의 *Process Modeling Library*를 사용하여 프로세스를 모델링하겠다.

Process Modeling Library

AnyLogic의 Process Modeling Library 블록을 사용하면 에이전트, 자원 및 프로세스의 조합을 사용하여 실제 시스템의 프로세스 중심 모델을 생성할 수 있다. 이 섹션의 앞부분에서 에이전트와 리소스에 대해 배웠으며 대기열, 지연 및 리소스 사용을 포함하는 작업 순서대로 프로세스를 정의하여 이 토대를 구축하겠다.

모델의 프로세스는 Process Modeling Library 블록에서 생성한 그래픽 프로세스 표현인 플로차트(*flowchart*)로 정의된다. 다음 단계에서는 프로세스 플로차트를 만든다.

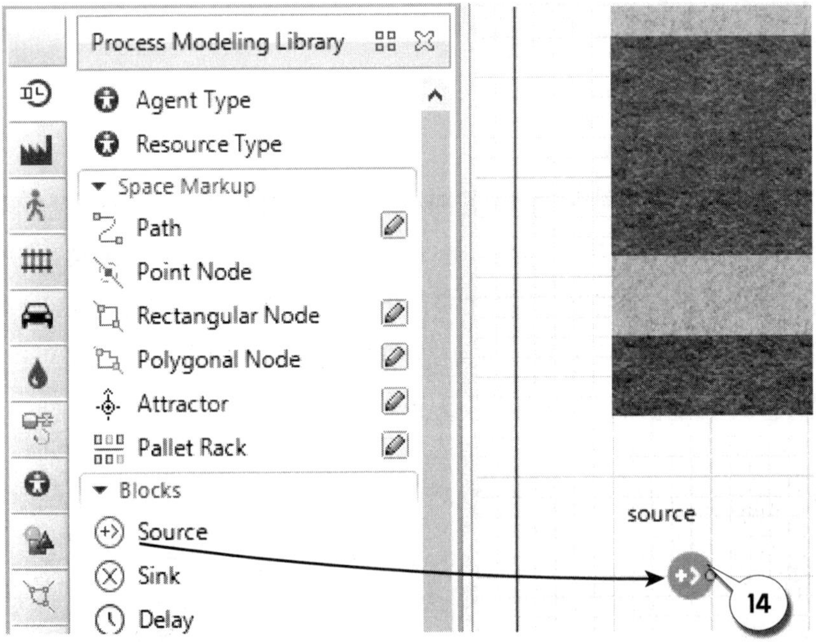

14. **Process Modeling Library** 의 **Source** 요소를 그래픽 다이어그램으로 드래그하고 그 블록의 이름을 *sourcePallets*로 지정한다.

Source 블록은 일반적으로 프로세스 시작점 역할을 하지만, 우리 모델은 이것을 사용하여 팰릿을 생성한다.

15. *sourcePallets* 블록의 **Properties** 영역에서 다음을 수행하여 모델의 팰릿이 5분마다 도착하고 *receivingDock* 노드에 나타나는지 확인한다.

a. **Arrivals defined by**(~에 의하여 정의된 도착) 영역에서 **Interarrival time**(도착간격 시간)을 클릭한다.

b. 팰릿이 매 5분마다 도착하게 하려면, **Interarrival time**(도착간격 시간) 입력박스에서 5를 입력하고 오른쪽 목록에서 **minutes**(분)를 선택한다.

c. **Location of arrival**(도착 위치) 영역의 목록에서 **Network / GIS node**를 클릭한다.

d. **Node** 영역의 목록에서 *receivingDock*을 클릭한다.

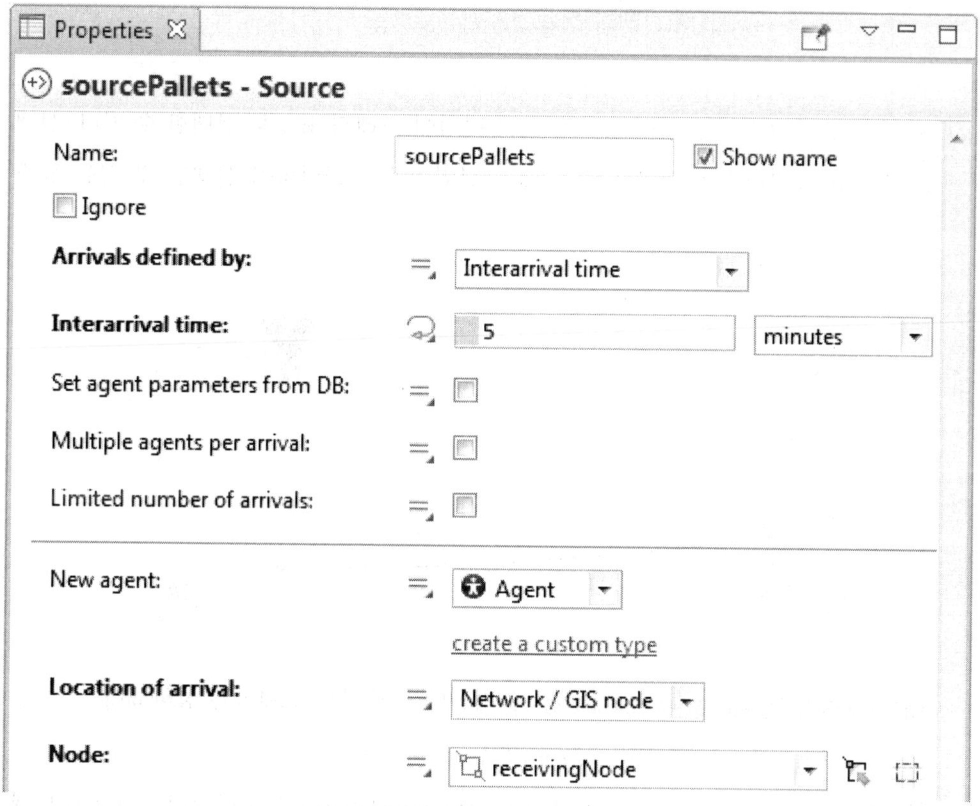

블록의 파라미터에서 모델 요소를 참조하는 방법

블록의 파라미터는 두 가지의 그래픽 요소 선택 방법을 제공한다.

- 파라미터 옆에 표시되는 목록에서는 사용 가능하고 유효한 그래픽 요소가 표시되며, 여기에서 요소를 선택할 수 있다.

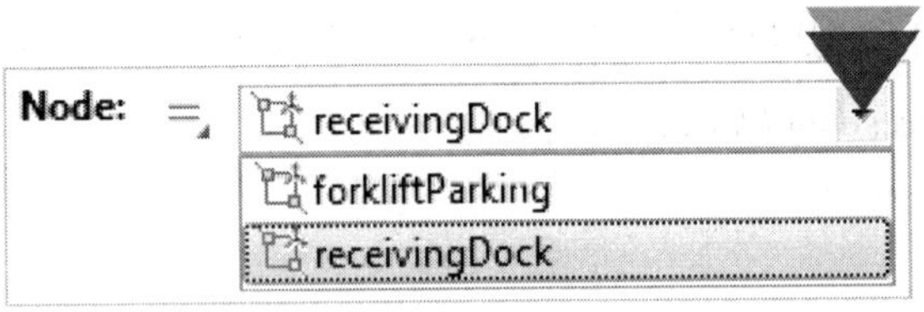

- 목록 옆에 표시되는 선택버튼 을 클릭하여 그래픽 요소를 선택할 수 있다. 선택 버튼을 클릭하면 선택 항목이 그래픽 편집기에서 클릭하여 선택할 수 있는 요소로 제한된다.

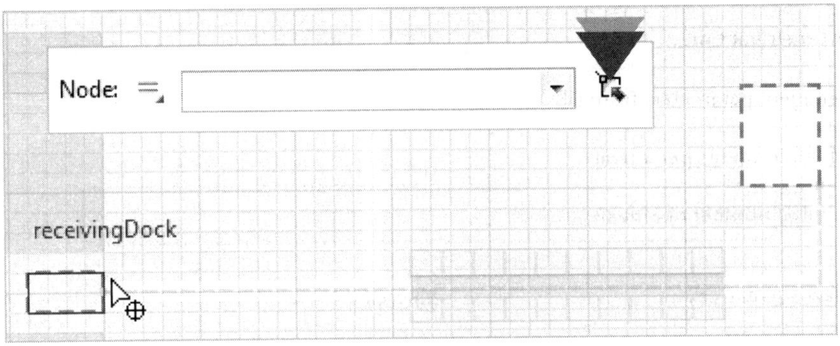

다른 **Process Modeling Library** 블록을 추가하여 플로차트를 계속 구성하겠다.

16. **RackStore**(랙 저장) 블록을 **Process Modeling Library** 에서 다이어그램으로 드래그하여 *sourcePallets* 블록 가까이에 놓으면 아래 그림과 같이 자동으로 연결된다.

RackStore 블록은 팰릿을 지정된 팰릿랙의 셀에 배치한다.

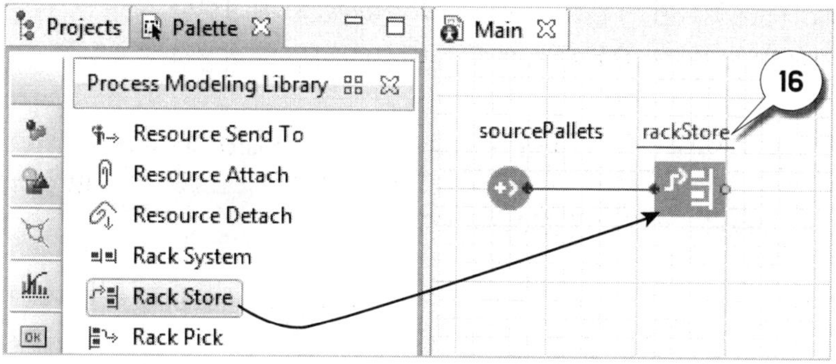

17. *rackStore* 블록의 **Properties** 영역에서 다음을 수행한다.

   a. **Name** 입력박스에 *storeRawMaterial*을 입력한다.

   b. **Pallet rack / Rack system**(팰릿랙 / 랙 시스템) 목록에서 *palletRack*을 클릭한다.

   c. **Agent location(queue)** (에이전트 위치 (대기행렬)) 목록에서 *receivingDock*을 클릭하여 에이전트가 저장을 위하여 대기할 위치를 지정한다.

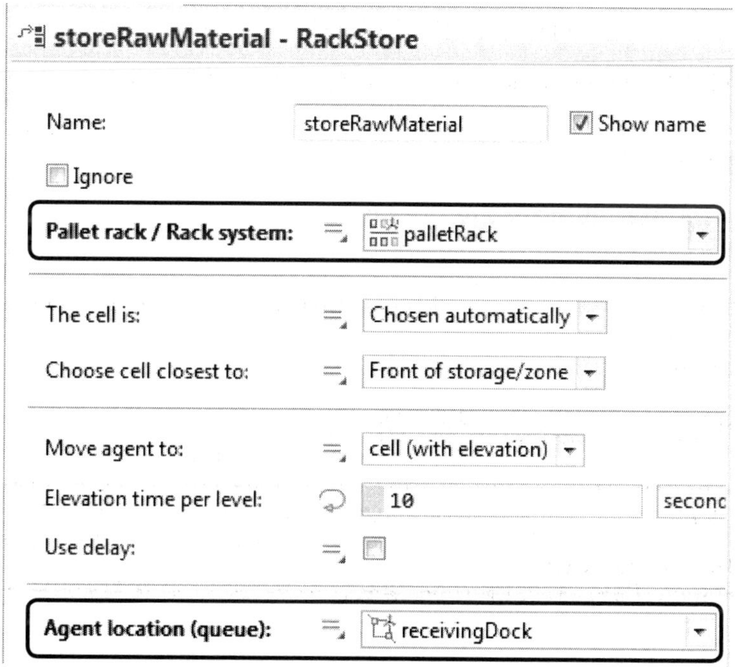

18. 랙에서 팰릿이 대기하는 방법을 시뮬레이션하기 위한 **Delay**(지연) 블록을 추가한 다음 블록의 이름을 *rawMaterialInStorage*로 지정한다.

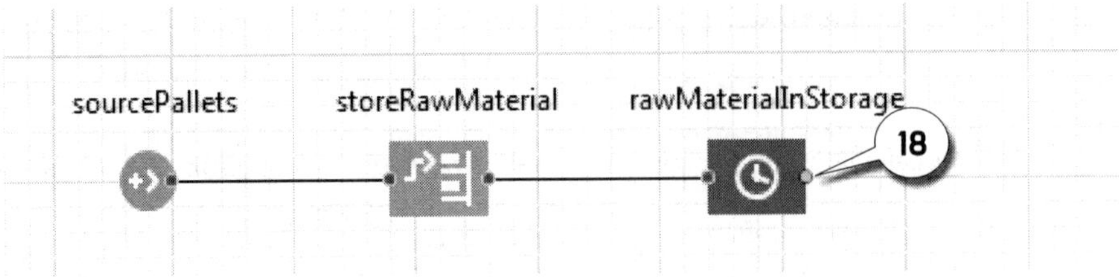

AnyLogic이 자동으로 블록의 오른쪽 포트를 다음 블록의 왼쪽 포트에 연결한다는 사실을 알았을 것이다. 각 Process Modeling Library 블록에는 왼쪽 입력 포트와 오른쪽 출력 포트가 있지만 입력 포트는 출력 포트에만 연결해야 한다.

19. *rawMaterialInStorage* 블록의 **Properties** 영역에서 다음을 수행한다.

a. **Delay time**(지연시간) 입력박스에서 triangular(15, 20, 30)를 입력하고 목록에서 minutes(분)를 선택한다.

b. 에이전트가 스토리지에서 선택될 때까지 기다리는 동안 막히지 않도록 하기 위하여 Maximum capacity(최대 용량) 체크박스를 선택한다.

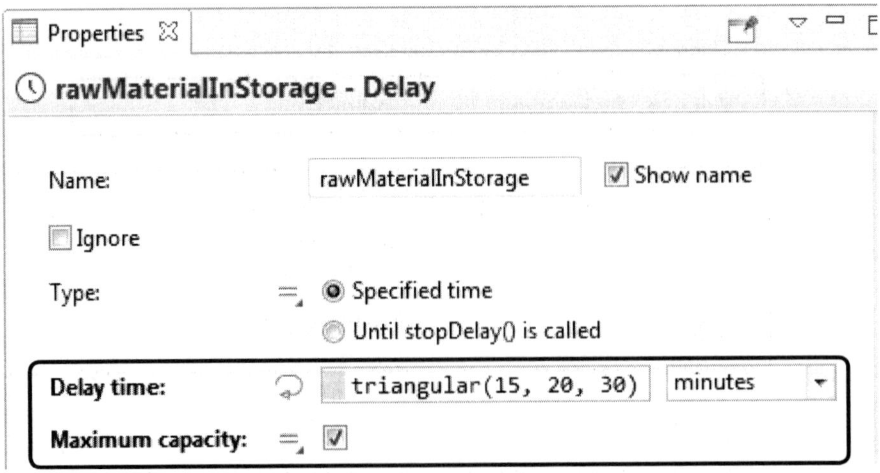

20. **RackPick**(랙 선택) 블록을 추가하고 플로차트에 연결한 다음 *pickRawMaterial*로 이름을 지정한다.

모델에서 **RackPick** 블록은 팰릿랙의 셀에서 팰릿을 제거한 다음 지정된 목표로 이동한다.

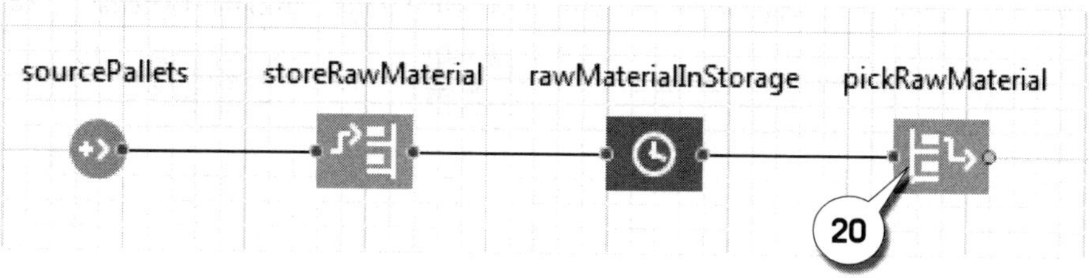

21. *pickRawMaterial* 블록의 **Properties** 영역에서 다음을 수행한다.

   a. **Pallet rack / Rack system** 목록에서, *palletRack*을 클릭하여 에이전트에 팰릿을 제공할 팰릿랙을 선택한다.

   b. **Node** 목록에서, *forkliftParking*을 클릭하여 에이전트가 지게차를 주차해야 하는 위치를 지정한다.

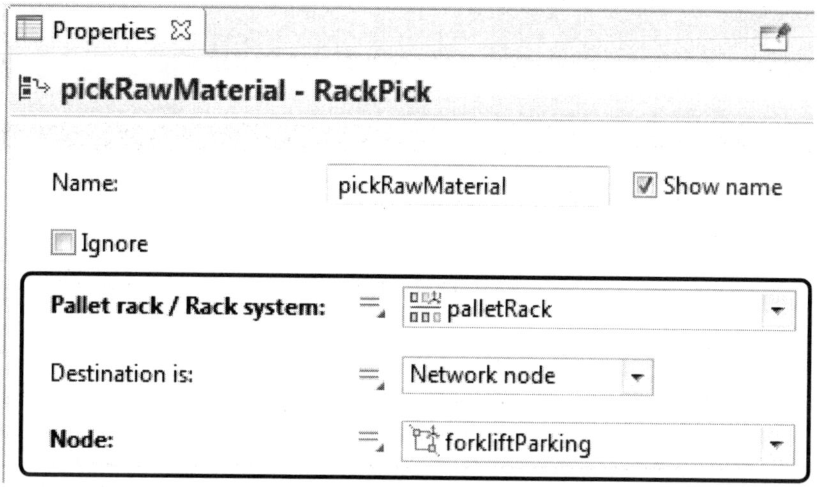

22. **Sink** ⊗ 블록을 추가한다. **Sink** 블록은 에이전트를 제거하며 일반적으로 플로차트의 끝점이다.

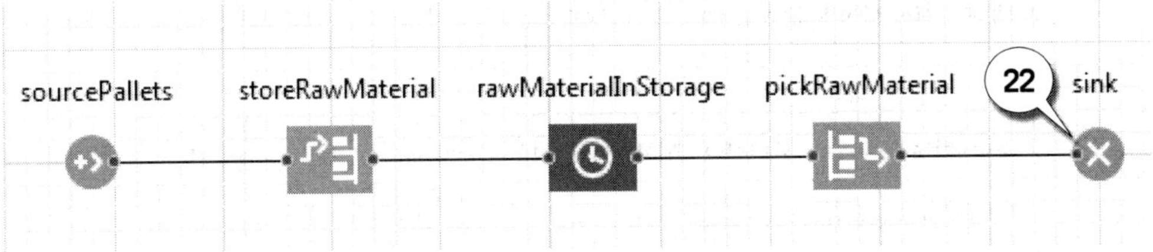

23. 간단한 모델을 완성했으므로 이제 이 모델을 실행하고 그 동작을 관찰할 수 있다. 모델을 실행해 보자(*Job Shop / Simulation* experiment).

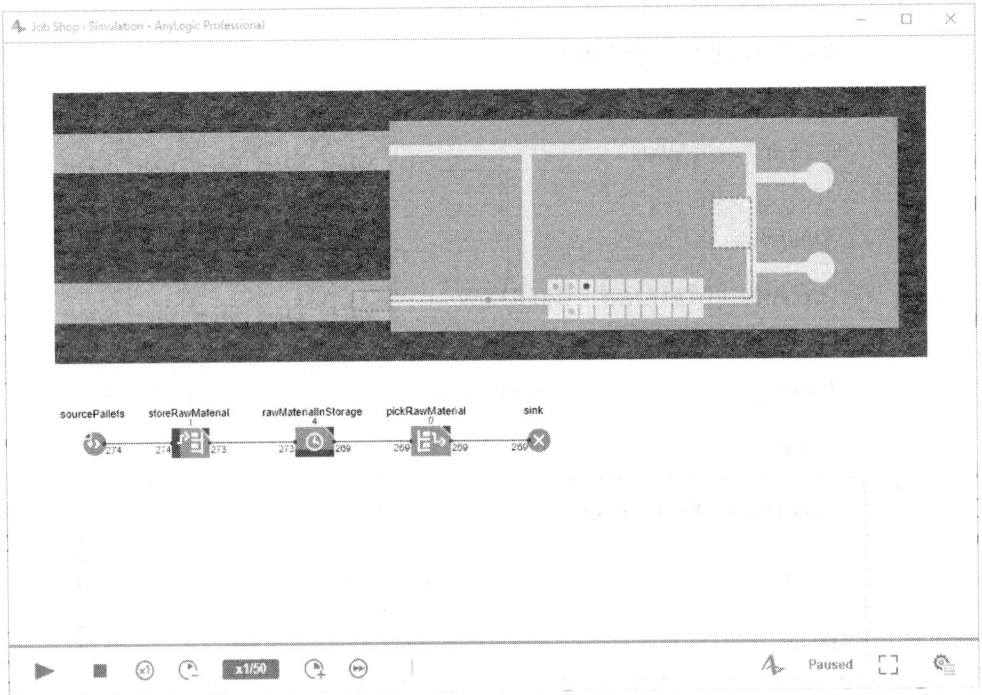

Exception during discrete event execution(이산사건 실행 중 예외) 오류 메시지가 표시되면 팰릿랙을 네트워크에 연결해야 한다. 그래픽 편집기에서 팰릿랙 도형을 선

택하고 팰릿랙의 통로가 네트워크에 연결된 것을 나타내는 녹색 하이라이트가 표시될 때까지 이동한 다음 모델을 다시 실행한다.

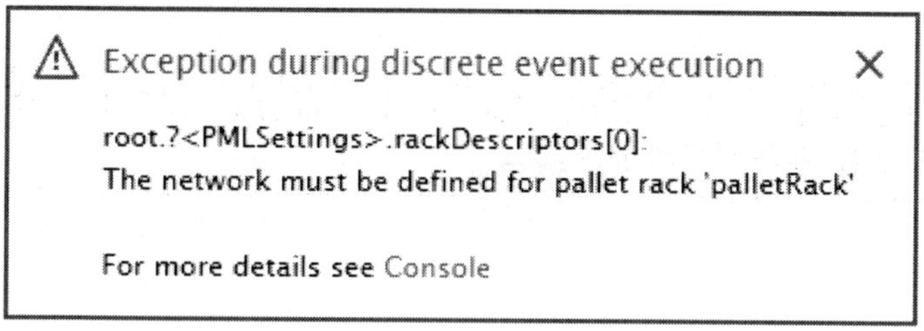
Exception during discrete event execution
root.?<PMLSettings>.rackDescriptors[0]:
The network must be defined for pallet rack 'palletRack'
For more details see Console

2단계. 리소스(resource) 추가

팰릿을 팰릿랙에 보관한 다음 생산지로 옮기는 리소스(자원, resource)인 지게차(forklift truck)를 추가하여 모델을 계속 개발해 보자.

리소스

리소스는 에이전트가 주어진 작업을 수행하는 데 사용하는 객체이다. 에이전트는 리소스를 확보하고 조치를 취한 다음 리소스를 해제해야 한다.

리소스를 포함한 몇 개의 예제:

- 병원 모델의 의사, 간호사, 장비 및 휠체어
- 공급 체인 모델의 차량 및 컨테이너
- 창고 모델의 지게차 및 근로자

리소스의 3가지 타입: *static*(정적), *moving*(이동), 그리고 *portable*(휴대용)

- static(정적) 리소스는 특정 위치에 고정되어서 이동하거나 이동시킬 수 없다.
- moving(이동) 리소스는 독립적으로 이동할 수 있다.
- portable(휴대용) 리소스는 에이전트 또는 이동 리소스에 의하여 이동시킬 수 있다.

AnyLogic에서 Process Modeling library의 **ResourcePool**(리소스풀) 블록은 각 자원 세트 또는 풀(pool)을 정의한다. 리소스 단위는 개별 특성을 가질 수 있으며 각 리소스에는 상태 차트, 파라미터 및 함수와 같은 요소를 추가할 수 있는 그래픽 다이어그램이 있다.

우리 모델의 리소스는 하차구역에서 팰릿랙으로 팰릿을 옮긴 후 랙에서 생산구역으로 팰릿을 운반하는 지게차(forklift truck)이다.

1. **Process Modeling Library** 에서 **ResourcePool** 블록을 *Main* 다이어그램으로 드래그한다. 블록을 플로차트에 연결할 필요는 없다.

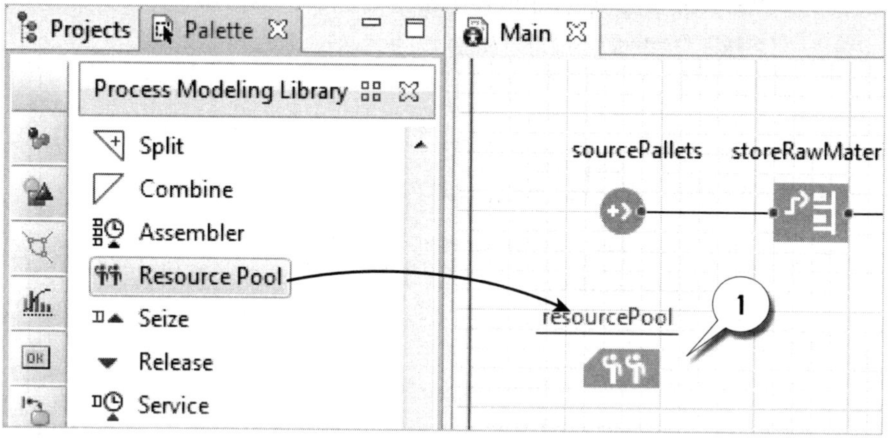

2. 블록은 *forklifts*라고 이름을 붙인다.

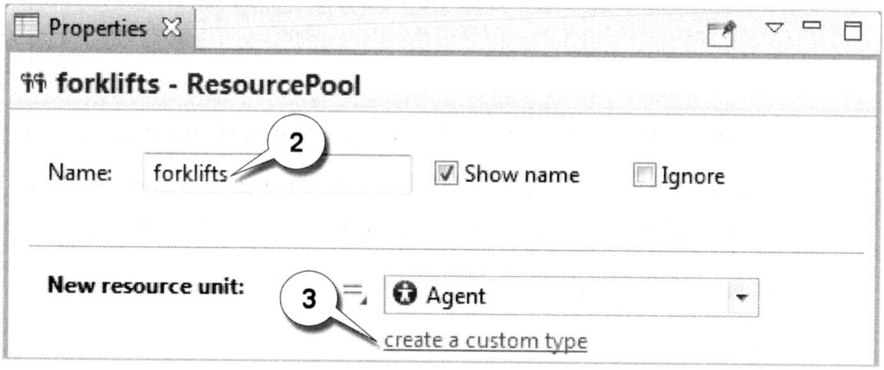

3. *forklifts* 블록의 **Properties** 영역에서 **create a custom type**(사용자 정의 타입 생성) 버튼을 클릭하면 새로운 타입의 리소스가 생성된다.

4. **New agent** 마법사에서

a. **Agent type name**(에이전트 타입 이름) 입력박스에서 *ForkliftTruck*을 입력한다.

b. **Next**를 클릭한다.

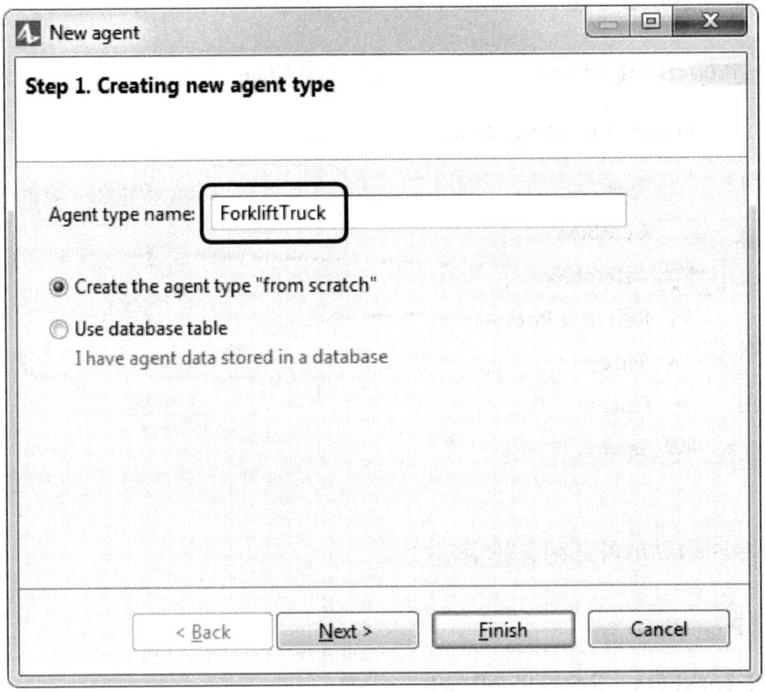

c. 다음 페이지에서 마법사 왼쪽에 있는 목록에서 **Warehouses and Container Terminals**(창고 및 컨테이너 터미널) 영역을 확장한 다음 3D 애니메이션 도형에서 **Fork Lift Truck**(지게차)을 클릭한다.

d. **Finish**를 클릭한다.

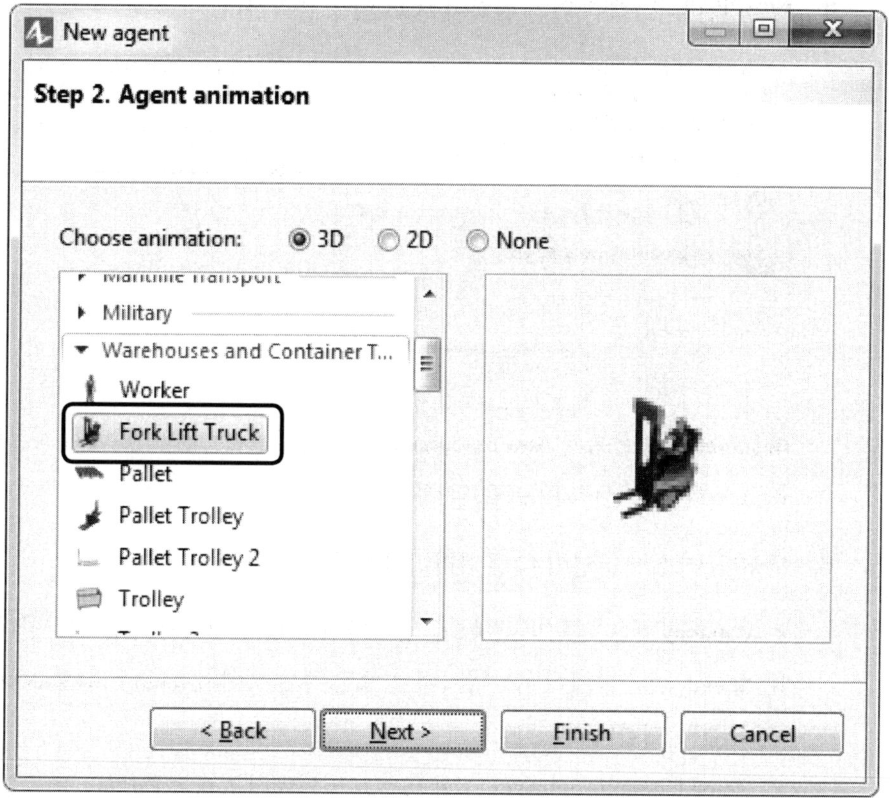

ForkliftTruck 에이전트 타입 다이어그램이 열리고 마법사에서 선택한 애니메이션 모양이 표시된다.

5. *Main* 다이어그램을 열기 위하여 **Main** 탭을 클릭한다.

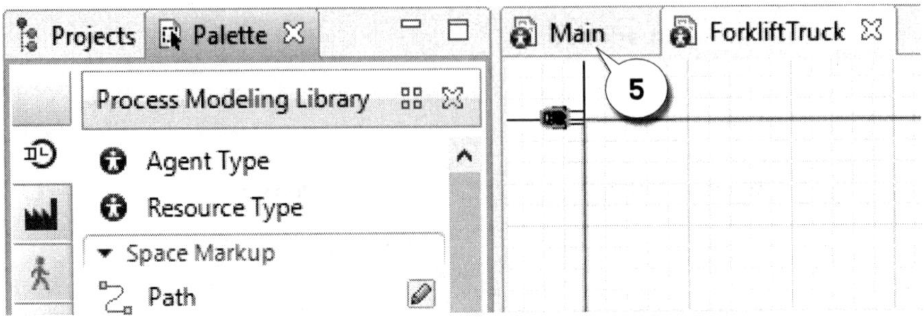

ResourcePool 블록의 **New resource unit**(새 자원 단위) 파라미터에서 *ForkliftTruck* 리소스 타입이 선택되었음을 알 수 있다.

6. *forklifts* 리소스 타입의 다른 파라미터를 수정한다.

   a. **Capacity**(용량) 입력박스에 **5**를 입력하여 모델의 지게차 수를 설정한다.

   b. **Speed**(속도) 상자에 **1**을 입력하고 오른쪽 목록에서 **meters per second**(초당 미터)를 선택한다.

   c. **Home location (nodes)** (홈 위치 (노드)) 영역에서 *forkliftParking* 노드를 선택한다. 더하기 버튼 ➕을 클릭한 다음 모델의 노드 목록에서 **forkliftParking**을 클릭한다.

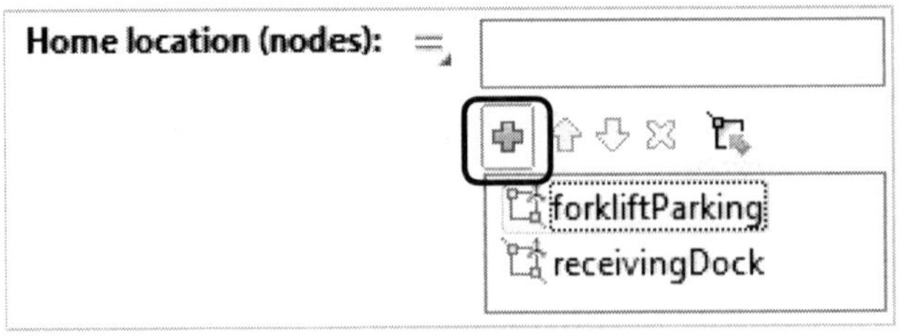

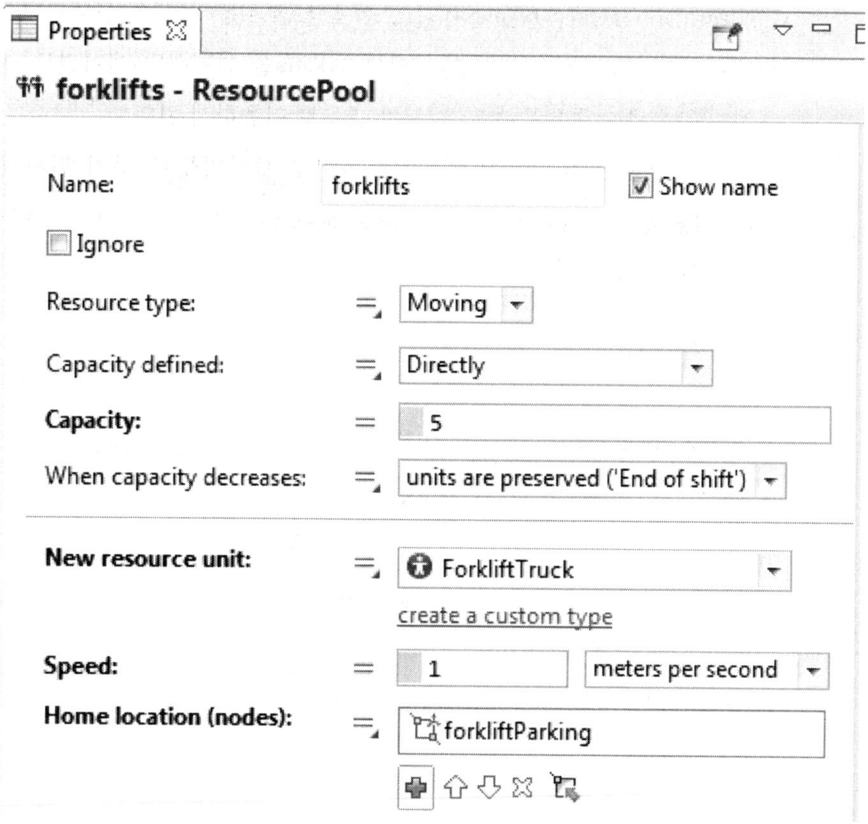

우리는 리소스를 정의했지만 모델의 플로차트 블록이 시뮬레이션되는 프로세스에서 이를 사용하는지 확인해야 한다.

7. *storeRawMaterial* 블록의 **Properties** 영역에서 다음을 수행한다.

   a. **Resources** 영역을 확장하기 위하여 화살표를 클릭한다.

   b. **Use resources to move**(이동할 리소스 사용) 체크박스를 선택한다.

   c. **Resource sets (alternatives)**(자원 세트 (대안)) 목록에서 **forklifts**를 선택하여 플로차트 블록이 선택한 리소스(이 경우 지게차)를 사용하여 에이전트를 이동하도록 한다. 더하기 버튼 을 클릭한 다음 모델의 리소스 목록에서 **forklifts**를 클릭한다.

d. **Move at the speed of resource**(리소스의 속력으로 이동) 옵션을 선택한다.

e. **Moving resource**(이동 자원) 목록에서 **forklifts**를 선택하면 에이전트(팰릿)가 보관 구역으로 이동되는 동안 지게차 속도로 이동하게 된다.

f. 지게차가 작업을 완료한 후 원래 위치로 돌아가도록 하기 위하여 **Return home**(홈으로 복귀) 영역에서 **if no other tasks**(다른 작업이 없는 경우) 선택한다.

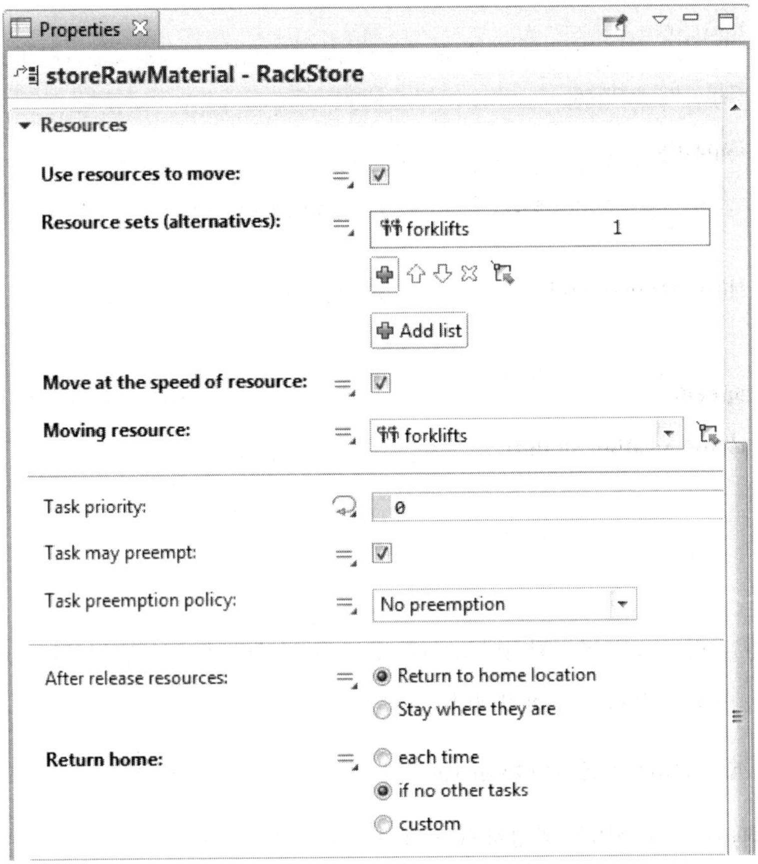

8. *pickRawMaterial* 블록의 **Properties** 영역에서 다음을 수행한다.

   a. **Resources** 영역을 확장하기 위하여 화살표를 클릭한다.

   b. **Use resources to move**(이동하기 위하여 리소스 사용) 체크박스를 선택한다.

   c. **Resource sets (alternatives)** 목록에서 **forklifts**를 클릭하여 플로차트 블록이 지

게차를 사용하여 에이전트를 이동하도록 한다.

d. **Move at the speed of resource** 옵션을 선택한다.

e. **Moving resource** 목록에서 **forklifts**를 선택한다.

f. 지게차가 작업을 완료한 후 원래 위치로 돌아가도록 하기 위하여 **Return home**(홈으로 복귀) 영역에서 **if no other tasks**(다른 작업이 없는 경우)를 선택한다.

모델의 리소스가 에이전트를 이동시키면 **RackStore** (또는 **RackPick**) 블록이 에이전트를 점유하고 에이전트 위치로 이동시키며, 에이전트에 연결하고, 에이전트를 셀로 이동한 다음 리소스를 해제한다.

9. 모델을 실행한다.

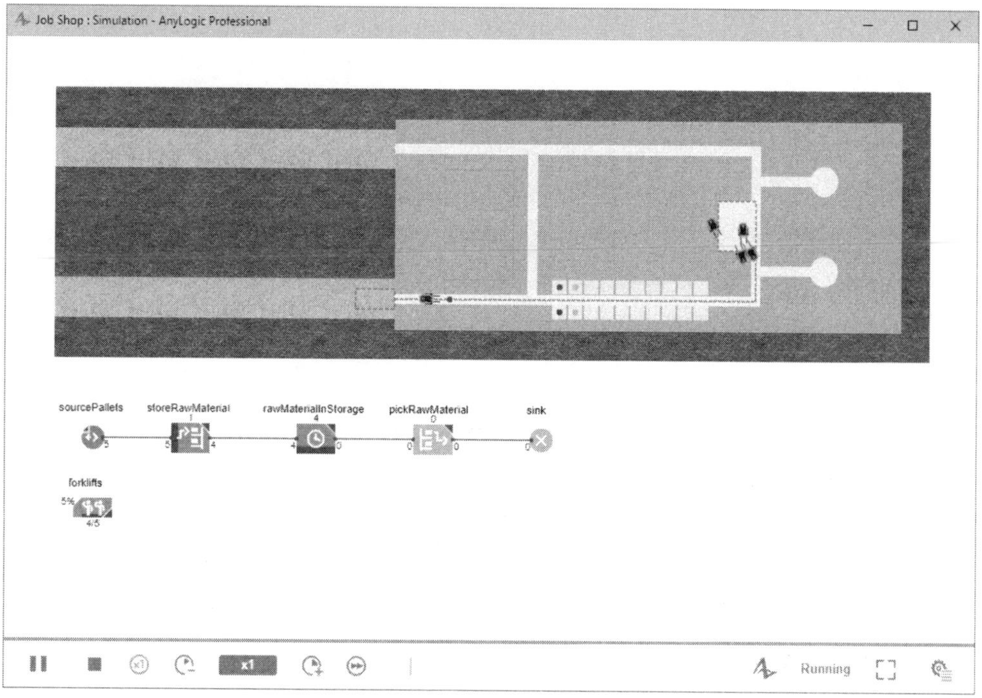

지게차가 팰릿을 집어 팰릿랙에 보관하는 것을 볼 수 있다. 잠시의 지연 후 팰릿이 사라지고, 지게차들은 지게차 주차 공간으로 이동한다.

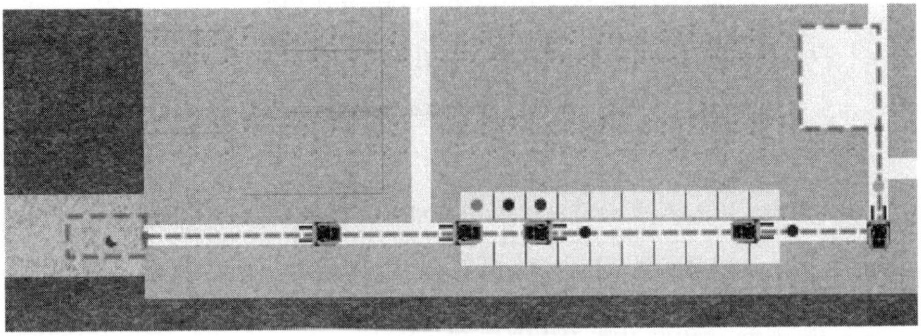

3단계. 3D 애니메이션 생성

지금까지 AnyLogic을 강력한 모델링 도구로 만들어 주는 많은 기능들을 보았다. 그러나 아직 손대지 않은 기능들이 있는데, 그중 가장 흥미로운 것은 3D 애니메이션이다.

카메라(camera) 객체 소개

AnyLogic의 카메라 객체를 사용하면 3D 창에 표시되는 뷰를 정의할 수 있다. 본질적으로 카메라 객체는 사용자가 보는 영상을 "촬영"한다.

또한 여러 카메라 객체를 만들어 동일한 3D 장면의 다른 영역을 표현하거나 다른 시점에서 단일 객체를 표현할 수 있다. 둘 이상의 카메라 객체를 사용하는 경우 런타임에 한 뷰에서 다른 뷰로 쉽게 전환할 수 있다.

1. **Presentation** 에서 **Camera** 객체를 *Main* 다이어그램으로 드래그하여 작업장 레이아웃을 마주 보게 한다.
2. **3D Window** 요소를 *Main* 다이어그램으로 드래그한 다음 프로세스 플로차트 아래에 배치한다.

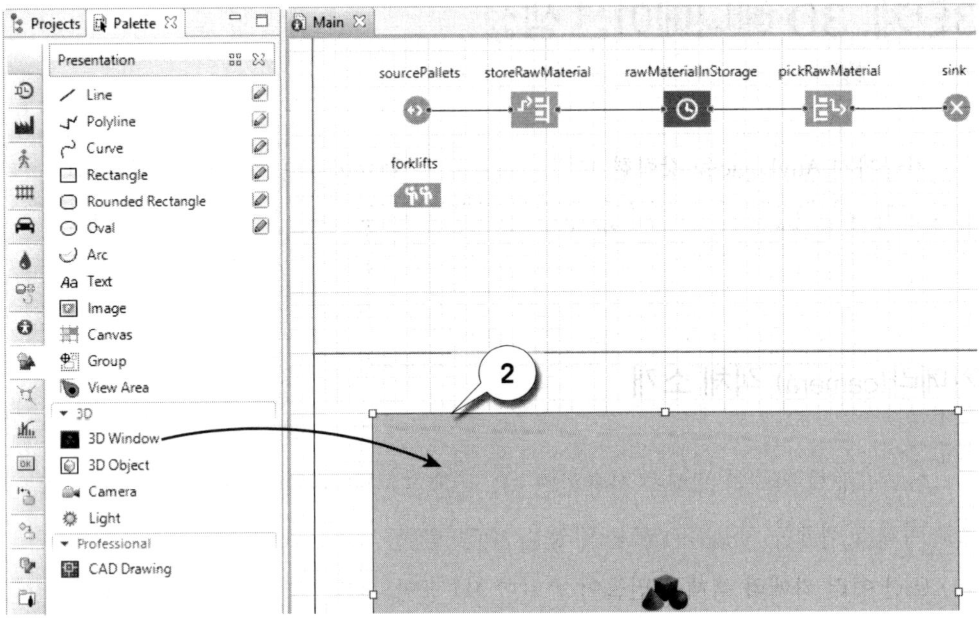

3D Window

모델에 여러 카메라를 추가할 수 있는 옵션 외에도 다른 관점에서 동일한 3D 장면을 각각 표현하는 여러 개의 3D window를 추가할 수 있다.

3. 카메라가 3D window에 대해 영상을 "촬영"하게 하자. 3D window의 **Properties** 영역에서 **Camera** 목록에서 **camera**를 클릭한다.

4. **Navigation type**(내비게이션 타입) 목록에서 **Limited to Z above 0**(0 이상으로 제한된) 옵션을 선택하여 카메라가 바닥 아래에서 촬영하지 못하도록 한다.

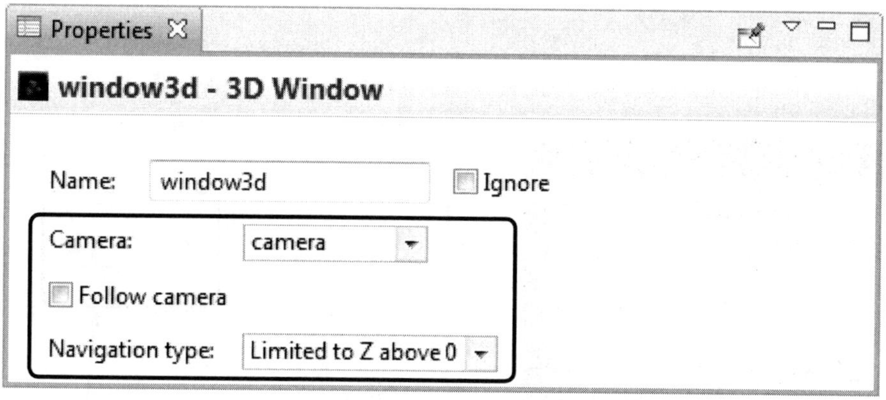

5. 모델을 실행한다.

3D window를 생성할 때, AnyLogic은 런타임에서 3D 뷰를 쉽게 탐색할 수 있는 뷰 영역을 추가한다. 이 3D뷰로 전환하려면 맨 오른쪽 컨트롤 **Toggle Developer panel**(개발자 패널 토글)을 클릭한 다음 **select view area to navigate**(탐색할 보기영역 선택) 목록에서 **[window3d]**를 선택한다.

보기 영역은 3D window를 모델 윈도우의 전체 크기로 확장한다.

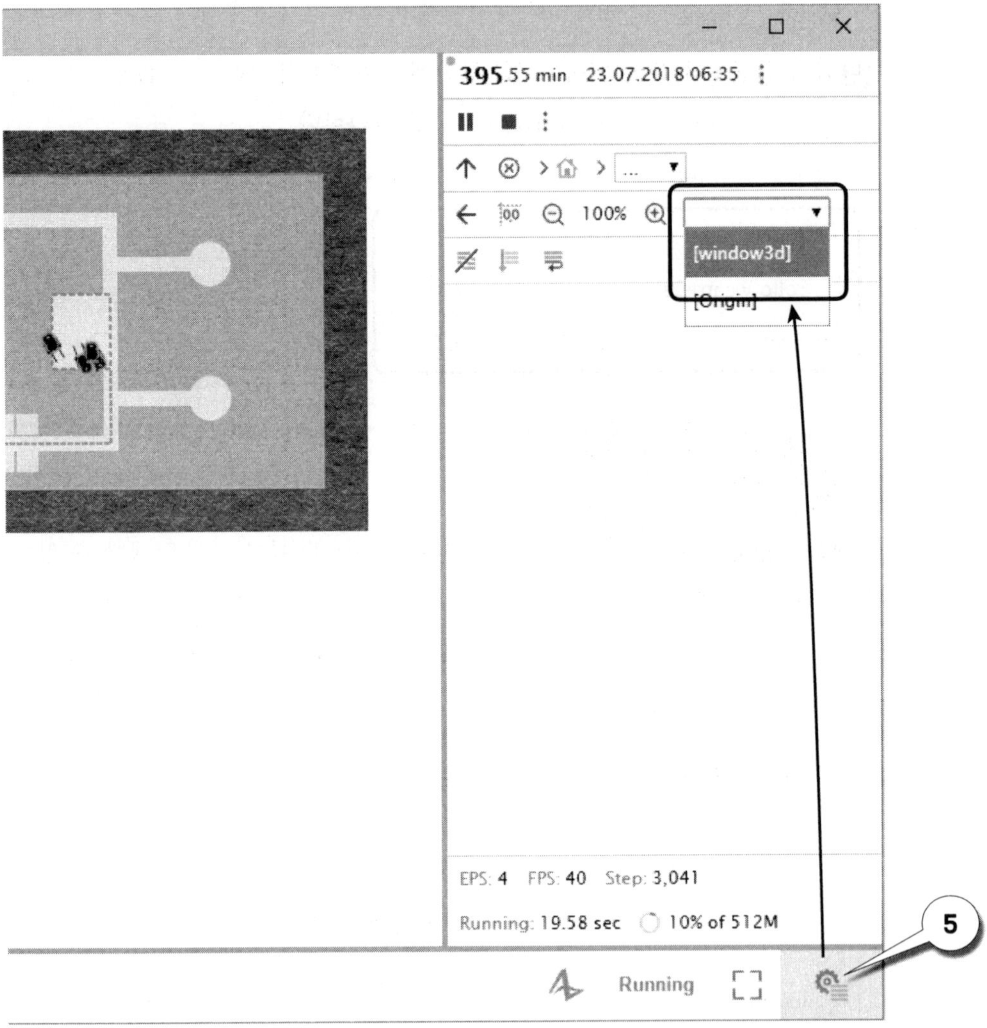

6. 런타임에 3D로 탐색하려면 다음 중 하나 이상을 수행해야 한다.

- 카메라를 왼쪽, 오른쪽, 앞으로 또는 뒤로 이동하려면 마우스를 선택한 방향으로 드래그한다.
- 카메라를 장면의 중심에서 더 가깝게 또는 더 멀리 움직이려면 마우스 휠을 스크롤한다.
- 카메라를 기준으로 장면을 회전하려면 ALT 및 마우스 왼쪽 버튼을 누른 상태

에서 마우스를 드래그한다.

7. 런타임에 표현할 뷰를 선택하고 3D 장면에서 우측클릭(Mac OS : CTRL + 클릭)한 다음 **Copy camera location**(카메라 위치 복사)을 클릭한다.

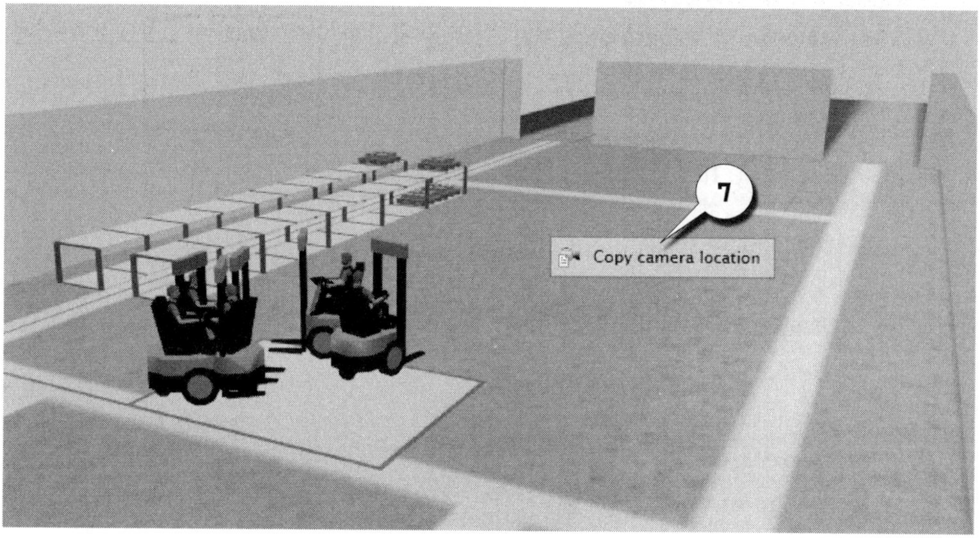

8. 모델 창을 닫는다.

9. 카메라의 **Properties** 영역에서 **Paste coordinates from clipboard**(클립보드에서 좌표 붙여넣기)를 클릭하여 이전 단계에서 선택한 카메라 위치를 적용한다.

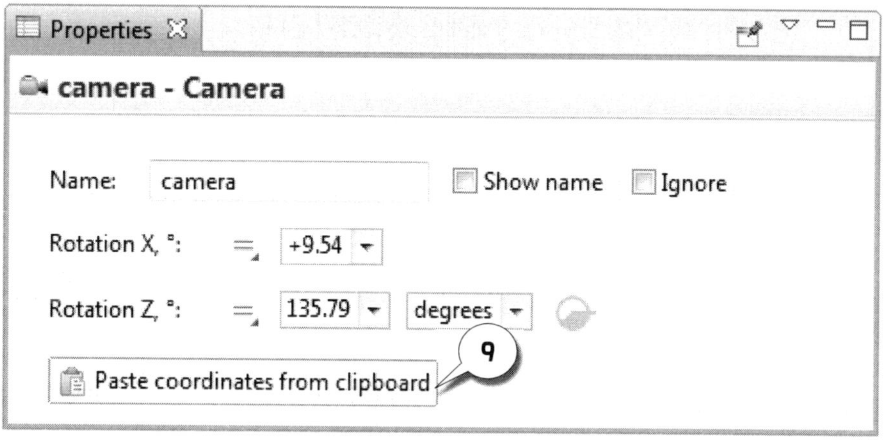

참고 : 카메라를 찾을 수 없으면 **Projects** 트리를 사용할 수 있다. *Main* 에이전트의 **Presentation** 가지 아래에 *camera*가 표시된다.

10. 모델을 실행하여 카메라의 새 위치에서 3D 뷰를 보고 모델 창을 닫는다.

11. **Space Markup** 의 **Pedestrian**(보행자) 영역을 확장한 다음, **Wall**(벽) 요소 아이콘을 더블클릭하여 벽 그리기 모드를 활성화한다.

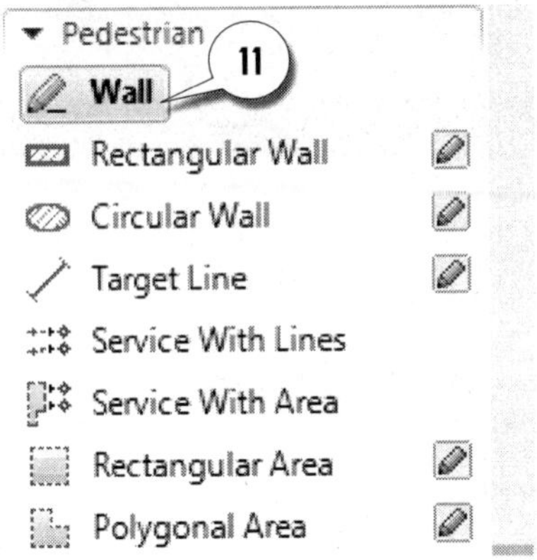

12. 작업장 레이아웃에서 작업 영역 주위에 **Wall**(벽)을 그리려면 다음을 수행한다.

a. 그래픽 편집기에서 wall을 그리기 시작할 위치를 클릭한다.

b. 포인터를 어느 방향으로든 움직여 직선을 그리고 방향을 바꾸려는 지점을 클릭한다.

c. wall 그리기를 중단할 지점에서 더블클릭한다.

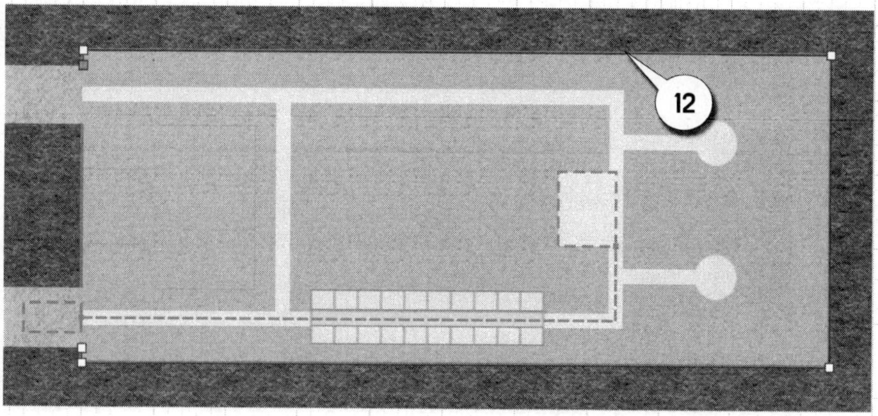

13. wall의 채우기 색상 및 질감을 변경하려면 다음을 수행한다.

   a. **Wall**의 **Properties** 영역에서 **Appearance**(외형) 섹션을 확장한다.

   b. 색상 메뉴에서 **Other colors**(다른 색상)를 클릭한다.

   c. **Colors**(색상) 대화상자에서 또는 스펙트럼에서 wall에 적용할 색상을 선택한다. 투명도 레벨을 설정하거나(**Colors** 대화상자에서 **Transparency**(투명도) 슬라이더 사용) 제공된 텍스쳐로 wall을 사용자화할 수도 있다(색상 메뉴의 **Textures...** (텍스처 ...) 항목 클릭).

이 섹션에서는 모델을 장식하기 위해 wall을 사용하지만, 이후에 공항에서 보행자의 동작을 모델링하는 튜토리얼에서 wall이 장애물이 될 수 있는 방법을 알아보겠다.

14. wall의 **Position and size**(위치 및 크기) 섹션으로 이동하여 **Z-Height**(Z 높이)를 *40*으로 변경한다.

AnyLogic은 자동으로 모양의 높이를 20픽셀로 설정하여 3D보기에서 볼륨을 갖도록 했지만 여기에서는 높이를 40픽셀로 늘렸다.

15. 출구 사이에 다른 wall을 그린 다음 두 번째 wall의 **Properties** 영역에서 첫 번째 wall과 일치하도록 설정을 변경한다.

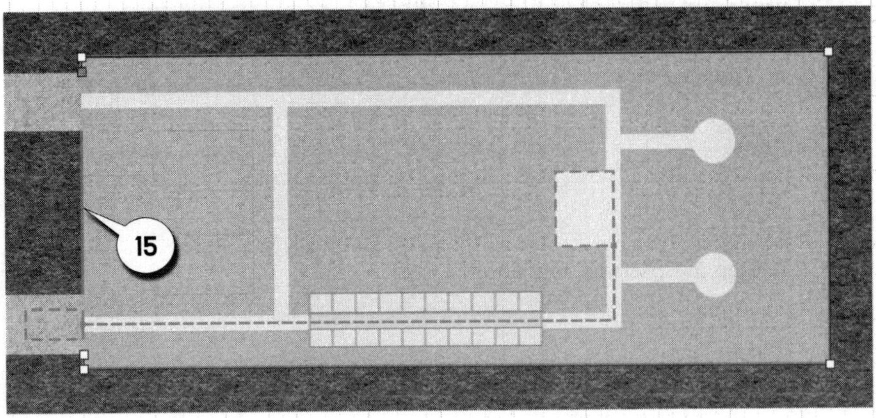

16. 모델을 실행하고 3D 애니메이션을 보자.

모델의 애니메이션이 팰릿을 표현하기 위하여 원통형을 사용하지만, 우리는 팰릿용 사용자 애니메이션을 정의하는 에이전트 타입을 생성하여 문제를 해결할 것이다.

17. *sourcePallets* 블록의 **Properties** 영역에 있는 **New agent** 목록 아래에서 **create a custom type**(사용자 타입 생성) 링크를 클릭한다.

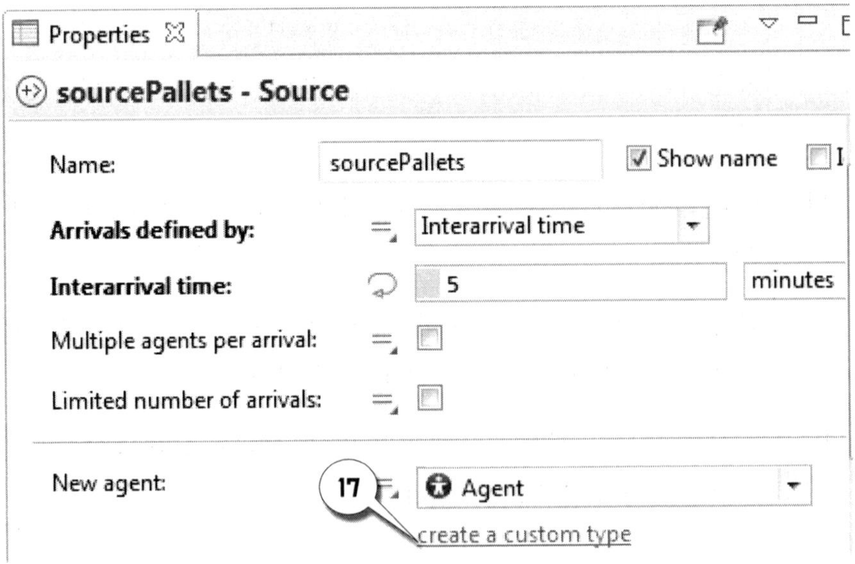

18. **New agent** 마법사에서 다음을 수행한다.

a. **Agent type name** 필드에 *Pallet*을 입력한다.

b. **Next**를 클릭한다.

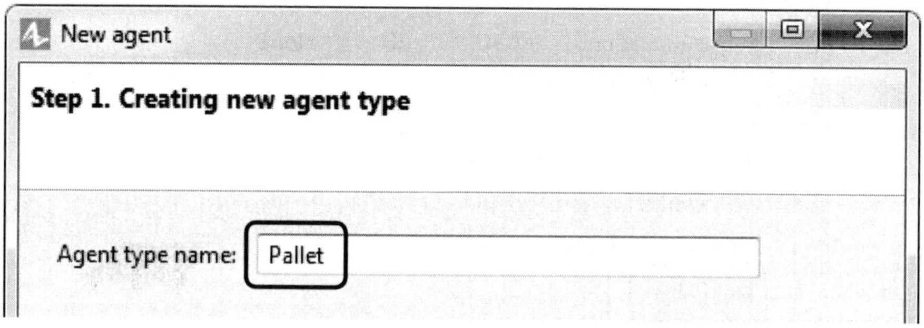

c. 마법사의 다음 페이지에서, 왼쪽 목록의 **Warehouses and Container Terminals**(창고 및 컨테이너 터미널) 섹션을 확장한 다음 3D 애니메이션 그림 중에서 **Pallet**을 클릭한다.

d. **Finish**를 클릭한다.

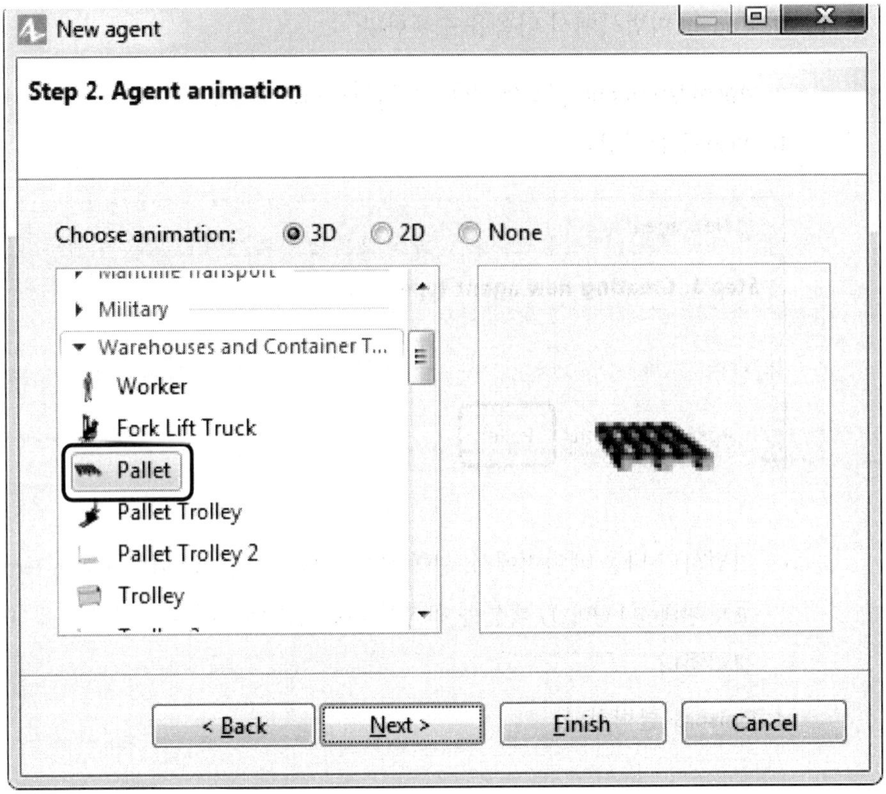

AnyLogic은 *Pallet* 에이전트 타입을 생성하고 마법사에서 선택한 애니메이션을 표시할 *Pallet* 다이어그램을 연다. 다음 단계는 팰릿 애니메이션 위에 제품 애니메이션을 추가하는 것이지만 팰릿을 자세히 살펴보기 위해 먼저 뷰를 확대한다.

19. 툴바의 **Zoom**(확대)을 사용하여 *Pallet* 다이어그램을 500%로 확대한 다음, 캔버스를 오른쪽 및 아래쪽으로 이동하여 축의 원점 및 팰릿 애니메이션 형태를 본다.

뷰의 확대 또는 축소

AnyLogic의 **Zoom**(확대) 툴을 사용하면 그래픽 다이어그램의 뷰를 확대하거나 축소할 수 있다.

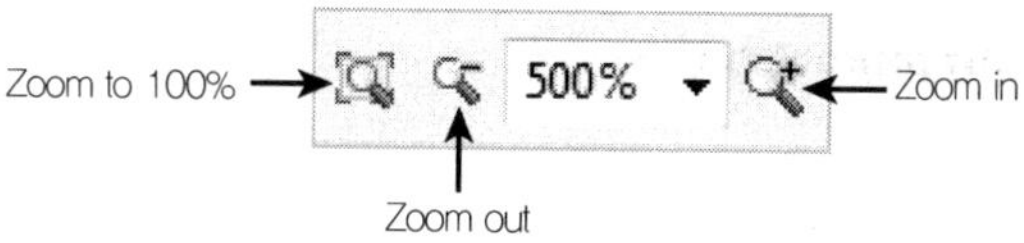

20. 팰릿 애니메이션 위에 제품 애니메이션을 추가하려면 다음을 수행한다.

   a. **3D Objects**(3D 객체) 에서 **Boxes** 영역을 확장한다.

   b. Box 1 Closed 객체를 팰릿의 왼쪽 상단 모서리로 드래그한다.

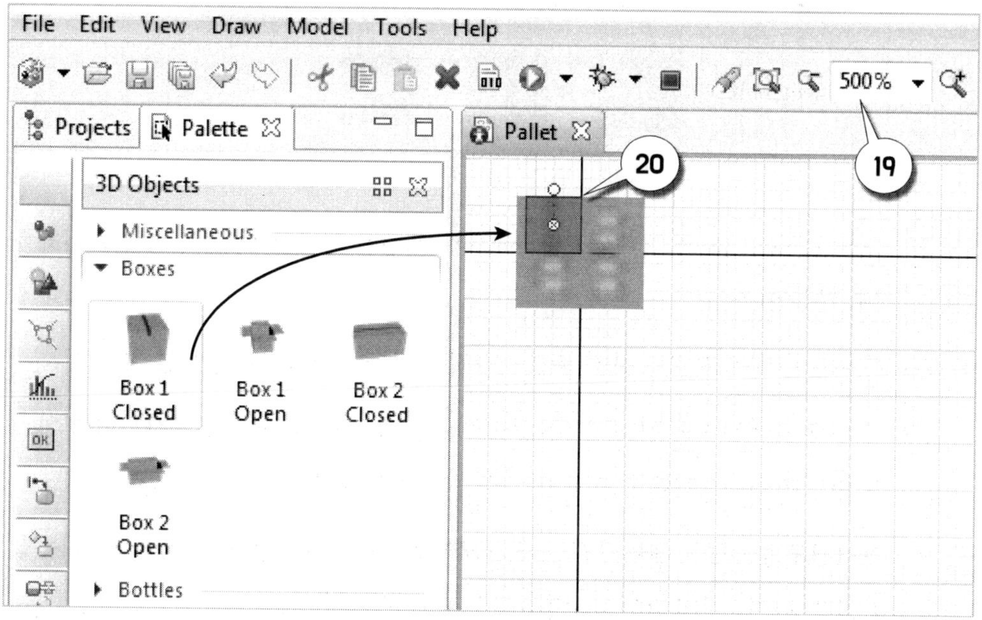

21. 이 박스는 팰릿과 비교할 때 너무 커보이기 때문에 박스의 **Scale**(배율)을 75%로 변경한다.

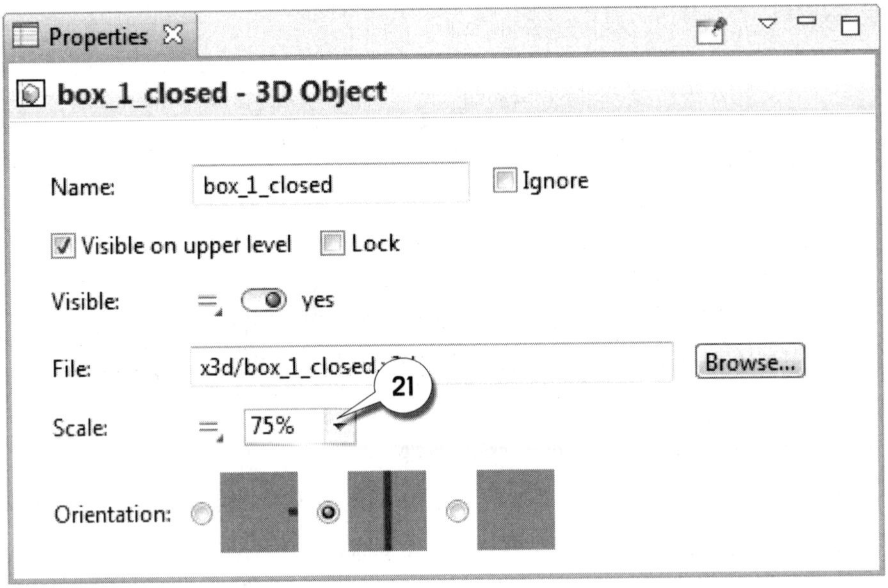

22. 박스의 **Properties** 영역에서 **Position**(위치) 섹션을 확장한 다음, 박스의 Z 좌표를 *2*로 변경한다.

    이 작업은 박스를 팰릿 위에 놓고 팰릿의 높이를 약 2픽셀로 만드는 것이다.

23. 첫 번째 박스를 3번 복사하여 3개의 박스를 추가한다. 박스를 복사하려면 박스를 선택한 다음 CTRL 키를 누른 채로 박스를 드래그한다.

    이제 팰릿은 4개의 박스를 갖는다. 툴바의 **Zoom to 100%**(100%로 확대) 버튼을 클릭하여 확대 수준을 다시 100%로 변경할 수 있다.

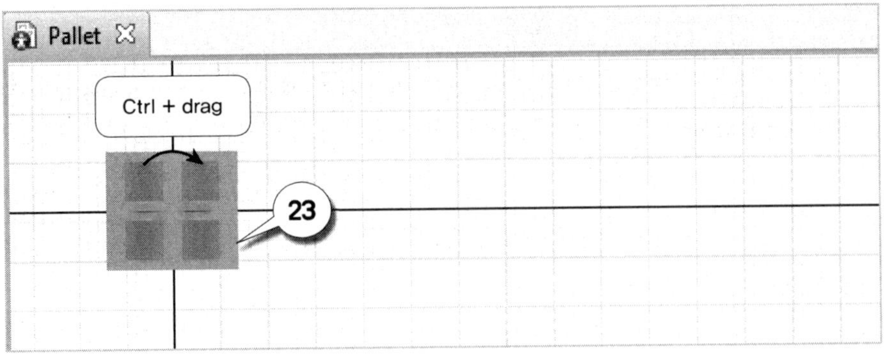

24. *Main* 다이어그램으로 돌아간다.

sourcePallets 블록의 **Properties** 영역을 열면 *Pallet*이 **New agent**로 선택된 것을 볼 수 있다. 이 블록은 *Pallet* 타입의 에이전트를 생성한다.

25. 모델을 실행한다.

여러 가지 색의 원통형이 팰릿의 모양으로 대체된 것을 볼 수 있지만 3D 장면을 확대하면 지게차가 팰릿을 운반하지 않는 것을 알 수 있다. 우리는 지게차가 팰릿을 집어 올리는 방식으로 모델의 팰릿 애니메이션을 변경하여 이 문제를 해결할 것이다.

26. **Projects**뷰에서 *ForkliftTruck* 에이전트 타입을 더블클릭하여 다이어그램을 연 다음 *forkliftWithWorker* 그림에서 하나의 셀을 오른쪽으로 이동시킨다.

이제 애니메이션의 모양이 올바른 위치에 있고 모델의 pallet이 지게차의 지게와 정렬된다.

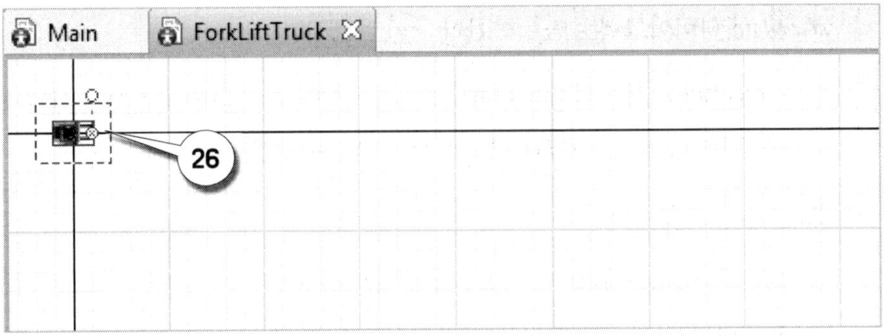

27. *Main* 다이어그램을 열고 팰릿랙의 **Properties** 영역에서 **Number of levels** 입력박스에 *2*를 입력한다.

팁: 첫 번째 클릭이 네트워크를 선택하고 두 번째 클릭이 네트워크 요소를 선택한다는 것을 기억한다.

28. *storeRawMaterial* 플로차트 블록의 **Properties** 영역에서 **Elevation time per level**(층당 들어올리는 시간) 파라미터를 30 **seconds**(초)로 설정한다.

29. 모델을 실행하면 2층의 팰릿랙을 볼 수 있다.

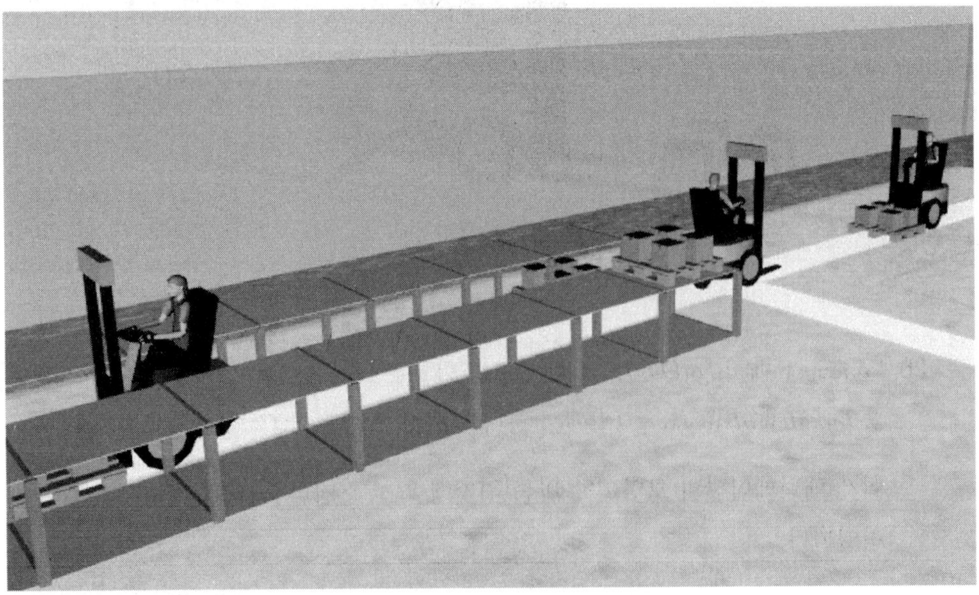

4단계. 트럭의 팰릿 배송 모델링

이번 파트에서는 작업장에 팰릿을 운반하는 트럭을 추가할 것이다. 에이전트 타입을 작성하여 시작해 보자.

1. **Process Modeling Library** 에서 **Agent Type** 요소를 *Main* 다이어그램으로 드래그 한다.
2. **New agent** 마법사에서 다음을 수행한다.
   a. **Agent type name** 입력박스에 *Truck*을 입력한다.
   b. **Next**를 클릭한다.
   c. 마법사의 다음 페이지에서, 왼쪽 목록의 **Road Transport**(육로수송) 섹션을 확장한 다음 3D 애니메이션 그림에서 **Truck**을 클릭한다.
   d. **Finish**를 클릭한다.

   네트워크에 2가지 요소, 즉 트럭이 나타날 node와 자재수령장(receiving dock)을 따라갈 path를 추가한다.

3. *Main* 다이어그램을 연다.
4. **Space Markup** 아래에서 **Point Node** 요소를 클릭하여 진입로 쪽으로 드래그한다.

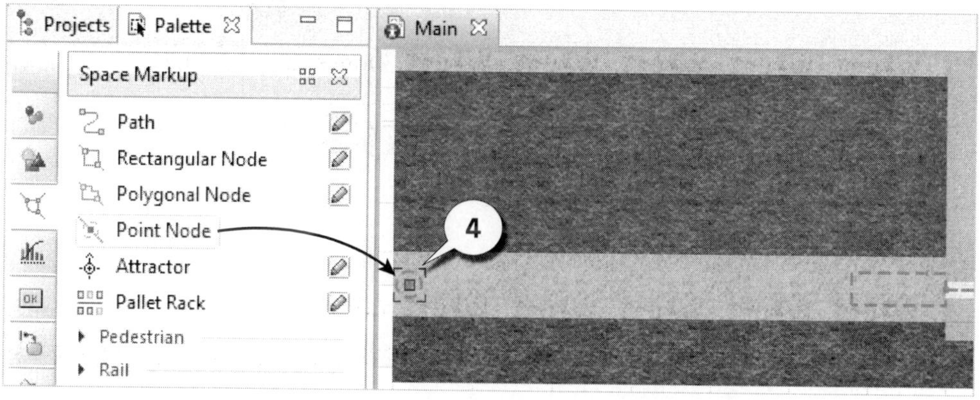

5. node 이름은 *exitNode*로 한다.

6. *exitNode*를 *receivingDock*에 연결하기 위한 **Path** 를 그린다.

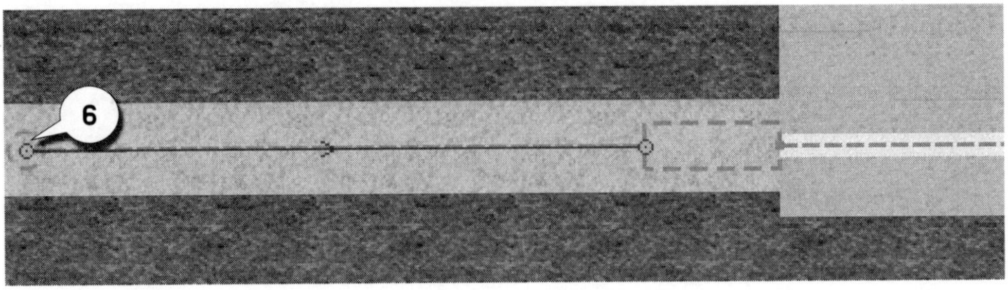

모든 space markup 요소가 하나의 네트워크에 연결되어 있는지 확인해야 한다.

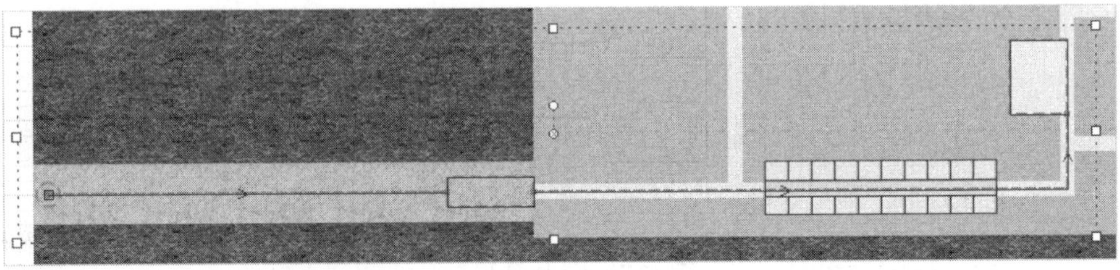

7. **Process Modeling Library** 블록을 다음 순서로 연결하여 트럭 이동 로직을 정의하는 또 다른 프로세스 플로차트를 작성한다.

Source – **MoveTo** – **Delay** – **MoveTo** – **Sink**.

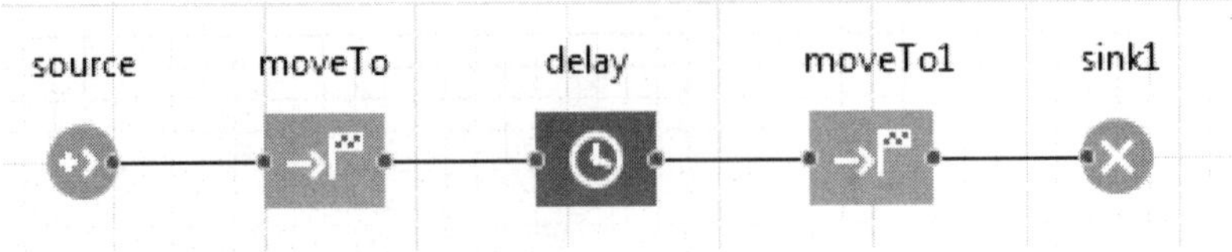

- Source 블록은 트럭을 생성한다.
- 첫 번째 MoveTo 블록은 트럭을 작업장 입구로 유도한다.
- MoveTo 플로차트 블록은 에이전트를 네트워크의 새로운 위치로 이동시킨다.

리소스가 에이전트에 연결되어 있으면 리소스와 함께 이동한다.

- Delay 블록은 팰릿 하역을 시뮬레이션한다.
- 두 번째 MoveTo 블록은 트럭을 멀리 이동시킨다.
- Sink 블록은 모델에서 트럭을 제거한다.

8. **Source** 블록의 이름을 *sourceDeliveryTrucks*로 입력한다.

9. *sourceDeliveryTrucks* 블록의 **Properties** 영역에서, 다음을 수행하여 사용자 정의 *Truck* 타입의 새 에이전트가 시간당 1번씩 특정 속력으로 진입로에 도착하게 한다.

   a. **Arrivals defined by**(~에 의해 정의된 도착) 목록에서 **Interarrival time**(도착간격 시간)을 클릭한다.

   b. **Interarrival time**(도착간격 시간) 입력박스에 *1*을 입력하고 오른쪽 목록에서 **hours**(시간)를 선택한다.

   c. **New agent**에서 **Truck**을 클릭한다.

   d. **Location of arrival**(도착 위치) 목록에서 **Network/GIS node**를 클릭한다.

   e. **Node** 목록에서 **exitNode**(이탈노드)를 클릭한다.

   f. **Speed**(속력) 입력박스에 *40*을 입력하고 오른쪽 목록에서 **kilometers per hour**(시간당 킬로미터)를 선택한다.

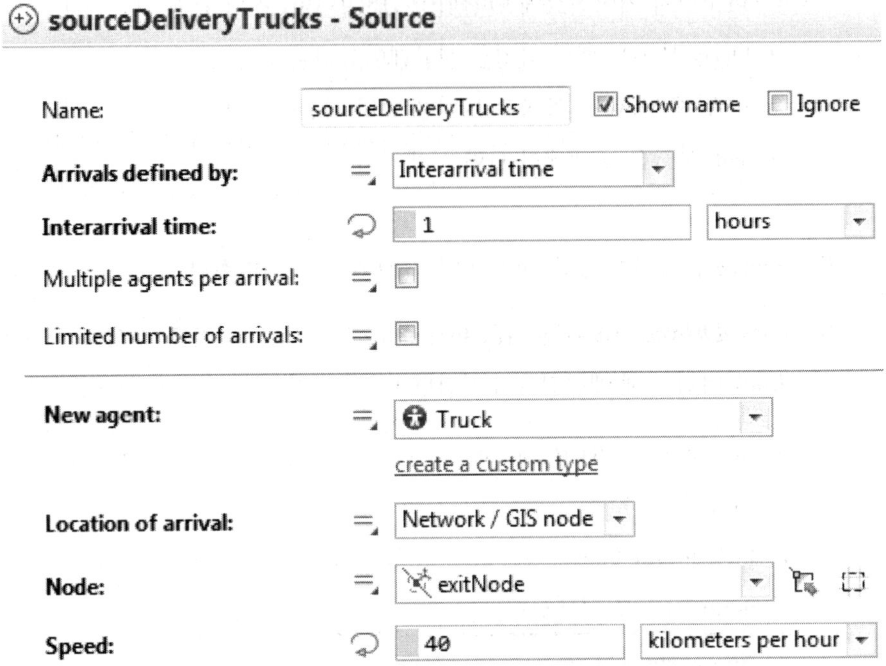

10. 첫 번째 **MoveTo** 블록의 이름을 *drivingToDock*으로 입력한다.

11. *drivingToDock* 블록의 **Properties** 영역에 있는 **Node** 목록에서 **receivingDock**을 클릭하여 에이전트의 목적지로 설정한다.

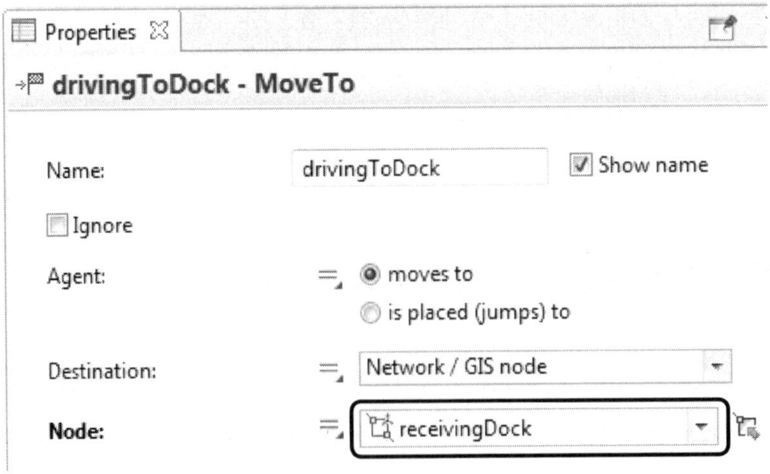

12. **Delay** 블록의 이름을 *unloading*으로 변경한다.

13. *unloading* 블록의 **Properties** 영역에서 다음을 수행한다.

   a. **Type** 영역에서, **Until stopDelay() is called**(stopDelay()가 호출될 때까지)를 클릭한다.

   b. **Agent location**(에이전트 위치) 목록에서 **receivingDock**을 클릭한다.

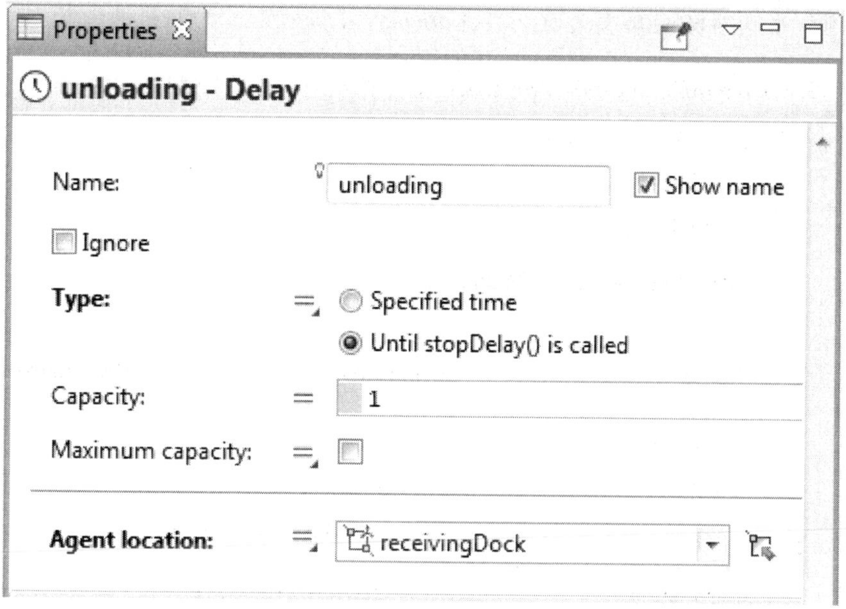

작업 시간은 지게차가 얼마나 빨리 팰릿을 내리고 제거하는 지에 달려 있다. **Rack-Store** 블록의 팰릿 저장이 완료되면 작업이 완료된 것으로 가정한다. 그리고 **Delay** 블록의 작업 모드를 변경하여 모델링할 것이다.

지연 시간을 프로그래밍 방식으로 제어

일반적으로 **Delay** 블록의 작업을 위한 **Delay time**을 지정한다. 5분과 같이 고정된 지속시간 또는 *triangular(1, 2, 6)*와 같은 지연시간을 생성하는 확률적 표현식이 될 수 있다.

또한 블록의 해당 기능을 호출하여 작업시간을 프로그래밍 방식으로 제어하고 필요한 경우 지연을 중지할 수 있다. **Delay**에 있는 모든 에이전트의 대기를 중지해야 하는 경우 해당 블록의 *stopDelayForAll()* 함수를 호출한다. 또 다른 기능인 *stopDelay(agent)*는 작업을 종료하고 지정된 에이전트를 해제한다.

14. 두 번째 **MoveTo** 블록의 이름은 *drivingToExit*으로 입력한다.
15. *drivingToExit* 블록의 **Properties** 영역에서, **Node** 목록에서 **exitNode**를 클릭하여 목적지 노드를 설정한다.

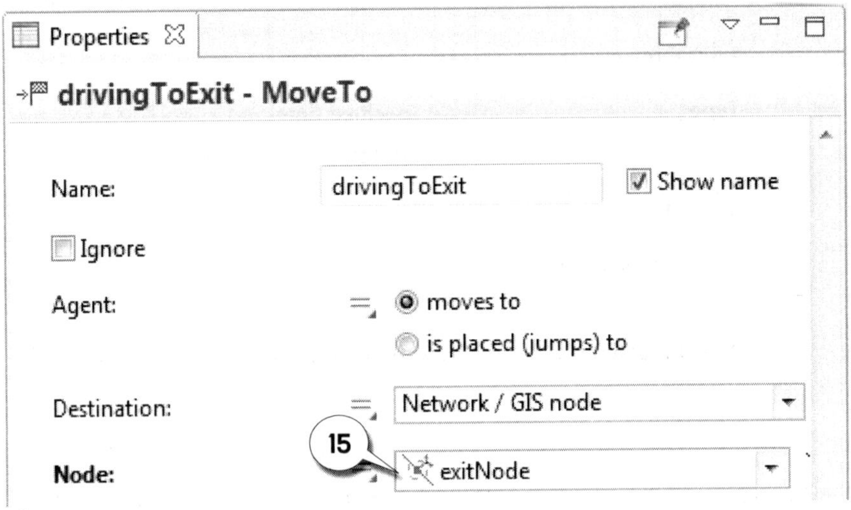

모델에서 2개의 **Source** 블록은 매 시간마다 나타나는 트럭과 5분마다 생성되는 팰릿이라는 2가지 에이전트 타입을 생성한다. 트럭이 내릴 때 팰릿이 나타나기를 원하기 때문에 우리는 팰릿을 생성하는 **Source** 블록의 도착 모드를 변경할 것이다.

에이전트 생성 제어

Source 블록의 **Arrivals defined by**(~에 의하여 정의된 도착) 파라미터를 **Calls of inject()** 함수로 설정하여 **Source** 블록이 설정된 간격으로 에이전트를 생성하게 할 수 있다. 블록의 함수 *inject(int n)*를 호출하여 런타임에 에이전트 생성을 제어할 수 있다.

이 함수는 호출될 때 주어진 수의 에이전트를 생성한다. *sourcePalltets.inject(12);*와 같이 함수의 인수를 사용하여 블록이 생성할 에이전트 수를 설정한다.

16. *sourcePallets* 블록의 **Properties** 영역에서, **Arrivals defined by** 목록에서 **Calls of inject() function**을 클릭한다.

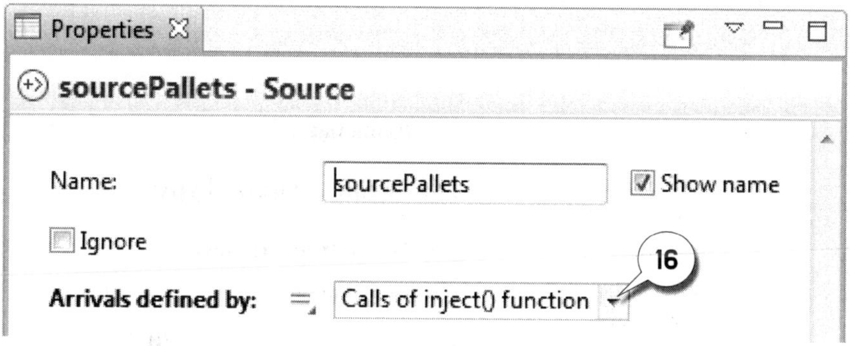

17. 트럭이 *unloading* 블록에 들어갈 때 *sourcePallets* 블록이 팰릿을 생성하게 하려면 다음을 수행한다.

   a. *unloading* 블록의 **Properties** 영역에서 **Actions** 섹션을 확장한다.

   b. **On enter**(진입 시) 입력박스에 다음을 입력한다.

   sourcePallets.inject(16);

   이 Java 함수는 트럭이 하역을 할 때마다 모델이 팰릿 16개를 생성하도록 한다.

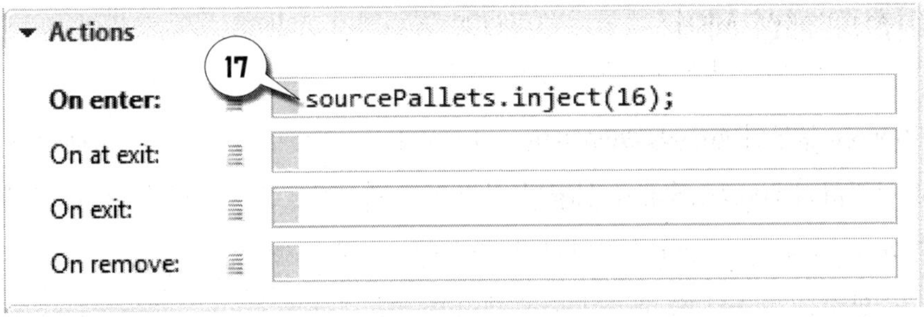

모델에 트럭을 추가했고 첫 번째 배송 트럭이 모델 시작에 표시되도록 하였기 때문에 모델 시간이 1시간 정도 지날 때까지 기다릴 필요가 없다.

18. *Main* 에이전트 타입의 **Properties** 영역에서, **Agent actions** 섹션을 확장한 다음 **On startup**(시작 시) 상자에 다음 Java 함수를 입력한다.

sourceDeliveryTrucks.inject(1);

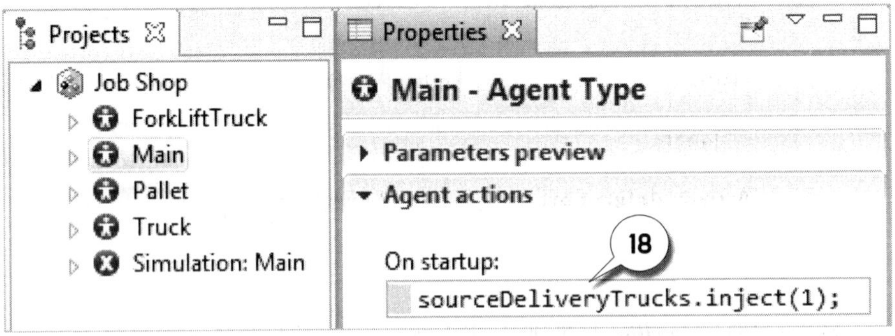

모델 시작 코드

모델의 **Startup code**(시작코드)는 모델의 블록이 생성, 연결 및 초기화된 후 모델 초기화의 마지막 단계에서 실행된다. 이것은 이벤트와 같은 추가적인 초기화 및 에이전트 활동을 시작하는 공간이다.

19. *storeRawMaterial* 블록의 **Properties**영역에서, **Actions** 섹션을 확장하고 **On exit**(이탈 시) 입력박스에 다음을 입력한다.

```
if( self.queueSize() == 0 )
unloading.stopDelayForAll();
```

이 예제에서 self는 자체 액션에서 블록 *storeRawMaterial*을 참조하기 위해 사용하는 바로 가기이다.

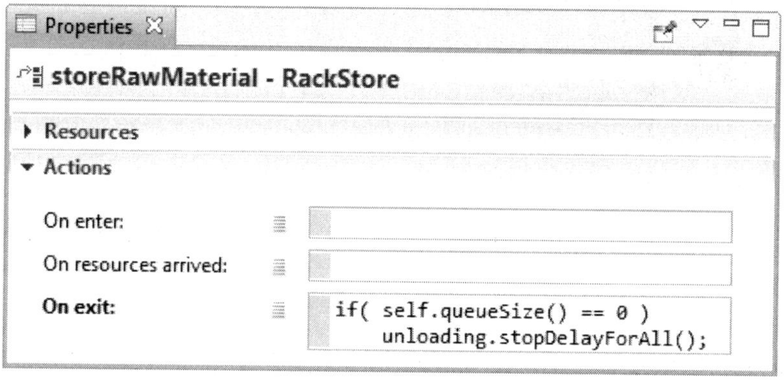

저장 대기열에 팰릿이 없으면 *unloading* 블록의 지연시간이 종료되고(즉, *stopDelayForAll()*이 호출됨), 트럭은 *unloading* 블록을 떠나 다음 플로차트 블록인 *drivingToExit*에 진입한다.

20. 모델을 실행한다.

21. 아래 그림과 같이 트럭이 잘못 정렬된 경우 다음을 수행하여 문제를 해결할 수 있다.

a. **Projects** 트리에서 **Truck** 에이전트 타입을 더블클릭하여 다이어그램을 열고 트럭 애니메이션 그림을 본다.

b. 그래픽 편집기에서 트럭 모양을 선택한 다음 모양의 **Position**(위치) 속성 영역에 있는 둥근 핸들 또는 **Rotation Z**(Z축 회전),° 속성을 사용하여 트럭을 -180도로 회전한다.

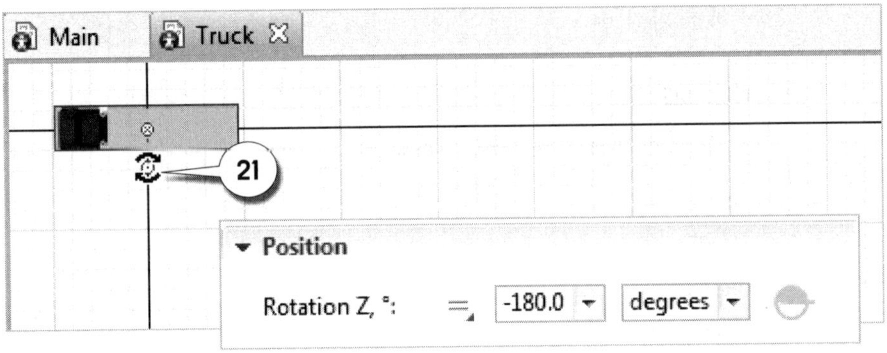

우리는 트럭 도형의 위치를 바꿨지만, 프로그램이 두 번째 회전을 하지 않도록 AnyLogic의 기본 설정을 변경해야 한다.

22. AnyLogic의 기본 설정을 변경하려면 다음을 수행한다.

a. **Projects** 영역에서 **Truck**을 클릭한다.

b. *Truck* 에이전트 타입의 **Properties** 영역에서, 화살표를 클릭하여 **Dimensions and movement**(차원 및 이동) 영역을 확장한다.

c. **Rotate animation towards movement**(이동 방향으로 애니메이션 회전) 체크박스의 선택을 취소한다.

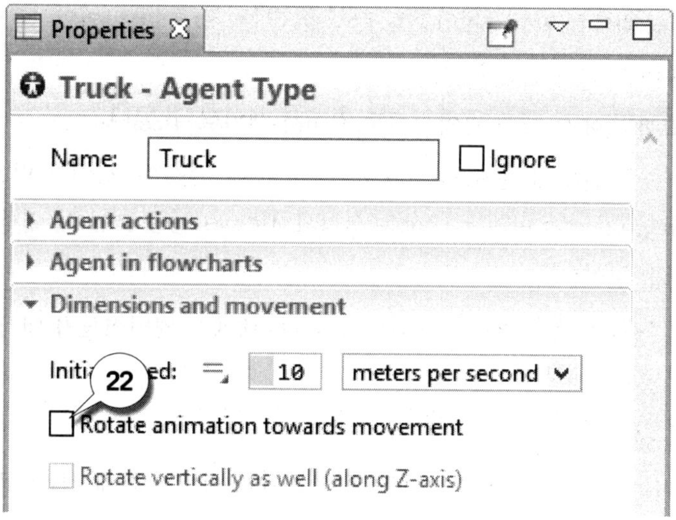

23. *Main* 다이어그램을 연다.

24. 팰릿을 *receivingDock* 네트워크 node에 올바르게 배치하려면 **Space Markup**을 열고 **Attractor**(지점) 를 *receivingDock*으로 드래그하고, 그것이 입구를 향하게 한다.

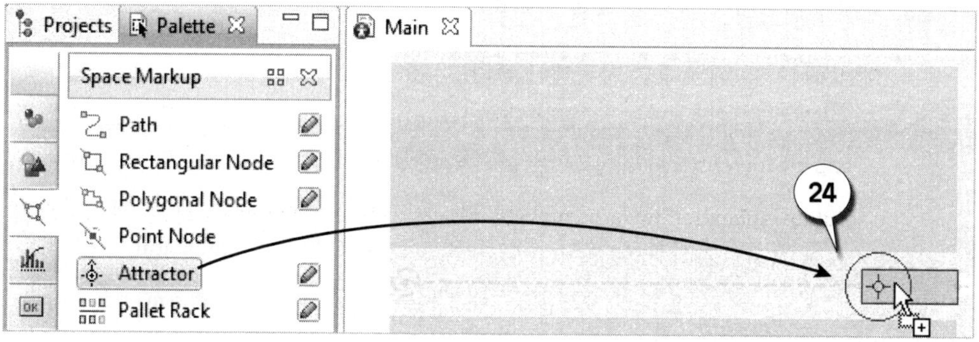

노드의 지점(attractor)

Attractor를 사용하면 node 내부의 에이전트 위치를 제어할 수 있다.

- node가 에이전트가 이동하려는 대상을 정의한다면, attractor는 node 내부의 정확한 대상 지점을 정의한다.
- node가 대기 위치를 정의한다면 attractor는 node 내에서 에이전트가 대기하는 정확한 지점을 정의한다.

또한 에이전트가 node 내부에서 대기하는 동안 지점은 에이전트 애니메이션의 방향을 정의한다. 여기서 우리는 이 특별한 목적을 위해 attractor를 사용한다.

attractor를 *Main* 다이어그램에 개별적으로 드래그하여 추가할 수 있지만 attractor가 규칙적인 구조를 형성하는 경우, 특별한 마법사를 사용하여 동시에 여러 attractor를 추가할 수 있다. 마법사는 여러 가지 작성 모드와 모든 attractor를 지우는 옵션을 제공하며, node의 **Properties** 영역에서 **Attractors** 버튼을 클릭하여 표시할 수 있다.

25. 모델을 실행하여 트럭 동작을 확인한다.

애니메이션은 예상대로 작동해야 한다.

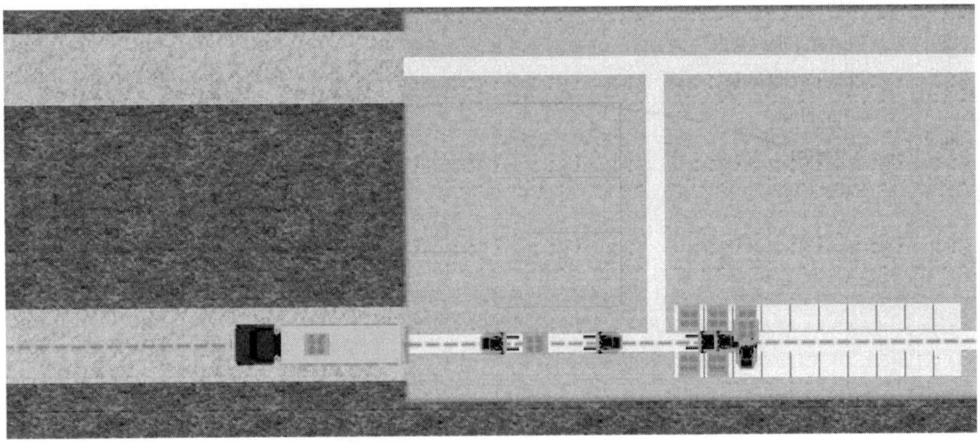

5단계. CNC기계 모델링

이 단계에서는 원자재를 처리하는 CNC기계를 시뮬레이션한다. 먼저 공간을 표시하고 point node를 사용하여 CNC기계의 위치를 정의한다.

1. **Space Markup** 에서 **Point Node** 요소를 작업장 레이아웃으로 드래그하고 node 이름을 *nodeCNC1*으로 지정한다.

2. 이 node를 복사하여 두 번째 CNC기계의 공간을 표시한다.

   AnyLogic은 두 번째 node의 이름을 *nodeCNC2*로 지정할 것이다.

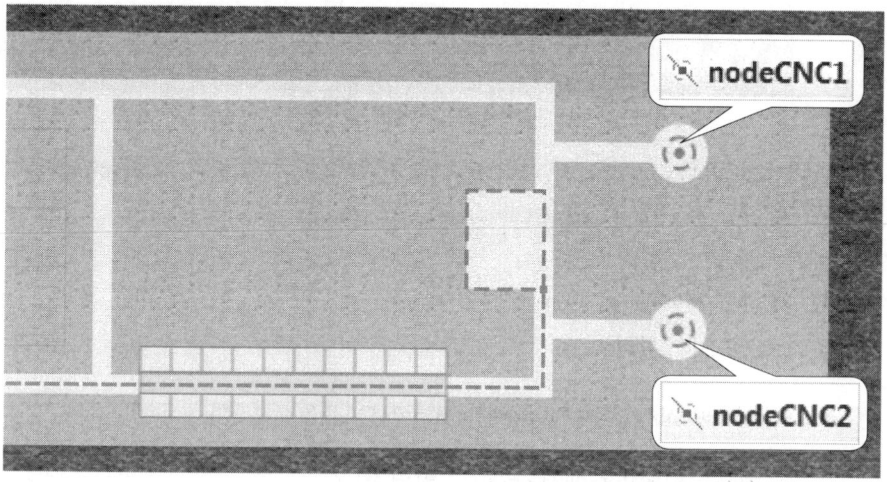

이 2개의 node를 모두 네트워크에 연결하는 path를 만들어야 한다. 우리 모델의 지게차는 CNC기계에 도달하는 데 그 path가 필요하다.

3. **Space Markup** 에서 **Path** 요소를 클릭하고 아래 그림과 같이 path를 그린다. 포인트 node에 path를 연결하려면 포인트 node의 중심을 클릭한다.

   참고: 그리는 path가 *nodeCNC1* 및 *nodeCNC2*를 네트워크에 연결하는지 확인

해야 한다. 두 번 클릭하여 path 연결을 테스트할 수 있다. 경로가 네트워크에 연결되어 있으면 끝점 주변에 청록색 하이라이트가 나타난다.

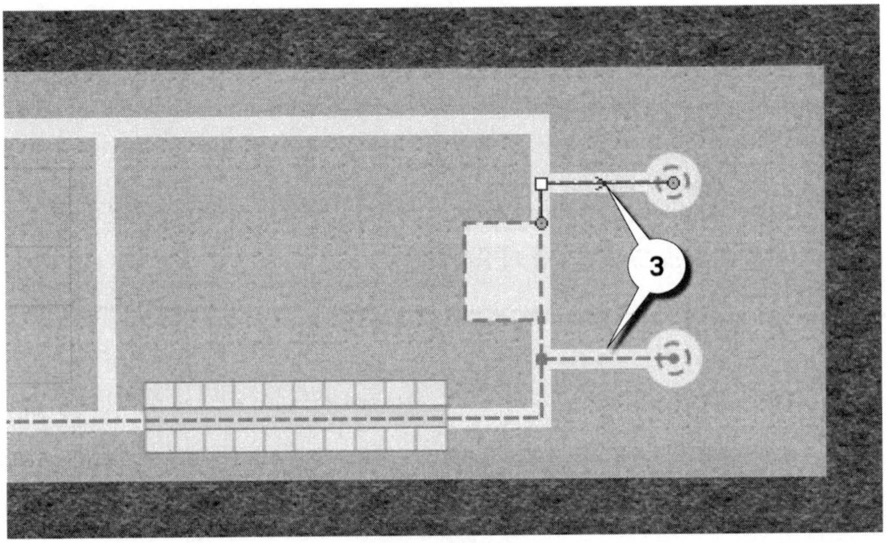

CNC기계는 리소스 단위이며, 리소스 타입을 만들고 **ResourcePool** 블록을 사용하여 리소스 풀을 정의하여 모델에 추가한다.

4. **Process Modeling Library**에서 **ResourcePool** 블록을 클릭하여 **Main** 다이어그램으로 드래그한다.

5. **ResourcePool** 블록의 **Properties** 영역에서 다음을 수행한다.

   a. **Name** 입력박스에서 *cnc*라고 입력한다.

   b. **Resource type** 목록에서 **Static**(정적)을 클릭하여 static 리소스임을 반영한다.

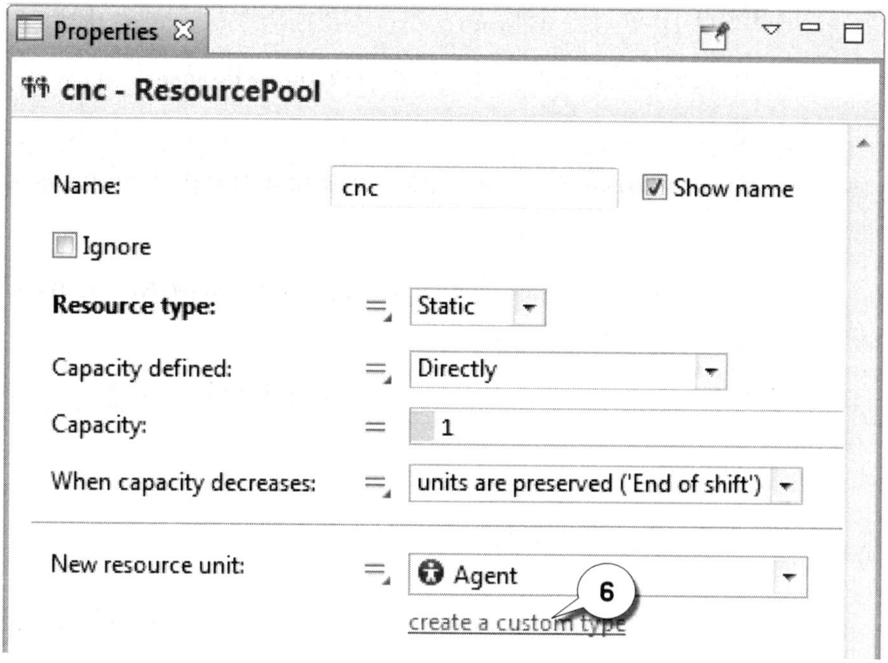

리소스 풀이 완료되면, 새로운 리소스 타입을 만들 준비가 된 것이다.

6. **New resource unit**(새 자원 단위) 목록에서 **create a custom type**(사용자 정의 타입 생성) 작성 링크를 클릭한다.

7. **New agent** 마법사에서, 다음을 수행한다.

   a. **Agent type name** 입력박스에서 *CNC*를 입력한다.

   b. **Next**를 클릭한다.

   c. 마법사의 다음 페이지에서, 마지막 섹션(CNC Machine)을 확장하고 **CNC Vertical Machining Center 2 State 1**을 선택한다.

   d. **Finish**를 클릭한다.

8. 새로운 *CNC*타입의 다이어그램을 닫고 *Main* 다이어그램으로 돌아간다.

9. *cnc* **ResourcePool** 블록의 **Properties** 영역에서, 다음을 수행하여 포인트 node인 *nodeCNC1* 및 *nodeCNC2*에 의해 정의된 위치에 모델의 2대의 CNC기계를 배

치한다.

a. **Capacity defined**(정의된 용량) 목록에서 **By home location**(홈 위치에 따라)을 클릭한다.

   By home location 옵션은 이 리소스 풀에 대해 설정한 홈 위치 node 수와 동일한 수의 리소스를 설정한다.

b. 더하기 버튼 ➕을 클릭한 다음 *nodeCNC1* 및 *nodeCNC2*를 **Home location (nodes)** 목록에 추가한다.

   node를 추가한 후 목록은 아래 그림과 같아야 한다.

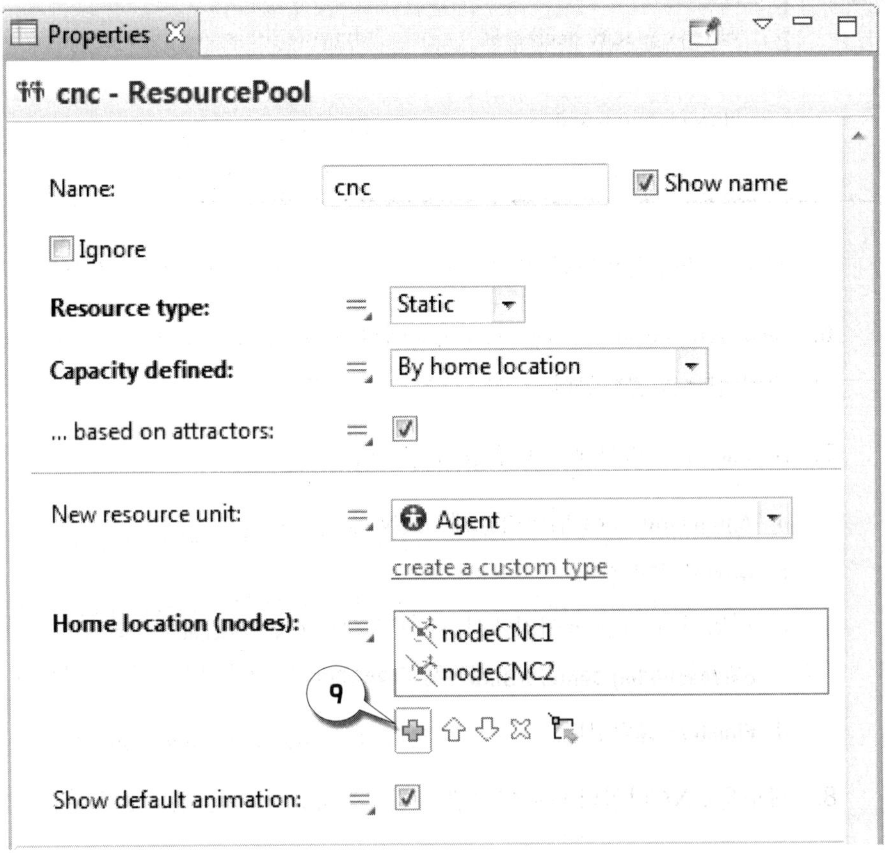

CNC기계를 점유할 **Seize** 블록을 추가하여 팰릿의 동작을 정의하기 위해서 모델

의 플로차트를 수정할 준비가 되었다. 나중에 **Delay** 블록은 CNC기계의 원자재 처리를 시뮬레이션하고 **Release** 블록은 CNC기계를 릴리스하여 다음 팰릿의 원자재를 처리할 수 있다.

참고 : 모델의 플로차트에는 이미 CNC기계에 팰릿을 운반하는 이동 리소스(지게차)를 시뮬레이션하는 *pickRawMaterial* 블록이 있다는 점을 기억하자.

10. 팰릿의 동작을 정의하는 플로차트에서 새 블록을 위한 공간을 만들기 위하여 *pickRawMateria*와 *sink* 블록을 오른쪽으로 드래그한다.

11. **Process Modeling Library**에서, **Seize**(점유)블록을 드래그하여 *rawMaterialinStorage*블록 다음에 팰릿의 플로차트에 삽입한다.

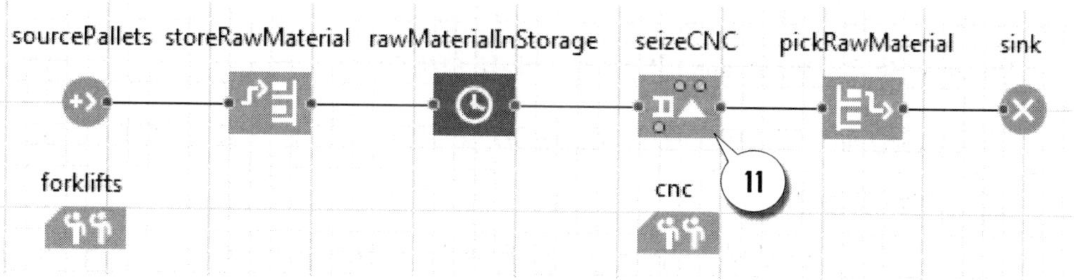

12. **Seize** 블록의 **Properties** 영역에서 다음을 수행한다

   a. **Name** 입력박스에서 *seizeCNC*를 입력한다.

   b. **Resource sets** 옵션 아래에서, 더하기 버튼 을 클릭한 다음 **cnc**를 클릭한다.

   이 단계를 완료하면 **Seize** 블록이 *cnc* 리소스 풀에서 하나의 리소스를 점유한다.

13. *pickRawMaterial* 플로차트 블록의 **Properties** 영역에서 다음을 수행한다.

   a. **Destination is**(목적지는 ~이다.) 목록에서 **Seized resource unit**(점유된 자원 단위)를 클릭한다.

   b. **Resource** 목록에서 **cnc.**를 클릭한다.

   이 블록은 팰릿이 지게차 주차영역이 아닌 점유된 CNC기계로 어떻게 이송되는

지 시뮬레이션한다.

14. CNC기계의 원자재 가공을 시뮬레이션하려면 다음을 수행한다.

   a. **Delay** 블록을 추가하고 *pickRawMaterial* 바로 뒤에 배치한 다음, 이름을 *processing*으로 지정한다.

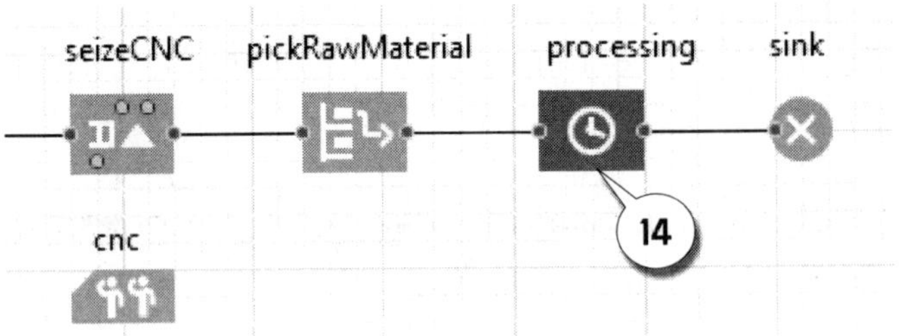

15. **Delay** 블록의 **Properties** 영역에서, 다음을 수행한다.

   a. **Delay time** 입력박스에서, *triangular(2,3,4)*를 입력하고 우측의 목록에서 **minutes**를 선택한다.

   b. 기계가 여러 팰릿을 처리할 수 있게 하려면 **Maximum capacity**(최대 용량) 체크박스를 선택한다.

Delay 블록에 도착한 각 에이전트는 모델의 두 CNC기계 중 하나를 점유하여야 한다.

16. **Process Modeling Library** 에서 **Release**(해제) 블록을 팰릿의 플로차트로 드래그하여 *processing* 블록 뒤에 놓는다.

17. 이 **Release** 블록의 이름을 *releaseCNC*로 지정한다.

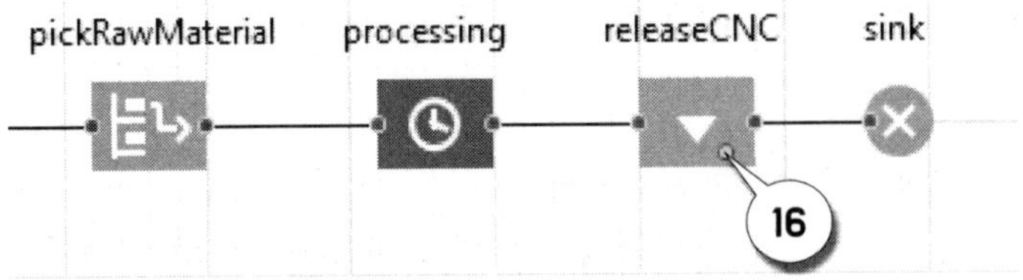

모델을 실행하면 프로세스가 정확하게 시뮬레이션 되는 동안 3D 애니메이션이 CNC기계 모양 중간에 팰릿을 그린다. 이것은 CNC기계, 처리 중인 팰릿 및 애니메이션 위치가 모두 동일한 포인트 node를 사용할 때 발생한다. 문제를 해결하려면 CNC기계를 오른쪽으로 옮기고 팰릿을 향하도록 회전시켜야 한다.

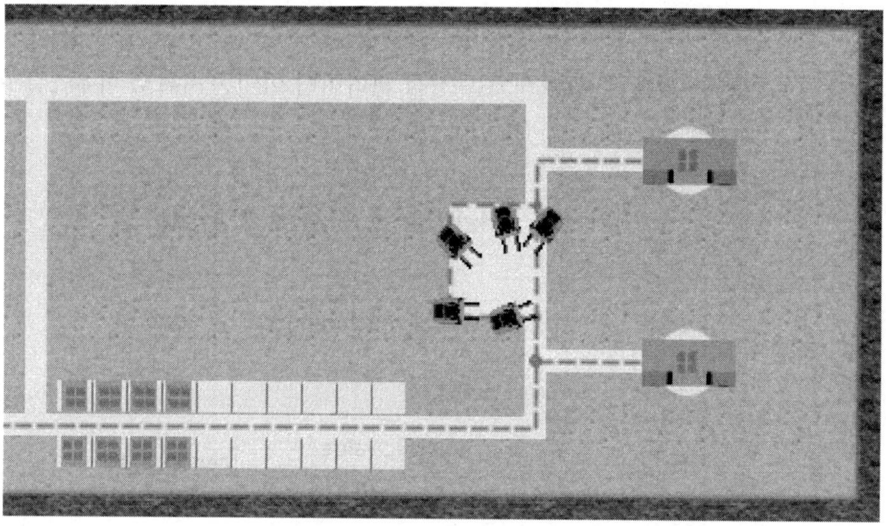

18. **Projects** 뷰에서, *CNC* 에이전트 타입을 더블클릭하여 다이어그램을 연다.

19. 애니메이션을 오른쪽으로 이동하고, 둥근 핸들을 사용하거나 그림의 **Rotation**(회전) 속성을 90 도로 설정하여 CNC기계 모양을 회전한다.

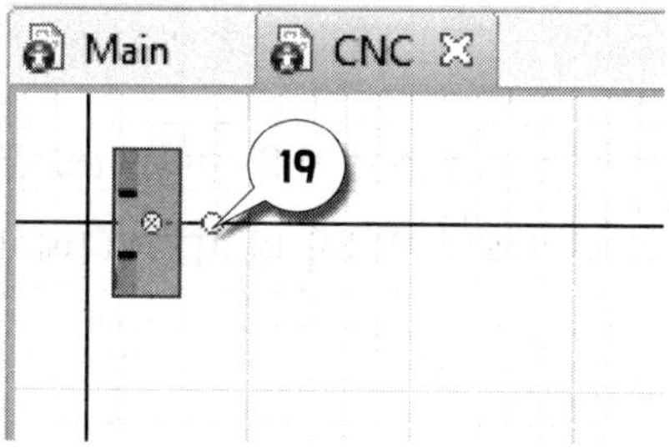

우리는 두 가지 유사한 3D 애니메이션 도형를 사용하여 CNC기계에 애니메이션을 적용할 준비가 되었다. 하나의 도형은 유휴상태의 기계를 나타내고 다른 하

나는 원자재를 처리할 때의 기계를 나타낸다. 우리는 모델이 CNC기계 상태를 사용하여 런타임에 모델이 표시할 도형을 결정할 수 있게 하는 각 도형의 **Visible**(보이기) 속성에 대한 동적값(dynamic value)을 정의할 것이다.

20. CNC 애니메이션 도형의 가시성(visibility) 설정을 변경하려면 다음을 수행한다.

a. CNC 애니메이션 도형을 선택한다.

b. **Visible** 라벨 옆에 표시되는 정적 파라미터 아이콘 = 위로 마우스를 이동하고 **Dynamic value**(동적값)를 클릭한다.

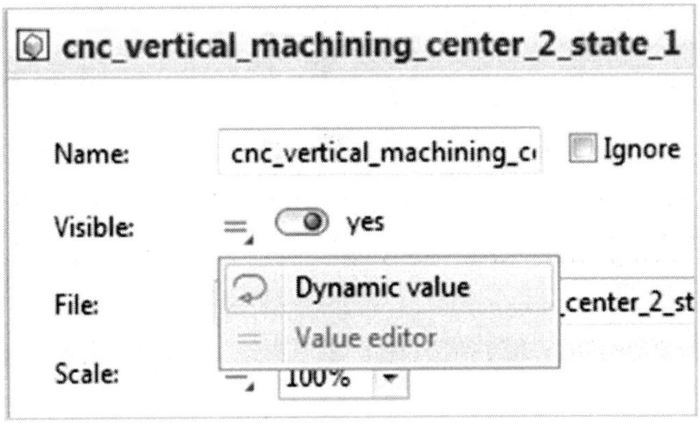

= 아이콘은 동적 속성 아이콘과 값의 동적 표현식을 정의할 수 있는 입력박스로 변경된다. 이 입력박스에 *true* 또는 *false* 값을 반환하는 Java 표현식을 입력할 수 있다.

c. 입력박스에 *isBusy()*를 입력한다.

AnyLogic resource에 대한 이 표준함수는 리소스가 사용 중이면 *true*를 반환한다. 이 경우 이 함수는 CNC기계가 원자재를 처리할 때 3D 애니메이션 도형을 표시한다.

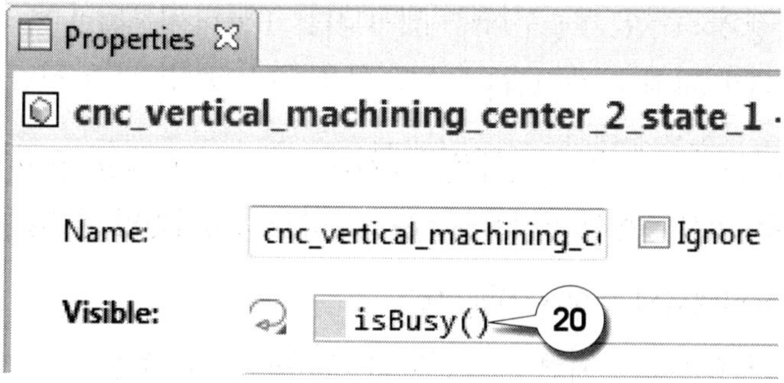

동적 속성(dynamic properties)

속성의 동적값(dynamic value)에 대한 표현식을 정의하면 모델에서 런타임 중에 모든 애니메이션 프레임에서 표현식을 재평가한 다음 결과 값을 속성의 현재 값으로 사용한다. 도형의 위치, 높이, 너비 또는 색상에 대한 동적 값을 제공하면 AnyLogic 사용자가 모델에 애니메이션을 적용할 수 있다.

동적값을 입력하지 않으면 속성은 시뮬레이션 전체에서 기본 정적 값을 유지한다.

- 플로차트 블록은 다음의 형태를 갖는다.

  Static(정적) **parameters :** *set_parameterName(새 값)* 함수가 변경하지 않는 한 시뮬레이션 전체에서 동일한 값을 유지한다.

  Dynamic(동적) **properties :** 새 에이전트가 블록에 들어갈 때마다 값이 재평가된다.

  Code(코드) **parameters : On enter** 액션이나 **On exit** 액션과 같은 플로차트 블록의 중요 순간에 실행될 동작을 정의할 수 있다. 대부분의 경우 플로차트 블록의 **Properties** 영역, **Actions** 섹션에서 찾을 수 있다.

- 파라미터 아이콘의 작은 삼각형은 아이콘을 클릭하여서, 정적 값 편집기와 동적으로 표현식을 평가한 값을 입력할 수 있는 필드 사이 간에 전환할 수 있음을 보여준다.

21. 다음을 수행하여 CNC기계가 원자재를 처리하지 않는 경우에만 볼 수 있는 애니메이션 도형을 하나 더 추가한다.

a. AnyLogic에서 바로 사용 가능한 3D 객체가 있는 **3D Objects** 를 연다.

b. **CNC Machines** 영역을 확장하고 **CNC Vertical Machining Center 2 State 2** 도형을 *CNC* 다이어그램으로 드래그한다.

c. 도형을 회전시켜 첫 번째 애니메이션 그림 위에 직접 놓는다.

d. **Visible** 입력박스에서 동적 값 편집기로 전환하고, 도형의 **Visible** 속성에 대한 동적 표현식으로 *isIdle()*을 입력한다.

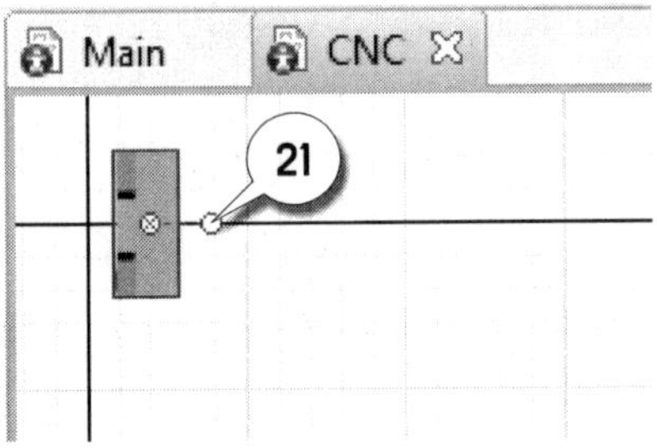

22. **3D Objects** 의 **People** 섹션을 확장하고, **Worker** 도형을 *CNC* 다이어그램으로 드래그한다.

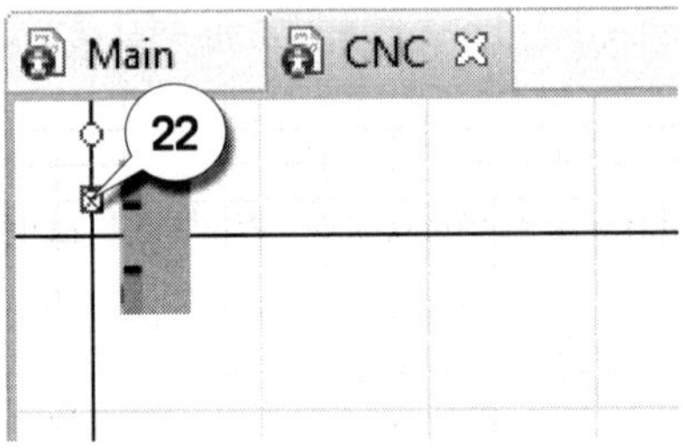

23. 모델을 실행하고 프로세스를 관찰해보자.

지게차가 팰릿을 처리하기 위해 어떻게 CNC기계로 운반하는 지 확인할 수 있다. 또한 상태에 따라 3D 도형을 변경하여 움직이는 CNC기계도 볼 수 있다.

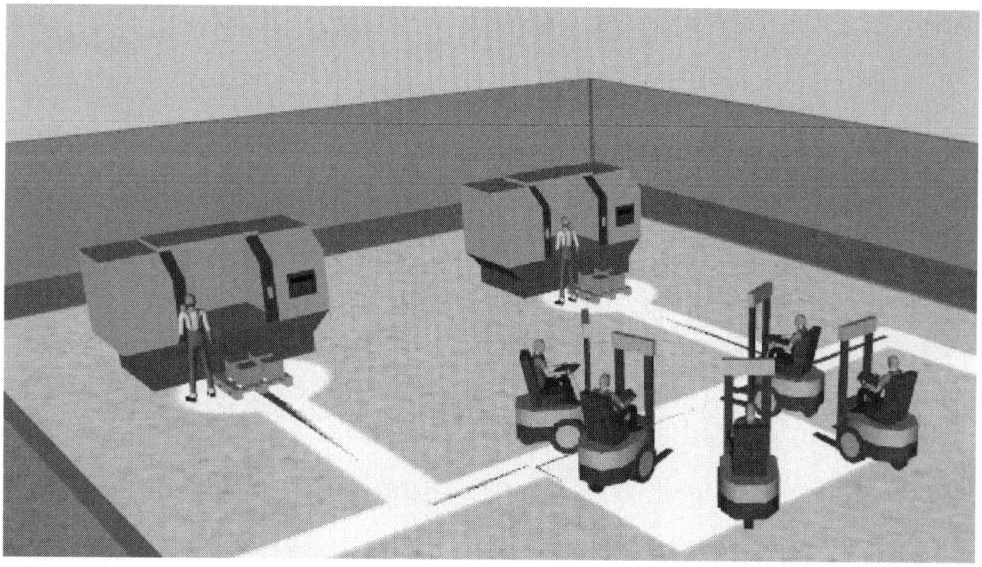

우리는 작은 작업장(job shop)에서 제조 및 출하 과정을 시뮬레이션하는 간단한 모델을 완성하였으며, 이제 AnyLogic 리소스에 대한 기본 지식과 함께 작업하는 방법을 배웠다. 또한 **Process Modeling Library** 블록에서 생성된 플로차트를 사용하여 프로세스 로직을 정의하는 방법을 알게 되었다.

다음 단계는 완제품 팰릿이 선적될 때까지 머물러 있을 선적장의 다른 저장 영역으로 이동하는 방법을 모델링하는 것이다. 여러분은 프로세스에서 이 부분을 모델링하는데 필요한 블록을 이미 사용했으므로 이 로직을 직접 추가할 수 있다.

다음 실습에서는 프로세스 중심의 플로차트도 사용하겠지만, 이번에는 보행자(pedestrian) 모델을 실습하겠다.

4장. 보행자(Pedestrian) 모델링

보행자 교통 시뮬레이션(pedestrian traffic simulation)은 쇼핑센터, 공항, 기차역 및 경기장과 같은 시설을 건설, 확장 또는 재설계하는 데 있어서 중요한 부분이다. 이러한 분석은 건축가가 설계를 개선하고 시설 소유자가 건물변경 가능성을 검토하고 시설 운영자가 가능한 대피경로를 시뮬레이션하는 데 도움이 될 수 있다. 보행자 흐름은 복잡할 수 있으므로 본격적인 시뮬레이션이 필요하다.

보행자는 상세한 이론 연구에 의해 결정된 기본 규칙을 따른다. 그들은 미리 정해진 속도로 움직이고, 벽과 같은 다른 물리적인 공간을 피하며, 거리와 속도를 조절하기 위해 주변의 군중에 대한 정보를 사용한다. 그 결과는 현장연구 및 고객 응용분야에서 여러 번 입증되었다.

특정 지점 간의 총 이동시간과 같은 측정항목을 만들 수 있고 실험을 변경하여 혼잡이 심한 시간에 이러한 측정항목에 대하여 하이라이트 할 수 있다. 마지막으로, 보행자 흐름 분석을 더 쉽게 이해할 수 있도록 배경 레이아웃, 평면도 및 지도를 가져와서 여러 3D 뷰를 만들 수 있다.

AnyLogic은 이러한 보행자 교통 문제를 해결하는 데 도움을 줄 수 있다.

- *시간 및 처리량 계산.* 슈퍼마켓, 지하철 또는 기차역 또는 공항건물을 설계한다고 가정하자. 이동시간을 최소화하고 보행자 흐름이 서로 방해하지 않도록 레이아웃을 만드는 것이 목표라면 AnyLogic 시뮬레이션은 정상, 특별 또는 피크 볼륨 조건을 쉽게 테스트할 수 있다.
- *보행자 교통 영향 분석.* 테마파크, 박물관 및 스포츠 경기장과 같이 교통량이 많은 지역의 관리자는 시뮬레이션을 사용하여 새로운 키오스크 또는 이전된 광고패널과 같은 변경 사항이 운영, 보행자 이동시간 및 고객 경험에 미치는 영향을 이해할 수 있다.
- *대피 분석(evacuation analysis).* 자연 및 인위적 재해의 빈도가 증가함에 따라 대피계획을 평가하고 최적화하는 것이 중요하다. 응급상황 모델링은 응급기관이 생명을 구하는 효과적인 대피계획을 수립하는 데 도움이 된다.

공항 모델(Airport model)

승객이 각각의 게이트가 있는 두 항공사가 입점해 있는 소형 공항에서 승객이 어떻게 움직이는 지 시뮬레이션하는 모델을 만들어 보겠다. 승객은 공항에 도착하여 체크인하고 보안 검색대를 통과한 다음 대기지역으로 이동한다. 탑승시작 후, 각 항공사 직원은 탑승을 허가하기 전에 승객의 항공권을 확인한다.

우리는 6단계 접근법을 사용하여 모델을 개발할 것이다. 마지막 단계에서는 데이터베이스의 비행 데이터 (Microsoft Excel 스프레드 시트에서 사용 가능)를 읽는 방법과 보행자에게 비행 정보를 할당하여 보행자를 구성하는 방법을 배우게 된다.

1단계. 간단한 보행자 흐름 정의

첫 번째 단계에서는 AnyLogic의 *Pedestrian Library*를 사용하여 승객이 도착한 후 게이트로 이동하는 간단한 공항 모델을 만든다.

보행자 라이브러리(Pedestrian Library)

- 이산사건 및 대기행렬과 같은 기존 모델링 방법은 보행자 이동량이 많은 지역에서는 제대로 작동하지 않을 수 있다.
- AnyLogic의 Pedestrian Library는 지하철역, 보안 검색대 및 거리와 같이 다수의 보행자가 있는 건물 및 지역의 모델을 만들 수 있게 하여 "물리적" 환경에서의 보행자 흐름을 시뮬레이션한다.
- 모델에서 보행자는 장애물과 서로 반응하는 동안 연속된 공간에서 움직이고, 이를 통해 특정 지역의 보행자 밀도에 대한 데이터를 수집하고 가설할 도로가 있는 서비스 지점의 허용 가능한 성능수준을 확인하고 보행자가 특정 지역에 머무르는 기간을 예측하고 장애물 추가 또는 제거와 같은 실내 변경으로 인해 발생할 수 있는 잠재적 문제를 감지할 수 있다.

대부분의 경우 시뮬레이션된 건물의 레이아웃을 추가하고 그 위에 벽을 그려 보행자 다이내믹스 모델을 작성하기 시작한다.

1. 새 모델을 만들고 이름을 *Airport*로 지정한다. 모델 시간 단위로 분을 선택한다.
2. **Presentation** 의 **Image** 를 *Main* 다이어그램으로 드래그한다.
3. 표시할 이미지 파일을 선택한다. 이 예제에서는 *AnyLogic 폴더/resources/Any-*

*Logic in 3 days/Airport*의 terminal.png 이미지 파일을 선택한다.

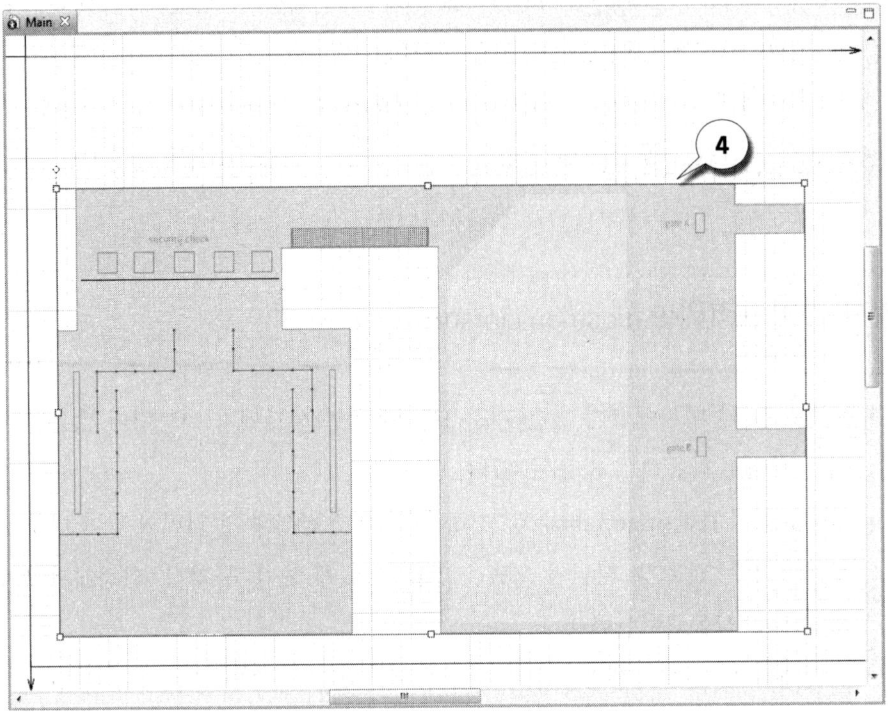

4. *Main* 다이어그램에서 이미지를 파란색 프레임의 왼쪽 하단 모서리에 놓는다. 이미지가 왜곡되면 **Reset to original size**(원래 크기로 재설정) 버튼을 클릭한 다음 **Lock** 체크박스를 선택하여 도형 모양을 잠근다.

이제 AnyLogic의 **Pedestrian Library**에서 공간표시 도형 세트를 사용하여 보행자 모델의 공간을 정의한다. 공간표시 도형을 사용하여 벽, 서비스(보행자가 서비스를 받는 개찰구 및 매표소와 같은 위치) 및 대기영역을 그릴 수 있다.

보행자 모델을 위한 공간표시 도형(Space markup shapes)

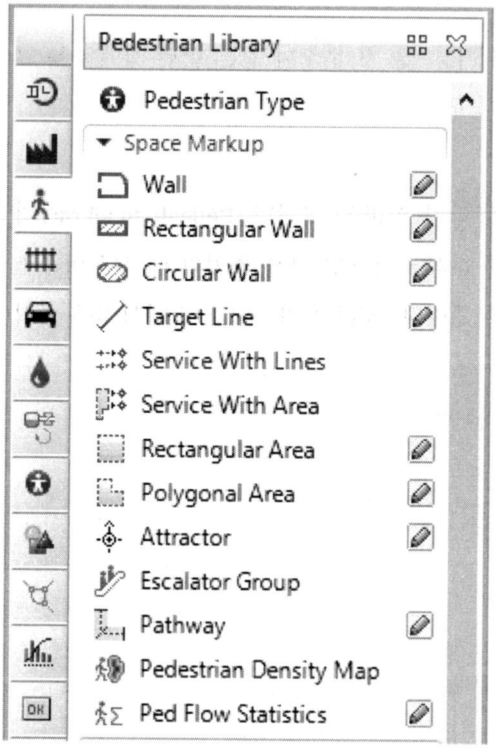

Pedestrian Library Palette의 Space Markup 섹션

보행자가 교차할 수 없는 모델 시뮬레이션 공간 내의 Wall(벽)을 사용하여 모델 생성을 시작한다. 간단히 말하면 아래의 세 가지 표시 도형을 사용하여 이미지의 벽 위에 "AnyLogic Wall"을 배치한다.

Wall

- **Wall**(벽): 이 도형을 사용하여 외부 및 내부 벽을 그린다.
- **Rectangular Wall**(사각형 벽): 이 도형을 사용하여 보행자가 접근할 수 없는 작업공간과 같은 직사각형 영역을 그린다.
- **Circular Wall**(원형 벽): 이 도형을 사용하여 기둥, 풀 및 분수와 같은 순환 장애물을 그린다.

5. **Pedestrian Library** 를 사용하여 공항의 Wall을 그린다. **Pedestrian Library**의 **Space markup** 섹션의 **Wall** 요소를 더블클릭하고 점을 추가할 때마다 마우스를 클릭하여 공항건물 경계에 Wall을 그린다. Wall의 마지막 지점에서 더블클릭한다.

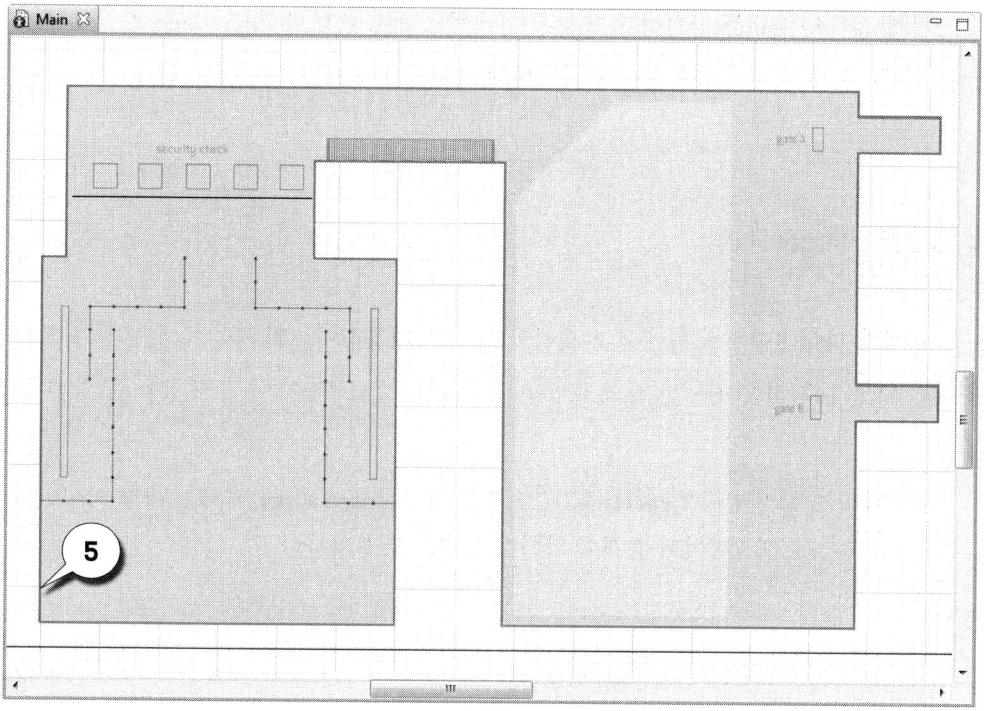

새로운 색상과 높이를 선택하여 벽의 모습을 바꿔 보자.

6. Wall의 **properties**로 이동한 다음 **Appearance** 섹션에서 **Color**를 *dodgerBlue*로 선택한다.

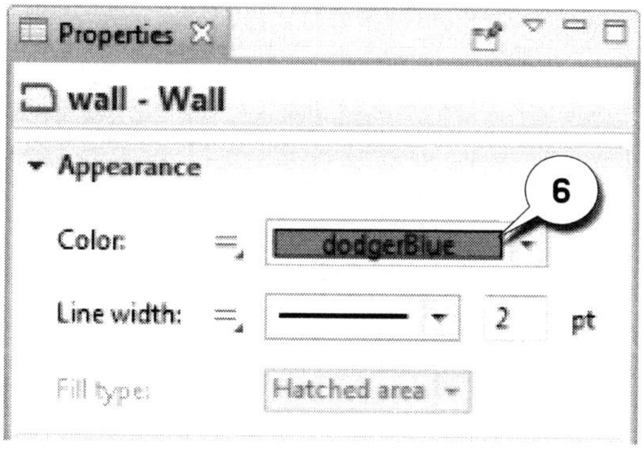

이제 건물의 Wall을 정의하고 색상을 선택했으므로, 특별한 *Target Line* 공간표시 요소를 사용하여 보행자가 공항입구에 나타나서 게이트 쪽으로 이동하도록 한다.

타겟라인(target line)

보행자 다이내믹스 모델에서 타겟라인 요소는 시뮬레이션된 공간에서 보행자가 나타나는 위치, 대기하는 곳(일반적으로 대기위치를 정의하는 영역이 있지만) 및 대상을 정의한다.

7. 아래 그림과 같이 **Target Line** 요소를 **Pedestrian Library** 에서 그래픽 다이어그램으로 드래그하여서 승객이 나타나는 위치를 정의한다.

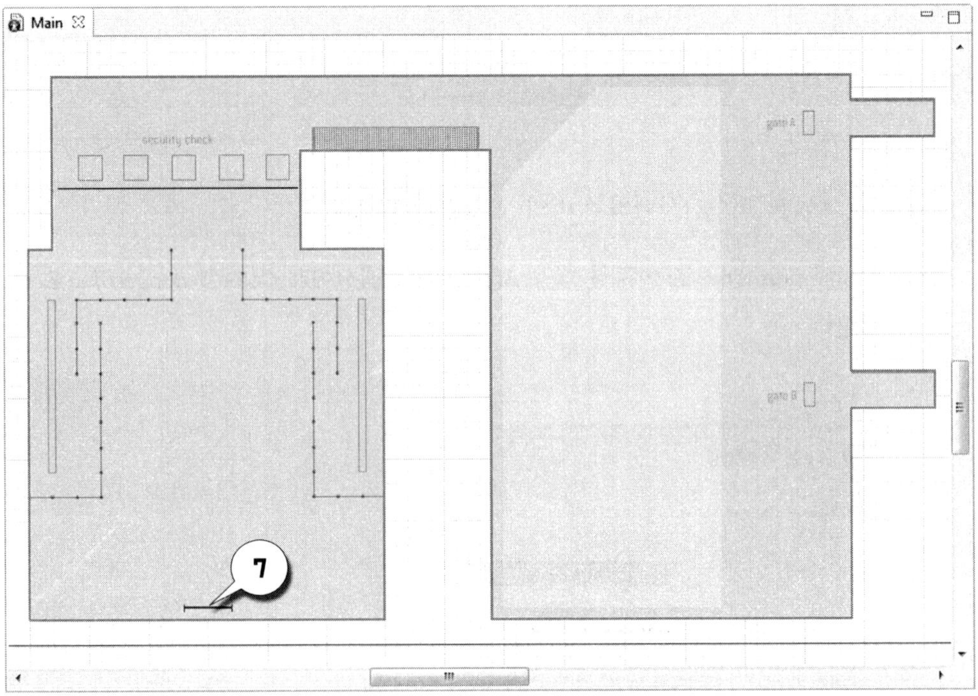

8. 타켓라인의 이름을 *arrivalLine*으로 지정한다.

9. 승객이 공항에 들어간 후 앞으로 이동할 두 번째 타겟라인을 정의하고 아래 그림과 같이 게이트 영역에 배치한 다음 이름을 *gateLine*으로 지정한다.

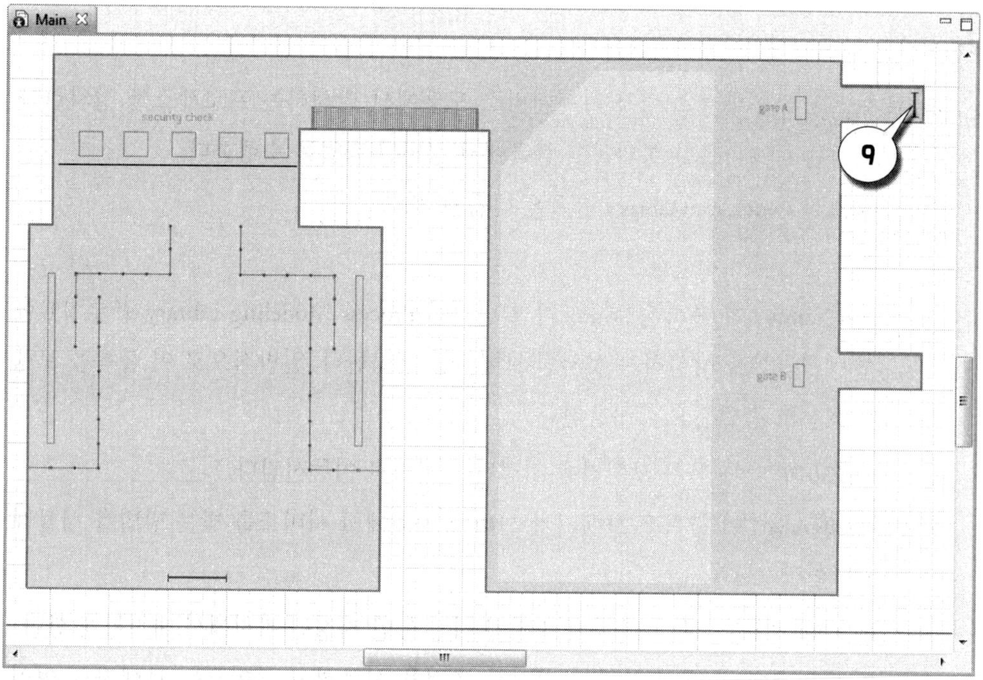

- 모델의 타겟라인 요소와 공간표시 도형이 벽 안쪽에 있어야 한다. 모델의 공간표시 도형이 벽에 닿으면 모델 런타임에 ≪Exception during the discrete event execution: Unreachable target…(이산사건 실행 중 예외: 연결할 수 없는 대상 ...)" 오류 메시지가 표시될 수 있다.

우리는 간단한 보행자 모델을 정의하는 공간을 표시했다. 이제 모델의 프로세스 로직을 정의하기 위한 플로차트를 사용할 것이다.

Pedestrian Library 플로차트 블록을 사용하여 보행자 흐름 논리 정의

플로차트를 사용하여 보행자 다이내믹스 모델에서 발생하는 프로세스를 정의한다. 모델의 보행자는 플로차트를 통과하고 블록에서 정의된 작업을 수행한다.

가장 중요한 **Pedestrian Library** 블록은 다음과 같다.

- **PedSource**: 이 블록은 Source가 일반적인 Process Modeling Library 플로차트에서 에이전트를 생성하는 것처럼 보행자를 생성한다. 일반적으로 이 블록을 보행자 흐름의 출발점으로 사용한다.
- **PedGoTo**: 이 블록은 보행자를 지정된 목적지로 이동시킨다.
- **PedService**: 이 블록은 보행자가 서비스 지점에서 서비스를 받는 방법을 시뮬레이션한다.
- **PedWait**: 이 블록은 보행자가 지정된 시간 동안 지정된 위치에서 대기하게 한다.
- **PedSelectOutput**: 이 블록은 지정된 조건을 사용하여 들어오는 보행자를 여러 경로 또는 프로세스로 라우팅한다.
- **PedSink**: 이 블록은 보행자를 제거하며, 일반적으로 보행자 흐름의 끝점으로 사용한다.

10. **Pedestrian Library**의 **PedSource** (🚶) 블록을 *Main* 다이어그램으로 드래그하여 시작한다.

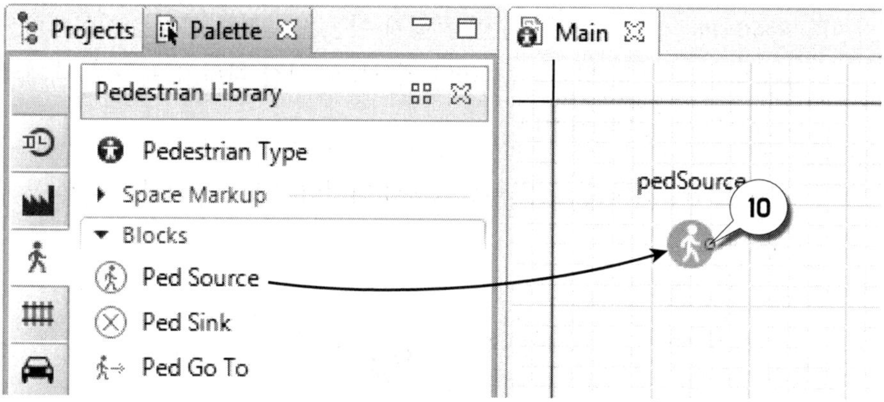

11. 승객이 시간당 평균 100명이 무작위로 도착하기를 원하면 *pedSource* 블록의 **properties**로 이동한 다음 **Arrival rate**(도착률) 입력박스에 *100*을 입력한다.

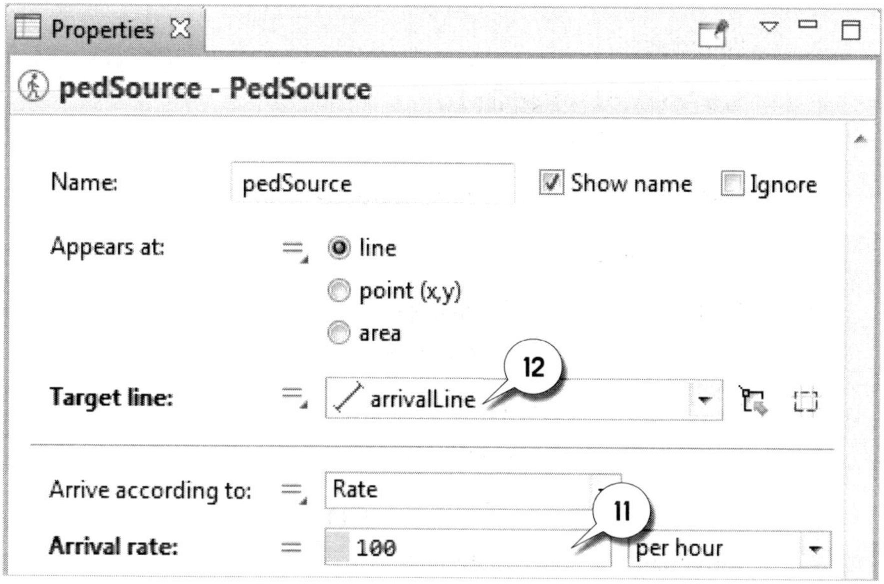

12. **Target line** 목록에서 *arrivalLine*을 클릭하여 승객이 시뮬레이션에서 나타나는 위치로 지정한다.

13. **PedGoTo** 블록을 추가하여 보행자 이동을 지정된 위치로 시뮬레이션한 다음 *pedSource*에 연결한다. 승객들이 게이트로 가길 바라기 때문에, 객체의 이름을 *goToGate1*으로 지정한다.

    블록을 연결하려면 새 블록을 그래픽 다이어그램에 추가하고 다른 블록 근처에 배치한다.

14. **Target line** 콤보 상자에서 *gateLine1*을 선택하여 이동 목적지를 지정한다.

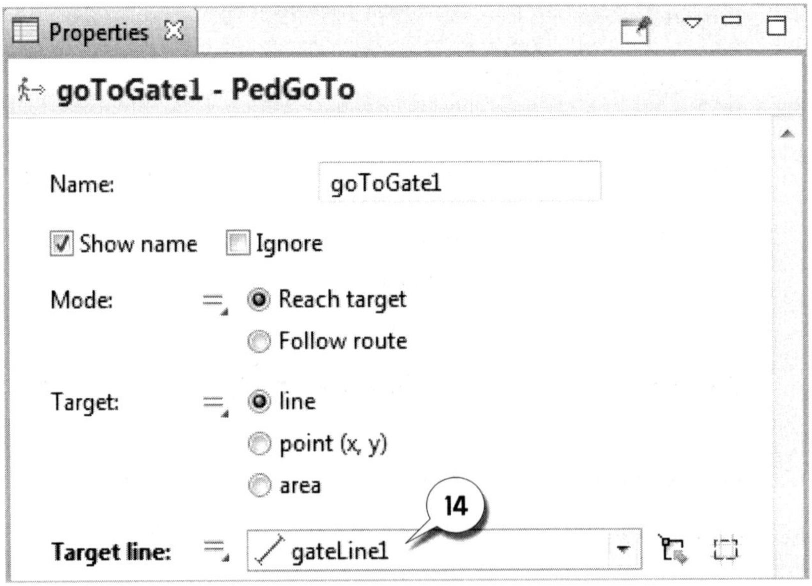

15. 들어오는 보행자를 제거하는 **PedSink** ⊗ 블록을 추가한다. 보행자 플로차트는 일반적으로 **PedSource** 블록으로 시작하여 **PedSink** 블록으로 끝난다.

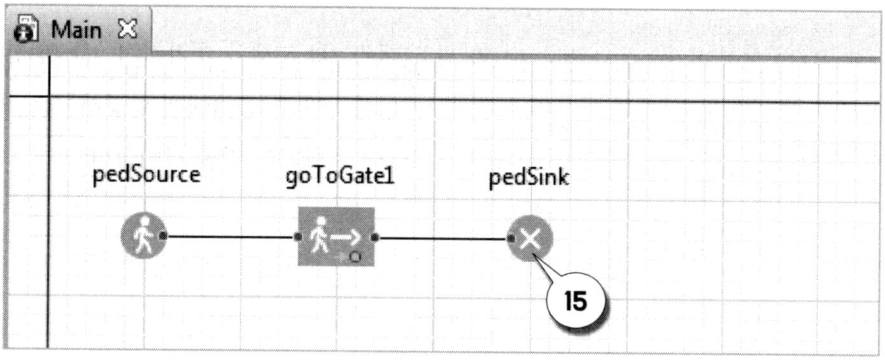

플로차트는 위의 그림과 비슷해야 한다.

16. 모델을 실행하면, 2D 애니메이션에서는 보행자가 공항입구에서 게이트로 이동하는 것을 볼 수 있다.

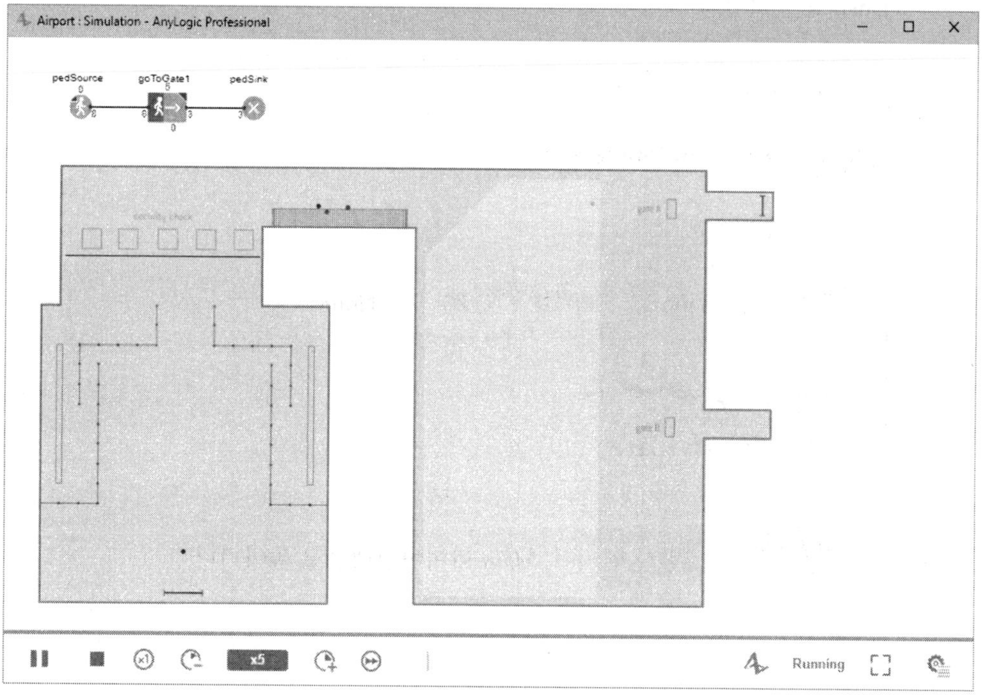

2단계. 3D 애니메이션 작성

3D의 특정 요소(3D window, 카메라)와 승객의 3D 모델을 추가하여 3D 애니메이션을 모델에 추가해 보자. 우선 사용자 3D 애니메이션 도형을 승객에게 할당하는 것으로 시작한다. 이는 사용자 정의 **Pedestrian type**을 만들어야 한다는 것을 의미한다.

> 3D 애니메이션, 사용자 정의 속성을 추가하거나 보행자 통계를 수집하려면 사용자 정의 pedestrian type을 만들어야 한다.

1. **Pedestrian Library**에서 **Pedestrian Type** 요소를 *Main* 다이어그램으로 드래그한다.
2. **New agent** 마법사에서 새 보행자 타입의 이름으로 *Passenger*를 입력하고 **Next**를 클릭한다.
3. **Agent animation** 페이지에서 **General** 목록의 첫 번째 항목인 **Person**을 선택하고 **Finish**를 클릭한다.

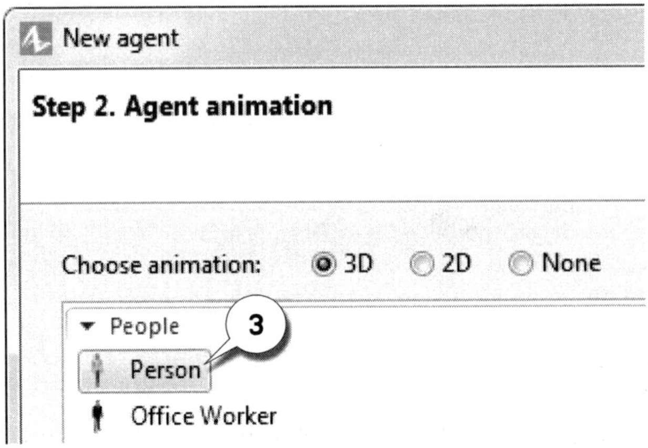

4. *Passenger* 다이어그램이 열리면, *Main* 다이어그램으로 돌아간다.

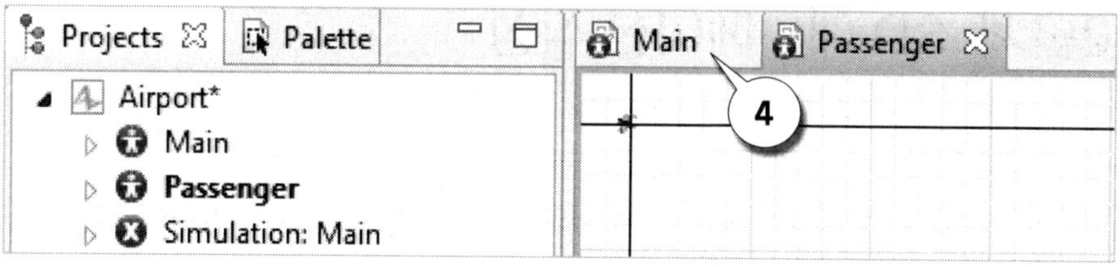

5. **Presentation** 에서 **Camera** 를 *Main* 다이어그램으로 드래그하여 터미널에 오도록 배치한다.

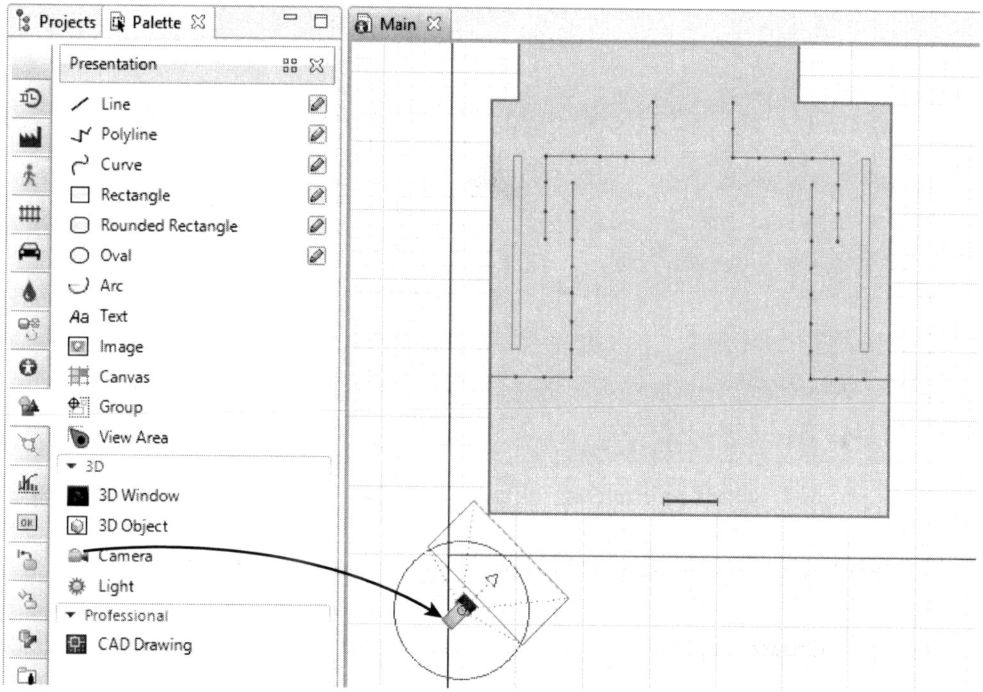

6. **3D Window** 를 *Main* 다이어그램으로 드래그하여서 터미널 레이아웃 이미지 아래에 배치한다.

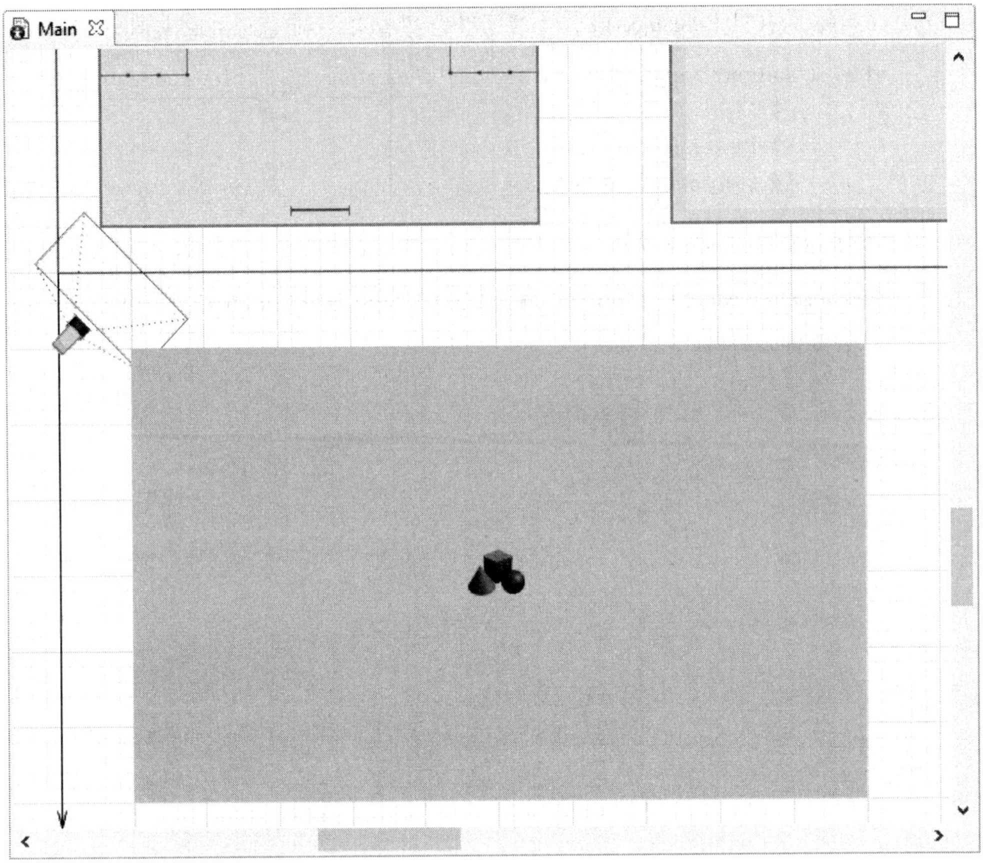

7. **3D Window** properties를 열고 **Camera** 목록에서 *camera*를 선택한다.

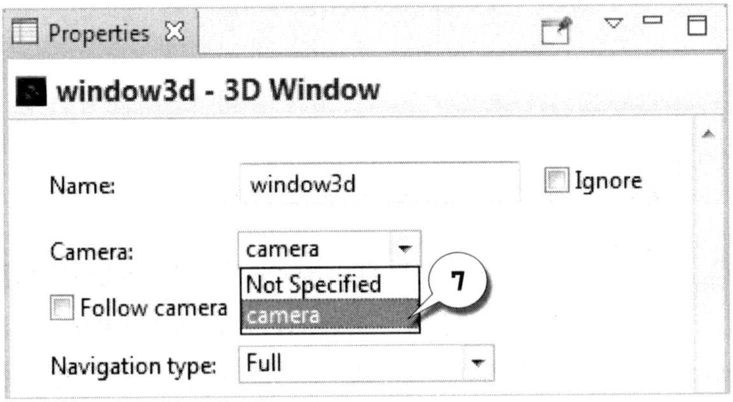

8. 우리는 사용자 *Passenger* 타입의 보행자를 만들기 위해 플로차트 블록 *pedSource* 가 필요하다. *pedSource* **properties**를 열고 **Pedestrian** 영역의 **New pedestrian** 입력 박스에서 *Passenger*를 선택한다.

9. 모델을 실행하면 보행자가 건물 안의 입구에서 게이트로 이동하는 것을 볼 수 있다. **Toggle Developer panel control**(개발자 패널 컨트롤 토글)을 클릭한 다음 **select view area to navigate**(탐색할 뷰 영역 선택) 목록에서 **[window3d]**를 선택하여 3D 뷰로 전환할 수 있다.

마우스를 사용하여 런타임 시 3D로 이동할 수 있다.

3D 장면에서 탐색

- 선택한 방향으로 마우스를 드래그하여 카메라를 왼쪽, 오른쪽, 앞 또는 뒤로 이동한다.
- 마우스 휠을 스크롤하여 장면의 중심에서 카메라를 더 가깝게 또는 멀리 이동한다.
- Alt 키와 마우스 좌측 버튼을 누른 상태에서 마우스를 드래그하여 카메라를 기준으

로 장면을 회전시킨다.

10. 장면을 탐색하여 최상의 뷰를 얻고 3D 장면에서 우측 클릭(Mac OS : CTRL + 클릭) 한 다음 **Copy camera location**(카메라 위치 복사)을 클릭한다.

11. 모델 창을 닫고 카메라의 **properties**를 연 다음 **Paste coordinates from clipboard**(클립보드에서 좌표 붙여넣기)를 클릭하여 이전 단계에서 선택한 최적의 카메라 위치를 적용한다.

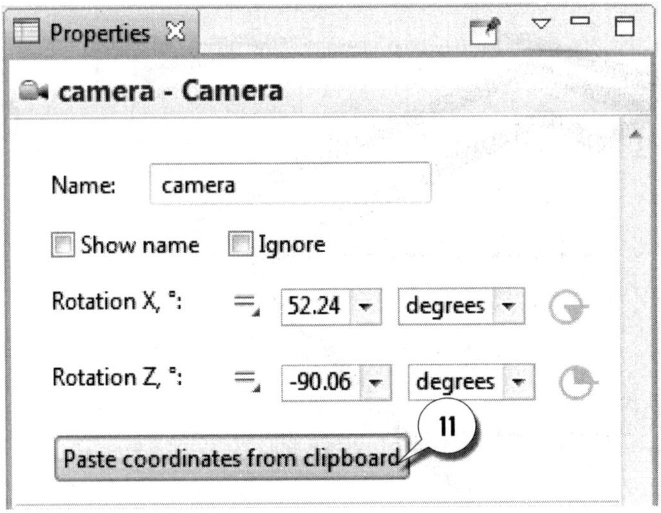

카메라를 찾을 수 없으면 **Projects** 트리를 사용하여 찾는다. 공항의 *Main* 에이전트의 **Presentation** 가지에서 찾을 수 있다.

12. 모델을 두 번째 실행하면, 새 카메라 위치에서 제공하는 3D 뷰를 볼 수 있다.

3단계. 보안검색대(security checkpoint) 추가

이 단계에서는 보안검색대를 추가하여 공항 내부에서 이루어지는 프로세스를 모델링하기 시작한다. 모든 보안검색대는 서비스 포인트이다.

보행자 모델의 서비스(Service)

보행자 흐름 시뮬레이션에서 서비스는 보행자가 서비스를 받는 개찰기, 은행카운터, 티켓판매창 및 티켓발매기와 같은 대상이다. 서비스가 사용 중이면 다른 보행자는 사용이 가능할 때까지 줄을 서서 기다린다.

모델에서 보행자가 사용할 서비스를 정의하려면 2단계 프로세스를 완료해야 한다. 이 두 단계 중 첫 번째 단계는 **Service with Lines**(라인에서 서비스) 및 **Service with Area**(영역에서 서비스) 표시 도형을 사용하여 보행자 모델 서비스를 그리는 것이다.

- **Service with Lines** - 이 도형은 보행자가 서비스가 가능할 때까지 줄을 서서 기다리는 개찰구 또는 체크아웃 영역과 같은 서비스를 정의한다.
- **Service with Area** - 이 도형은 보행자가 서비스가 가능해질 때까지 인접한 영역에서 대기하는 대기순번표가 있는 티켓발매소 또는 은행창구와 같은 서비스를 정의한다.

모델의 서비스를 작성한 후 Pedestrian Library의 **PedService** 블록을 플로차트에 추가하여 보행자 흐름 로직을 정의한다.

5개의 보안검색대를 추가한다. 즉, 각 서비스 지점에 5개의 서비스와 5개의 개별 대기열을 추가한다.

1. **Pedestrian Library**의 **Service with Lines** 요소를 터미널 레이아웃으로 드래그한다. 기본적으로 서비스에는 2개의 서비스 지점과 2개의 대기열이 있어서 서비스 지점으로 연결된다.

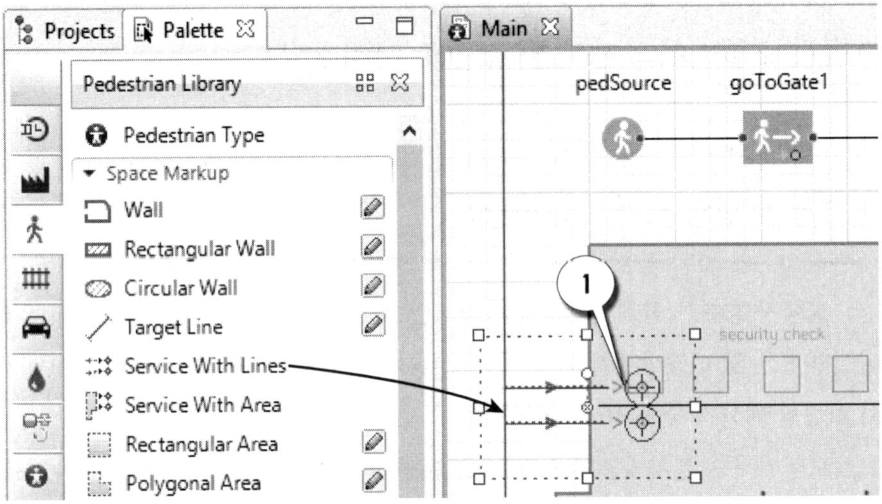

2. **Service With Lines**의 **properties** 영역을 열고, **Name** 입력박스에 도형의 이름을 *scpService*로 지정한다. 이 경우 "scp"는 보안검색대를 의미하고 **Type of service**(서비스 타입)를 *Linear*로 변경한다.

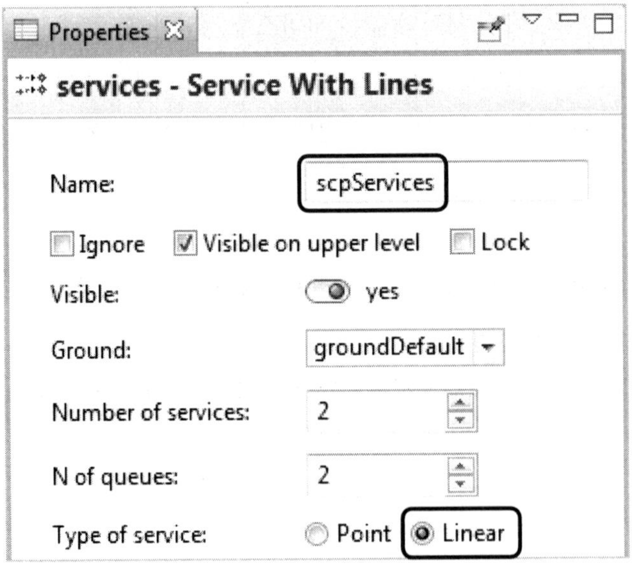

서비스 타입을 포인트서비스(point service)에서 선형서비스(linear service)로 변경하면 서비스 모양이 점에서 선으로 변경된다.

보행자 모델에서의 선형 및 포인트 서비스

보행자 서비스는 선형서비스(linear service) 또는 포인트서비스(point service)일 수 있다.

- 회전식 문과 같은 선형서비스에서 보행자는 선의 시작점에서 선의 끝점까지 계속 이동한다.
- 티켓 발매창과 같은 포인트서비스에서의 보행자 서비스는 보행자가 지정된 지연 시간 동안 대기하는 특정지점에서 발생한다.

우리는 모델에서 승객이 서비스 라인을 따라 걷고 보안검색대의 금속탐지기를 통과하도록 선형서비스를 사용하고 있다. 이제 선형서비스 지점이 금속탐지기를 나타내는 공간 홀더(space holder)와 수직으로 교차하는지 확인한다.

3. 도형의 중심 위의 둥근 핸들을 사용하여 서비스를 회전시킨다.

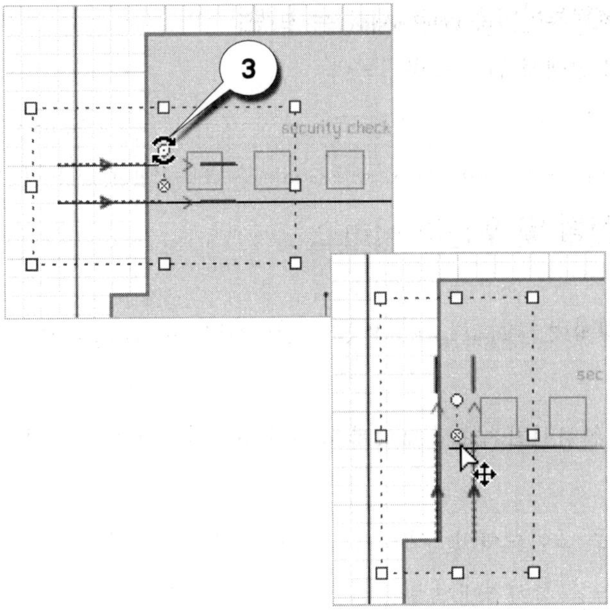

4. 첫 번째 선형서비스가 금속탐지기 프레임을 나타내는 사각형을 교차하도록 서비스를 이동한다.

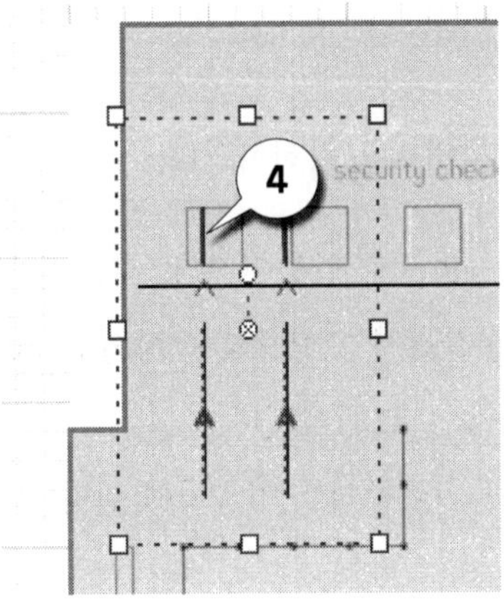

격자(grid)의 제약 없이 요소를 이동시키는 방법

요소를 격자(grid)에 자동으로 정렬하지 않고 요소를 이동시키려면 요소를 이동시킬 때 Alt 키를 누르고 있거나 툴바의 **Enable/Disable Grid**(격자 활성/비활성) 버튼을 사용하여 격자를 비활성화한다.

5. 다음 서비스 라인을 선택한다.

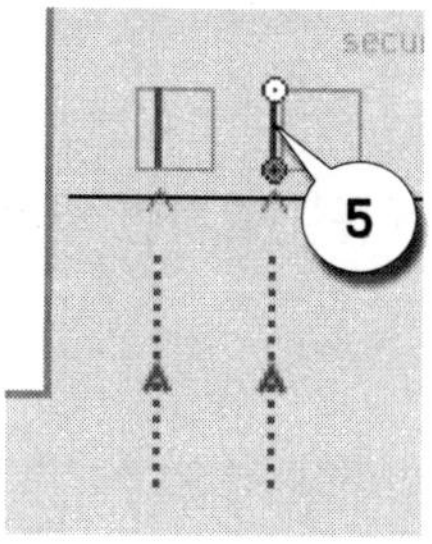

복합 공간표시 도형

복합 공간표시 도형은 여러 개의 구성요소 도형으로 만들어진다. 예를 들어, **Service with Lines** 도형은 **Service** 및 **Queue Line**(대기열) 공간표시 도형으로 구성되고, **Service with Area** 도형은 **Service** 도형과 **Polygonal Area**(다각형 영역)로 구성된다.

복합 공간표시 도형으로 작업할 때는 다음 규칙에 주의를 기울여야 한다.

- 첫 번째 클릭만으로 복합 공간표시 도형(**Service with Lines**) 전체가 선택된다.
- 복합 공간표시 도형을 선택한 후에는 구성 요소의 도형(**Service** 또는 **Queue Line**)을 클릭하여 선택할 수 있다.

6. 두 번째 보안검색대 자리 표시 위에 서비스 라인을 정확하게 배치한 다음 대기열 위치를 조정한다.

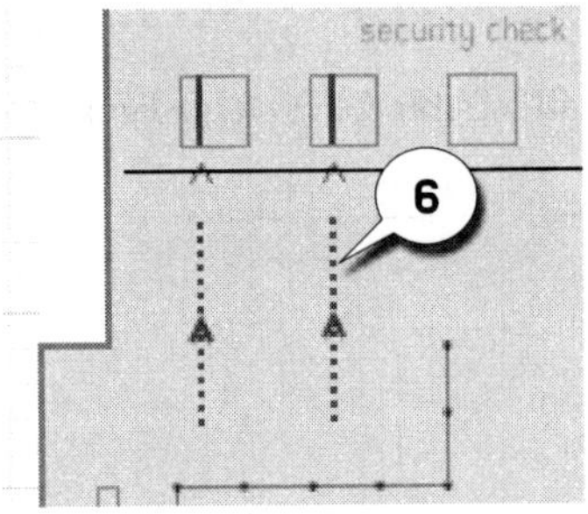

7. **Service with Lines** 도형의 **properties**로 이동한 다음, **Number of services** 및 **Number of lines**를 모두 5로 변경한다.

8. 필요한 경우 새 서비스 및 대기열을 조정한다. 이 단계를 완료하면 서비스 모양이 아래 그림과 같아야 한다.

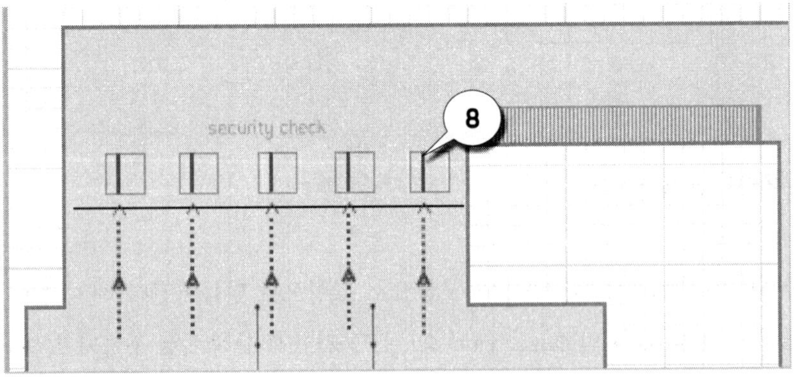

이제 서비스를 작성했으므로 모델의 로직에 추가한다. **PedService**라는 특수한 **Pedestrian Library** 블록을 사용하여 승객이 보안검색대 서비스를 통과하는 방법을 시뮬레이션한다.

9. **PedSource**와 **PedGoTo** 블록 사이의 플로차트에 **PedService** 블록을 추가하여 보행자가 참조된 **Service with Lines** 도형을 사용하여 정의한 서비스를 통과하게

한 다음, *securityCheck*라는 이름으로 지정한다.

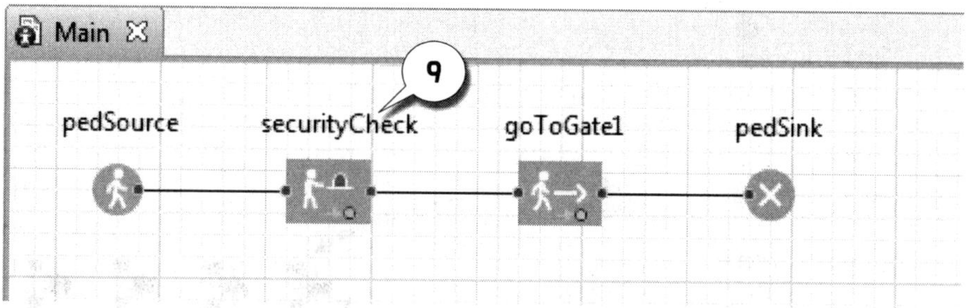

10. *securityCheck* 블록의 **properties**로 이동하고, *scpServices* 서비스를 **Services**로 선택한다.

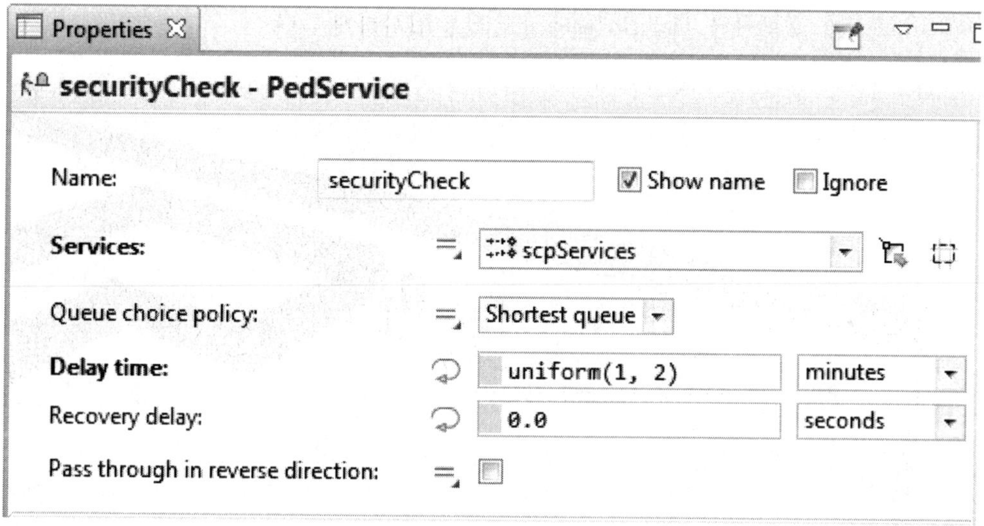

11. 보안검색대를 통과하는 데 1 ~ 2 분이 소요된다고 가정하므로 **Delay time**으로 *uniform(1, 2)* **minutes**를 입력한다.

12. 이제 보안검색대의 3D 모델을 추가한다. **3D Objects** 에서 **Airport** 섹션의 *Metal Detector* 및 *XRay Scanner* 요소를 사용하여 5개의 보안검색대를 그린다. 3D 객체의 배율을 변경하라는 메시지 상자가 나타나면, **Do not ask me again**(다시 묻지 않음) 옵션을 선택하고 **OK**를 클릭한다.

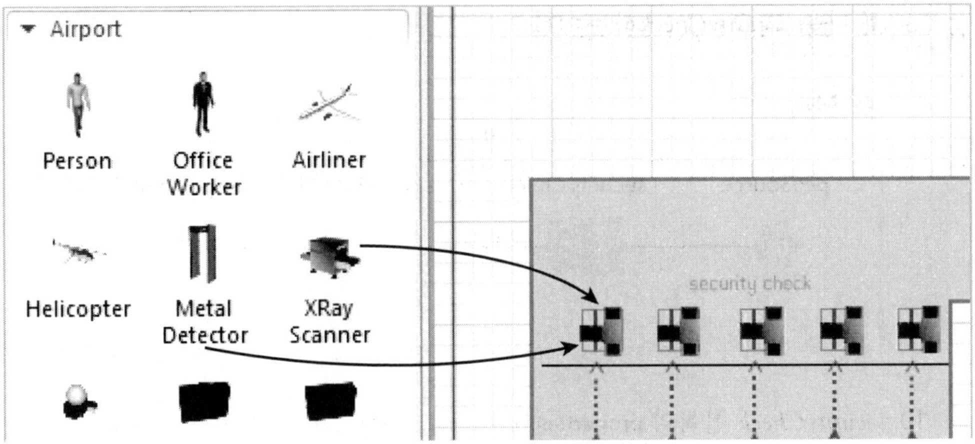

13. 모델을 실행하면, 보안검색대에서 승객을 검사하게 된다.

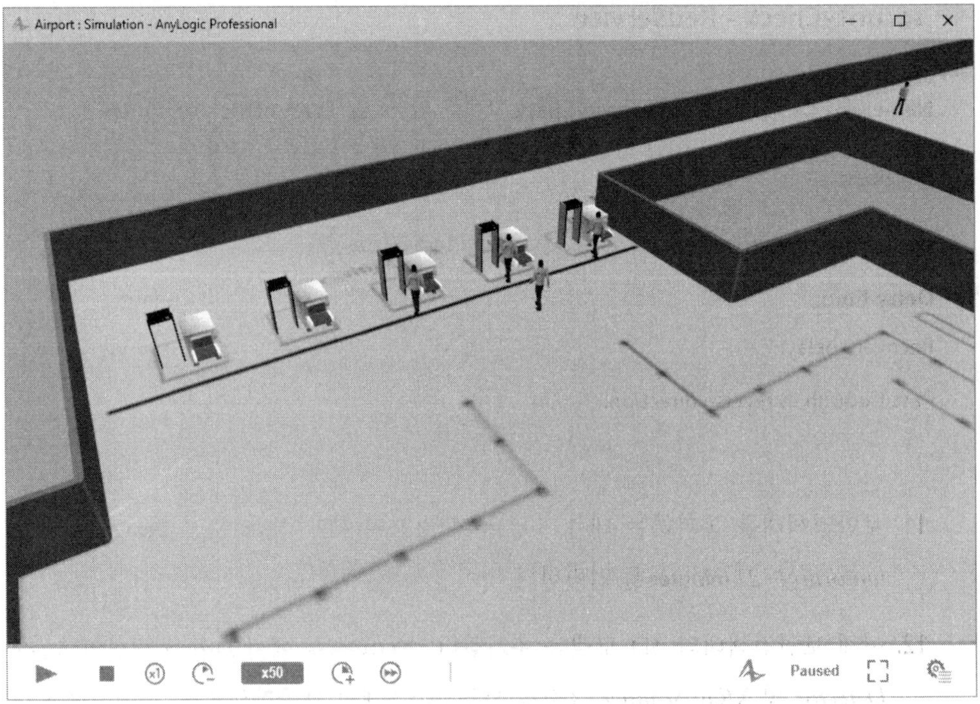

4단계. 체크인 시설 추가

우리는 승객들이 비행기 탑승수속을 할 수 있는 몇 가지 방법을 나타내는 방식으로 공항의 체크인 시설을 시뮬레이션할 준비가 되었다.

1. 체크인 위치를 다른 **Service with Lines** 도형으로 그린다. 이번에는 4개의 서비스 지점과 1개의 "지그재그 형태의" 대기열(승객들이 항공편을 체크인하는 곳에서 일반적인 벨트로 만들어 놓은 대기열)이 필요하다.

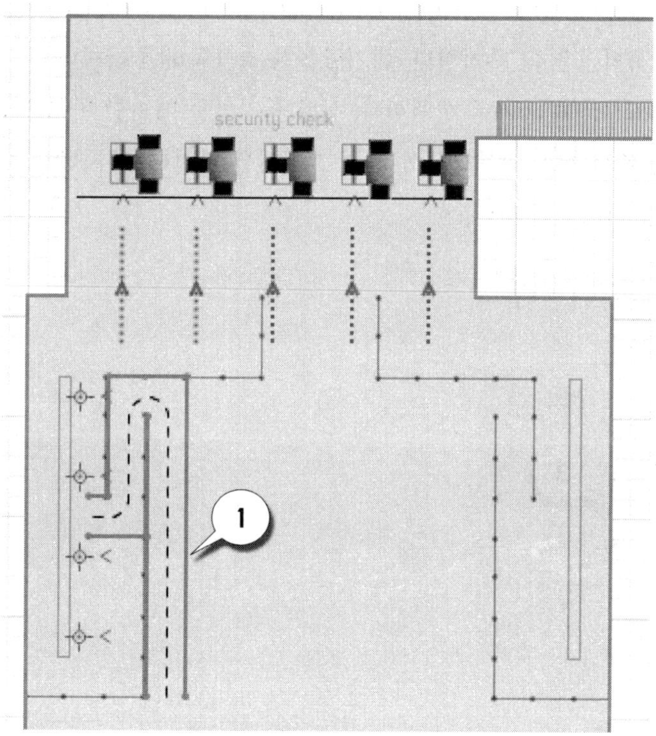

2. 서비스 이름을 *checkInServices*로 지정하고, 도형을 아래 그림에 표시된 위치에 놓는다. 그림과 같이 선을 보이게 하려면 선을 필요한 위치로 이동시킨 다음 선

이 선회하기 시작하는 끝점을 배치한다.

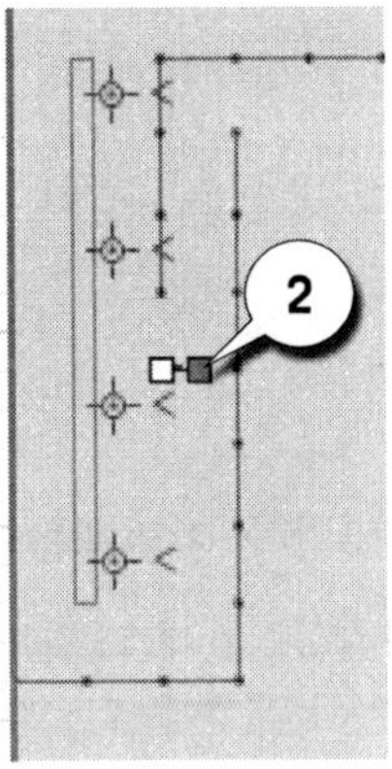

3. 선에 꺽이는 꼭지점을 더 추가한다. 대기열을 우측클릭하면 나타나는 팝업 메뉴에서 **Add points**(포인트 추가)를 선택한다. 선의 꼭지점을 배치할 위치를 클릭하여 더 많은 점을 추가한다. 더블클릭하여 선 그리기를 마친다. 마지막으로 다음 양식의 대기열을 가져와야 한다.

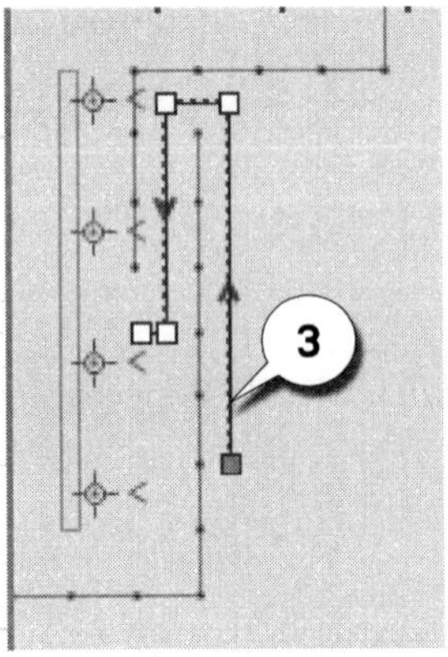

4. 이 **Service with Lines** 도형의 properties에서 **Type of queue**(대기열 타입)를 **Serpentine**(지그재그 형태)으로 변경한다. 이 옵션을 사용하여 지그재그 형태의 대기열을 시뮬레이션하면 대기열에 경계가 있음을 알 수 있다. 3D 애니메이션에서

는 벨트 형태의 장벽으로 보인다.

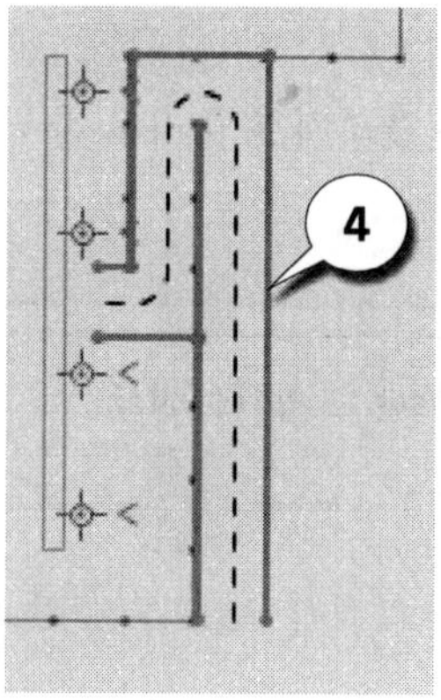

5. 다른 **PedService** 블록을 추가하고 그 이름을 *checkInAtCounter*로 지정한다.

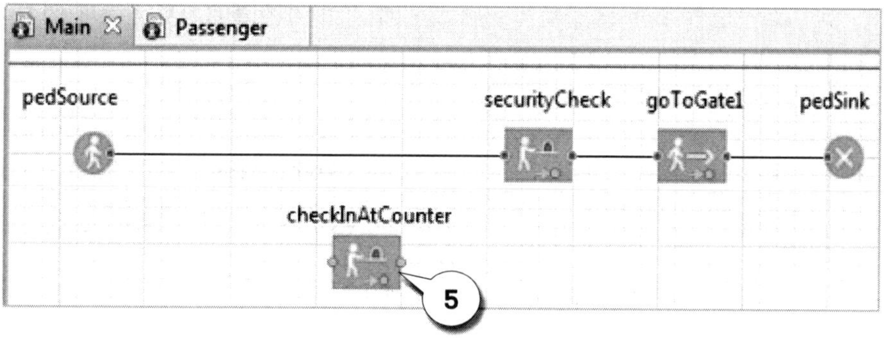

6. 블록의 properties에서 공간표시 도형인 *checkInServices*를 **Services**로 선택한다.

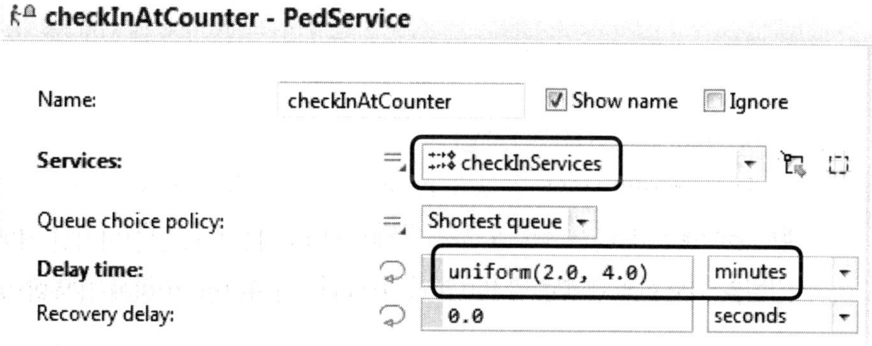

7. 체크인에 2 ~ 4 분이 소요된다고 가정하므로 **Delay time**에 *uniform(2, 4)* **minutes**를 입력한다.

8. **PedSelectOutput** 블록을 추가하여 승객을 다른 플로차트 분기로 라우팅한다.

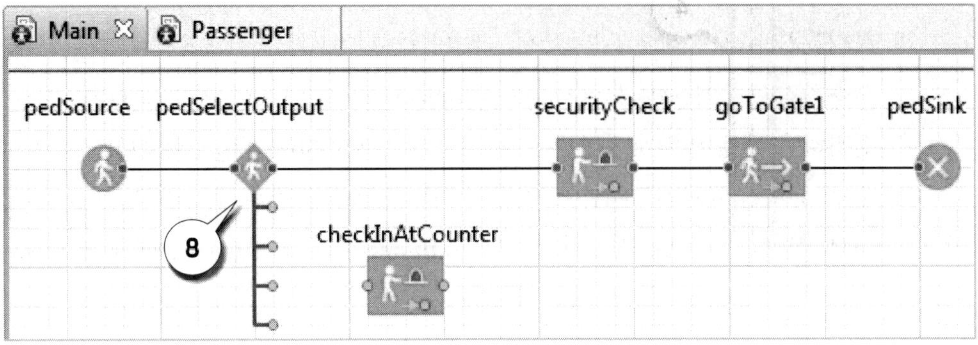

9. *checkInAtCounter* 블록을 아래 그림과 같이 기존 플로차트 블록에 연결한다.

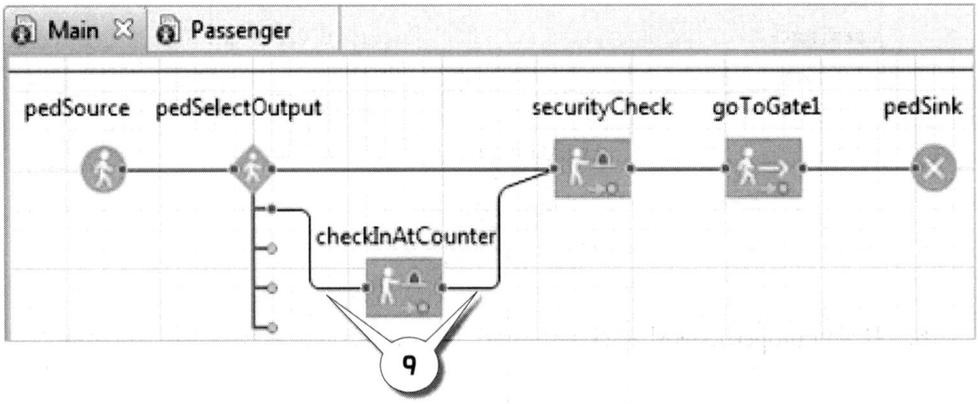

커넥터(connectors) 그리는 방법

모델의 플로차트 블록은 서로를 가까이 배치할 때 자동으로 연결되지만 커넥터를 사용하여 블록을 수동으로 연결할 수도 있다. 커넥터를 그리려면 첫 번째 블록의 포트를 더블클릭한 다음 다른 블록의 포트를 클릭한다. 연결선에 꼭지점을 추가해야 하는 경우 클릭하여 추가한다. 커넥터를 그린 후 커넥터를 더블클릭하면 나타나는 점을 드래그하여 꼭지점을 추가할 수 있다. 꼭지점을 제거하려면 그 점을 더블클릭한다.

10. 우리는 30%의 승객이 온라인으로 체크인하고 70%가 카운터에서 체크인한다고 가정하기 때문에 *pedSelectOutput*의 **Probability 1**을 *0.3*으로, **Probability 2**를 *0.7*로 설정하여 이 동작을 모델링한다. 이 조치로 승객의 30%가 플로차트의 상부 지점으로, 승객의 70%가 하부 지점으로 연결된다. AnyLogic이 승객을 블록의 아래 3개의 출력 포트로 라우팅하지 못하도록 **Probability 3**, **Probability 4** 및 **Probability 5**를 *0*으로 설정해야 한다.

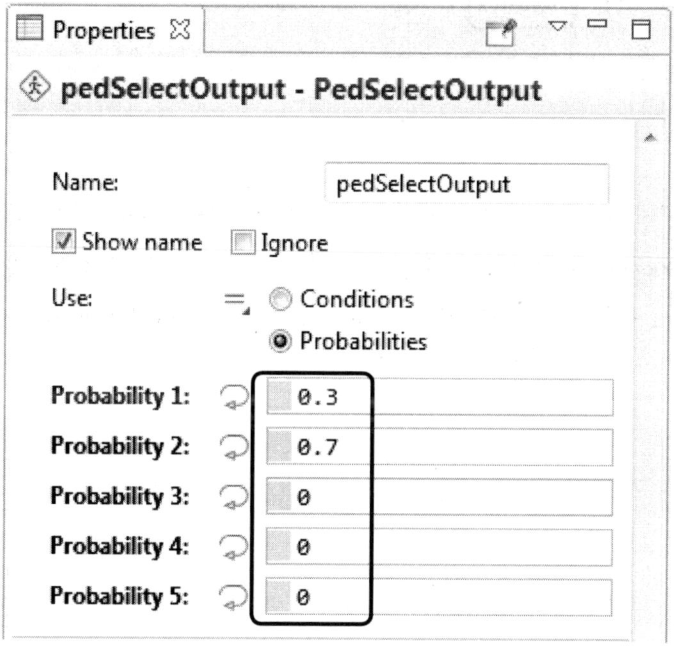

11. 바로 사용할 수 있는 3D 모델을 공항의 체크인 구역에 추가해 보겠다. **3D Objects** 탭에서 **People** 섹션을 확장한 다음 *Office Worker*와 *Woman 2*의 두 복사본을 다이어그램에 추가한다.

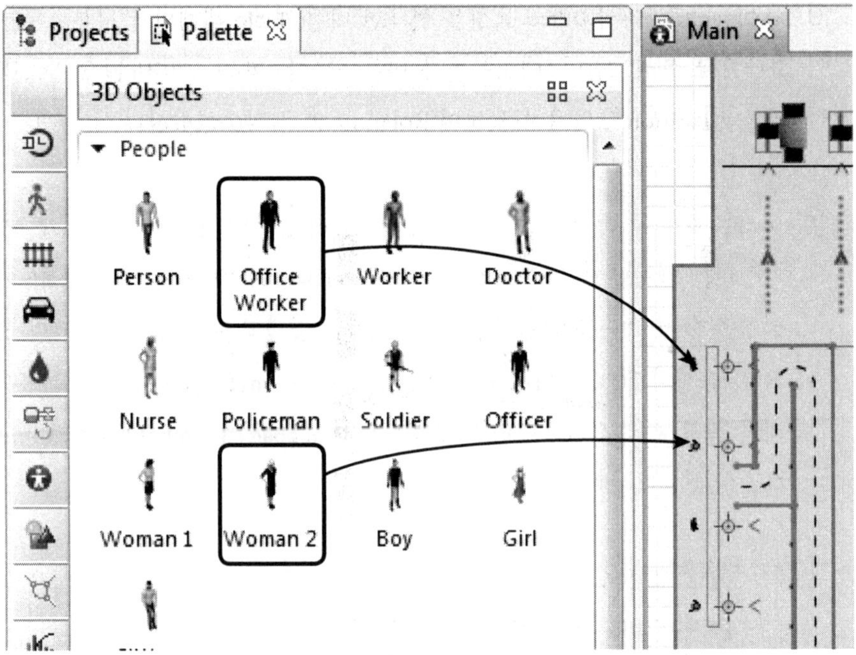

12. 승객이 접근할 수 없는 지역을 정의해 보자. **Pedestrian Library** 의 **Space markup** 섹션에서 **Rectangular Wall** 요소를 추가하고 아래 그림과 같이 배치한다. Wall의 **properties**에서 모델 런타임에 이 Wall을 보이지 않게 하려면 **Visible**을 **no**로 설정한다.

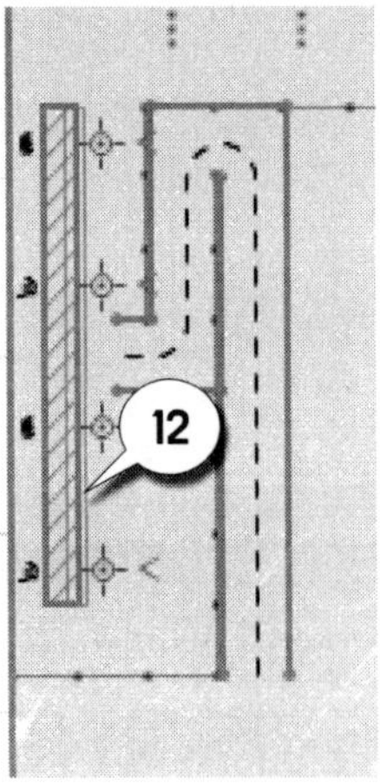

13. **3D Objects** 탭에서 **Office** 섹션을 선택한 다음, **Table** 객체의 복사본 4개를 다이어그램으로 드래그한다. 테이블이 올바른 방향을 향하고 있지 않으므로 Properties 섹션의 Position 영역을 사용하여 Rotation, Z :를 *90 degrees*를 설정한다.

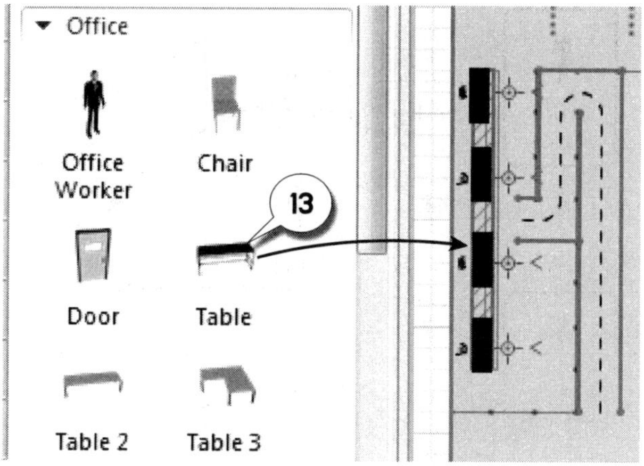

14. 모델을 실행하면, 일부 승객이 탑승수속을 하고 금속탐지기를 통과한다.

우리는 승객들이 게이트에 가기 전에 대기하기를 바라며, 이렇게 하려면 승객이 대기할 대기 공간을 그려야 하고, 대기를 시뮬레이션하기 위해 플로차트 블록(**PedWait**)을 추가해야 한다.

15. **Pedestrian Library** 의 **Space Markup**섹션에서 **Polygonal Area**(다각형 영역) 요소를 사용하여 게이트 앞에 대기영역을 그린다. 그림 모드로 전환하고 점을 추가할 때마다 마우스를 클릭하여 아래 그림과 같이 영역을 그린다. 작업이 끝나면 더블클릭한다.

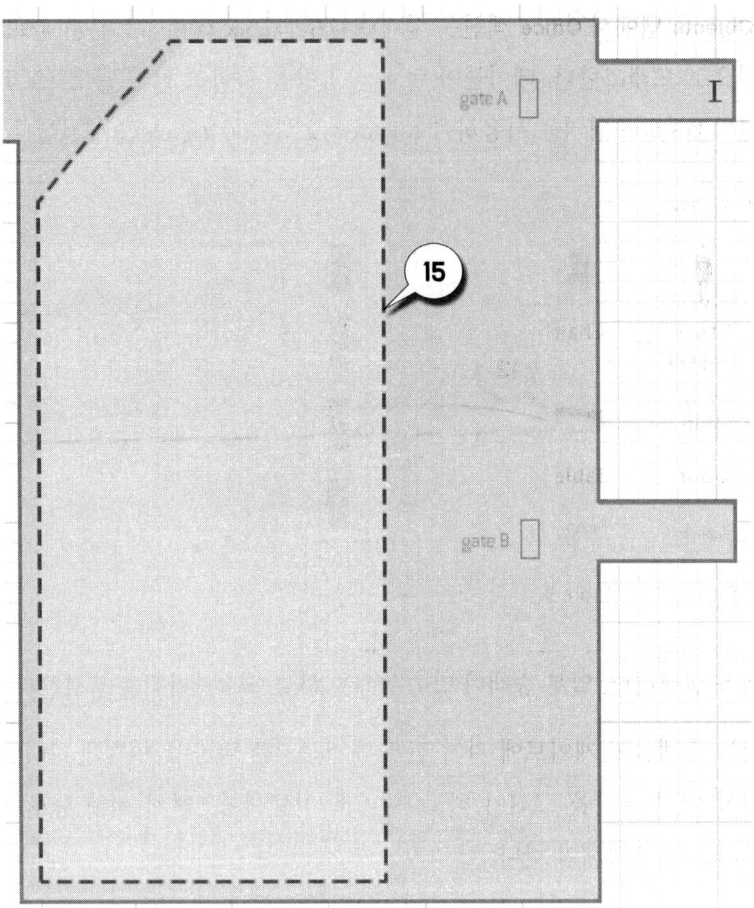

16. **PedWait** 블록을 **PedService**와 **PedGoTo**사이의 플로차트에 추가한다.

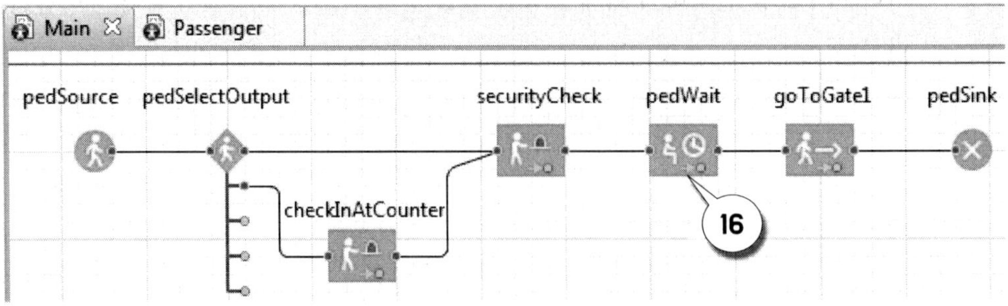

17. **Area** 목록에서 영역을 선택한 다음 **Delay time**을 *uniform(15, 45)* **minutes**로 설정하여 블록의 properties를 수정한다.

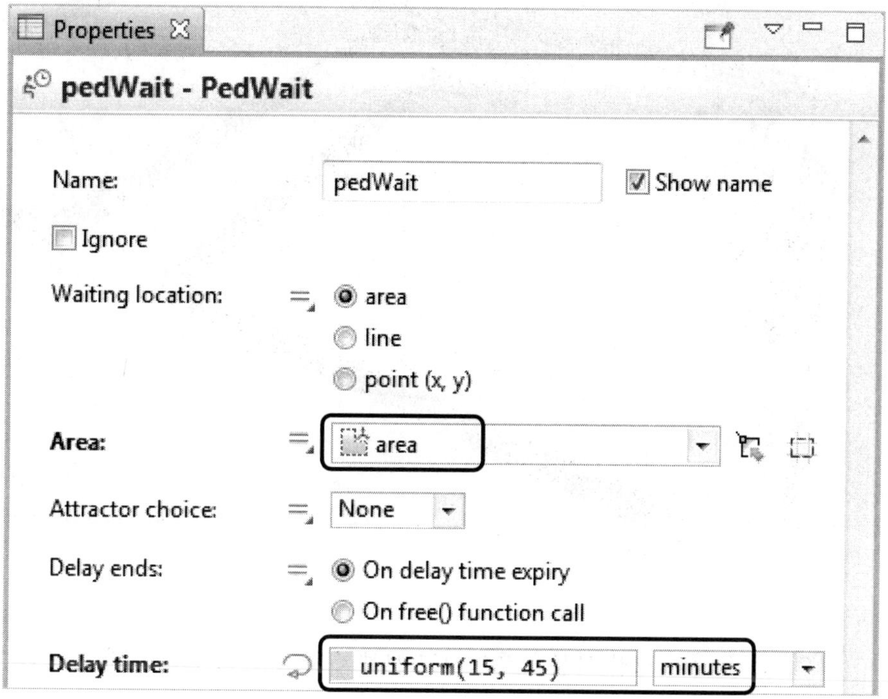

18. 모델을 다시 실행하면, 승객이 게이트로 진행하기 전에 대기공간에서 기다리는 것을 볼 수 있다.

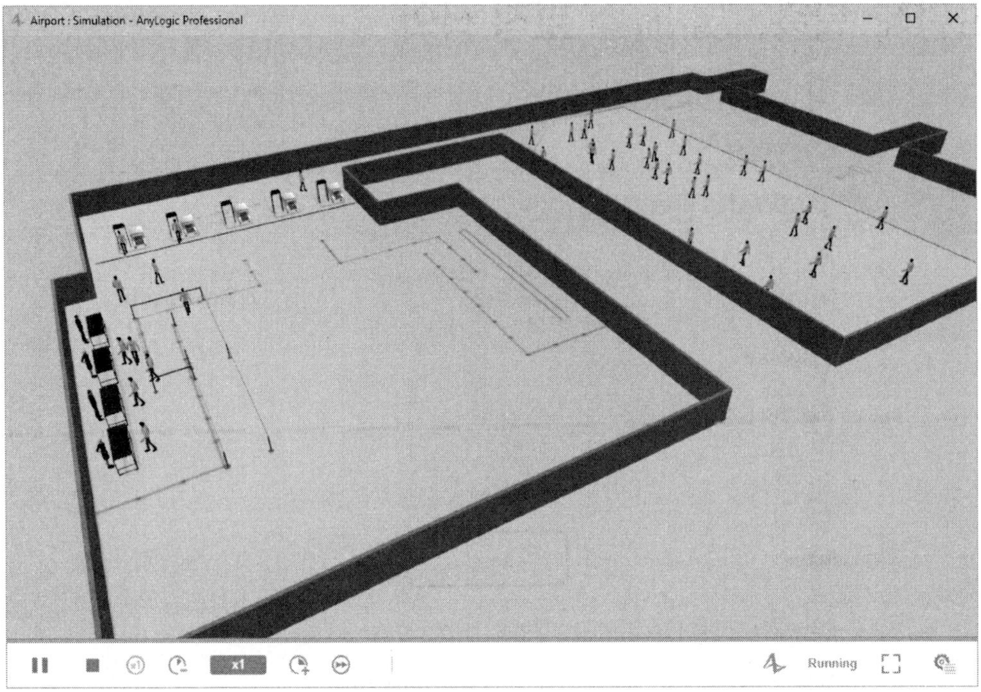

오른쪽에 체크인 시설을 추가하고 보행자 흐름을 더 많은 지점으로 분리하도록 **PedSelectOutput**을 구성할 수 있다.

? 자동 체크인기계를 시뮬레이션하는 방법은 무엇인가?

5단계. 탑승(boarding) 로직 정의

이 단계에서는 공항 게이트에서 진행되는 프로세스를 시뮬레이션한다. 승객이 비행기에 탑승하기 전에 통과해야 하는 티켓 확인 데스크에는 먼저 서비스를 받는 비즈니스 클래스 승객과 이코노미 클래스 승객을 위한 라인이 각각 하나씩 있다. 우리는 비즈니스 클래스 승객과 일반석 승객을 구별하기 위해 보행자에게 사용자 정보를 추가할 것이다.

1. **Projects** 트리에서 *Passenger* 항목을 더블클릭하여 *Passenger* 에이전트 타입의 다이어그램을 연다.
2. **Agent** 에서 **Parameter** 를 추가하여 승객의 클래스를 정의하고, 그 이름을 *business*로 지정하고, **Type**은 *Boolean*으로 설정한다. 파라미터가 *true*인 경우에는 비즈니스 클래스 승객이고, 그렇지 않으면(파라미터가 *false*인 경우) 이 클래스는 이코노미 클래스 승객이다.

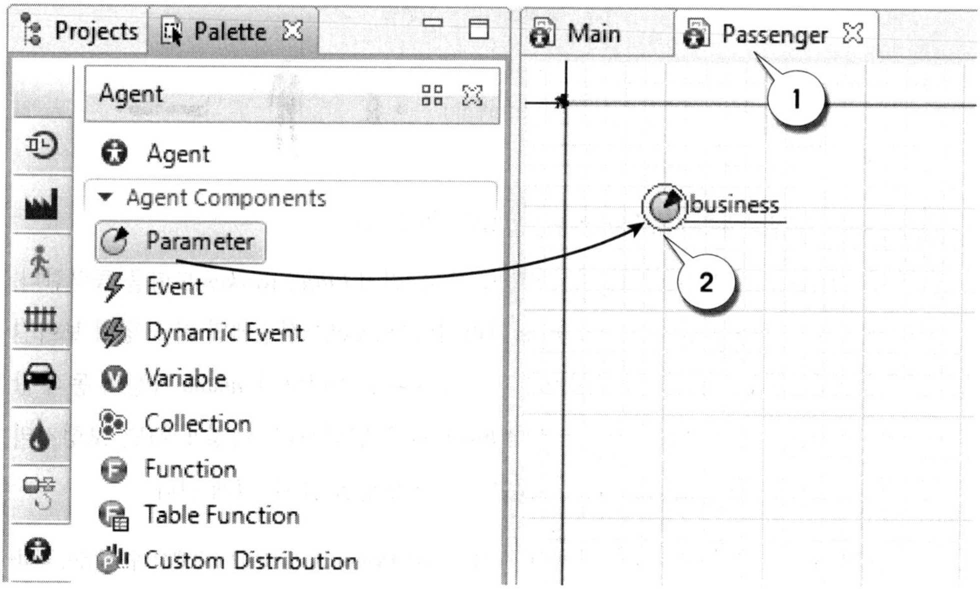

우리는 3D 애니메이션의 승객, 즉 비즈니스 클래스와 이코노미 승객을 다른 3D 모델로 구분하려고 한다. 이를 위해 기존의 3D 객체인 *Person*을 사용하여 이코노미 클래스 승객을 표현하고 비즈니스 클래스 승객을 나타내는 또 다른 3D 도형을 추가한다.

3. 3D 객체인 **Office worker**를 추가하여 비즈니스 클래스 승객을 애니메이션한 다음 그림을 *Person* 도형 축상의 원점(0, 0)에 배치한다.

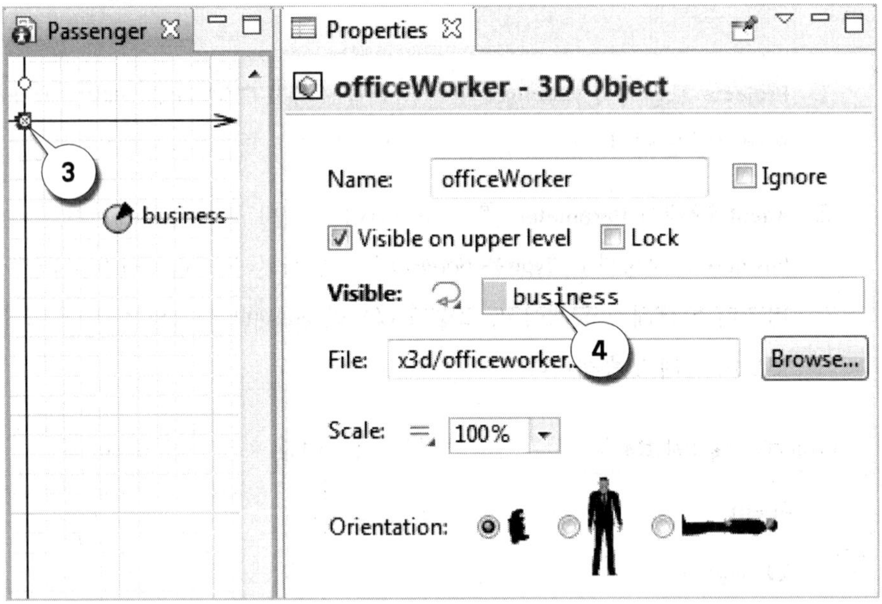

4. 이 객체들의 가시성(visibility)을 변경해 보자. 먼저 *Office worker* 도형을 클릭한다. 비즈니스 클래스 승객, 즉 *business* 파라미터가 *true*인 경우에만 이 도형이 보이길 원한다. **Visible** 레이블 우측에 있는 =, 아이콘을 클릭하여 **Visible** 속성의 동적 값 편집기로 전환한 다음 입력박스에 *business*를 입력한다. 이렇게 하면 보행자의 *business* 파라미터가 *true*인 경우에만 이 3D 도형을 볼 수 있게 된다.

5. 이제 3D 객체인 *person*을 선택하고(이 작업은 **Projects** 트리에서 수행할 수 있음), **Visible**에 *! business*를 입력한다. 이 도형은 승객이 이코노미 클래스 승객인 경우에만

나타날 것이다.

! 부호는 부울 연산자 NOT이다. 표현식 *!business*는 business가 true가 아닐 때, 즉 비즈니스 클래스 승객이 아니라 이코노미 클래스 승객인 경우에 *true*를 반환한다.

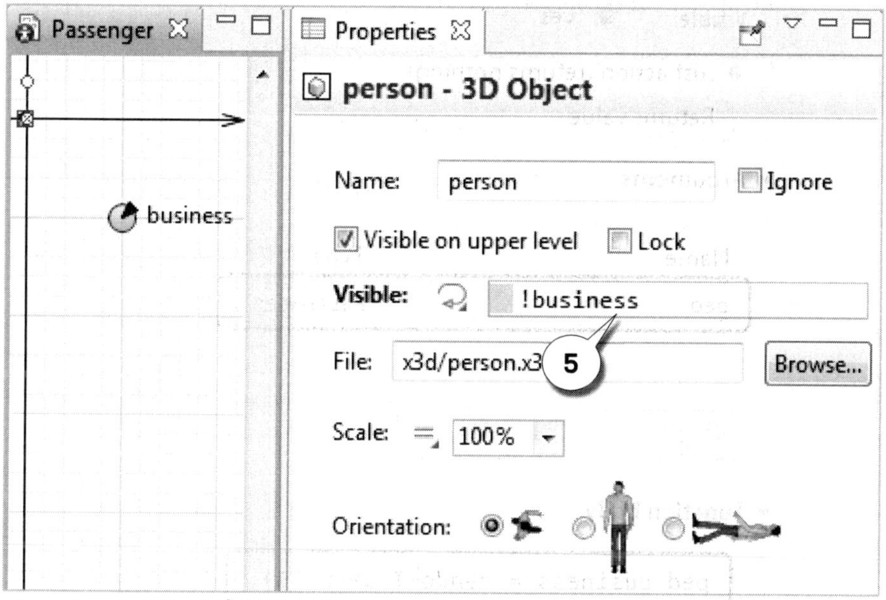

승객이 공항 터미널에 도착할 때, 승객의 클래스를 설정할 것이다.

6. *Main* 다이어그램으로 돌아가서 **Agent** Palette에서 **Function** 을 추가하고, 그 이름을 *setupPassenger*로 지정한다.

7. 다음과 같이 기능을 구성한다.

   - 새롭게 생성된 승객을 함수에 전달하기 위해 하나의 인수를 만든다.

     Name: *ped*

     Type: *Passenger*

   - 함수의 코드는 비즈니스 클래스 승객이 모델에 나타나는 빈도를 정의한다.

     ped.business = randomTrue(0.15);

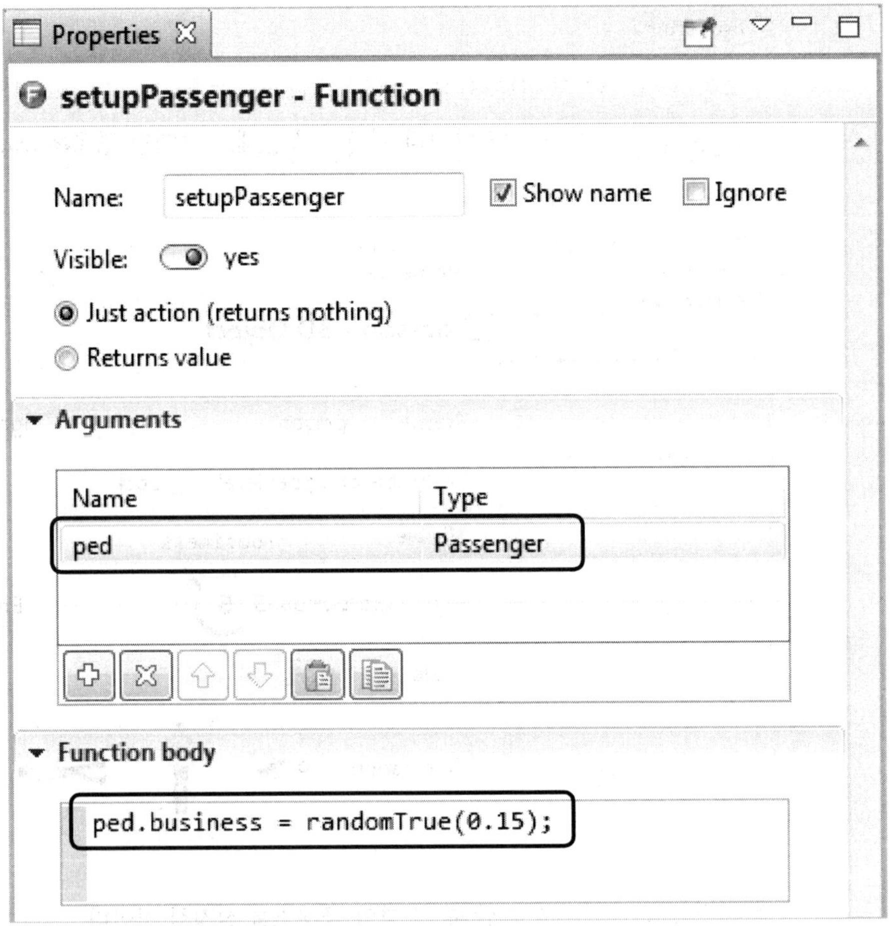

이 경우 *ped*는 *Passenger* 타입이며 함수의 인수이다. 인수 타입을 *Passenger*로 설정하면, *ped.business*와 같이 사용자 정의 보행자 필드인 *business*에 직접 액세스할 수 있다. *randomTrue(0.15)* 함수는 평균 15%의 사례에서 *true*를 반환한다. 즉, 모델의 승객 중 평균 15%가 비즈니스 클래스로 여행한다는 것을 의미한다.

8. *pedSource* 블록에 의해 새로운 보행자가 생성되면 이 함수를 호출한다. *pedSource*의 **properties** 영역에서 화살표를 클릭하여 **Actions** 섹션을 확장한 다음 **On exit** 입력박스에 다음 코드를 입력한다. *setupPassenger(ped);*

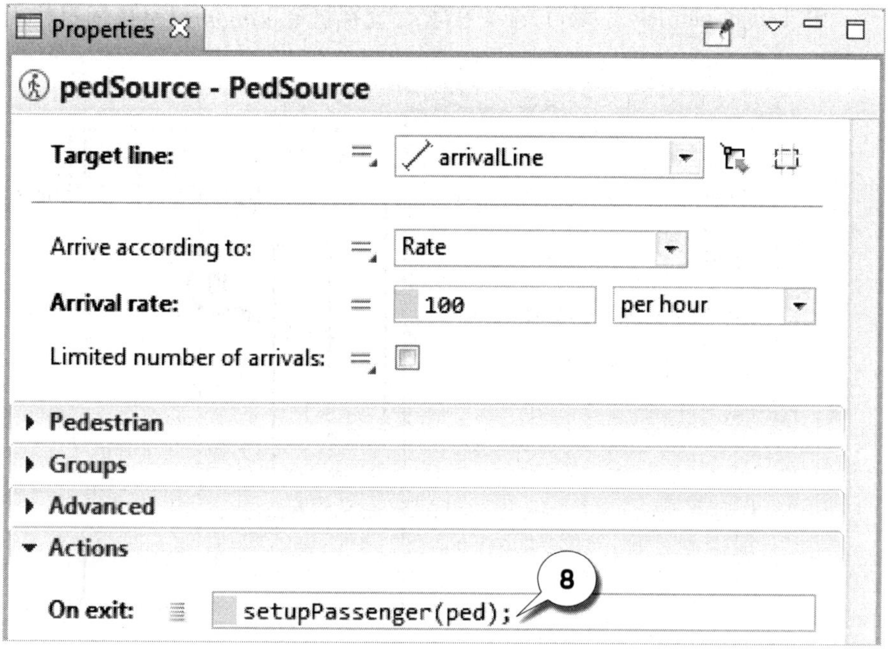

새로 만든 보행자를 위해 *setupPassenger* 함수를 호출한다. 이 보행자는 인수를 통해 함수에 전달된다.

비즈니스 클래스 승객과 이코노미 클래스 승객 각각을 위한 상단 게이트를 위하여 2개의 **service with line**을 그린다.

9. 우선순위 라인(포인트 서비스, 1 서비스, 1 라인)을 정의하여 service with line을 그리고, 이 서비스의 이름을 *business1*으로 지정한다.

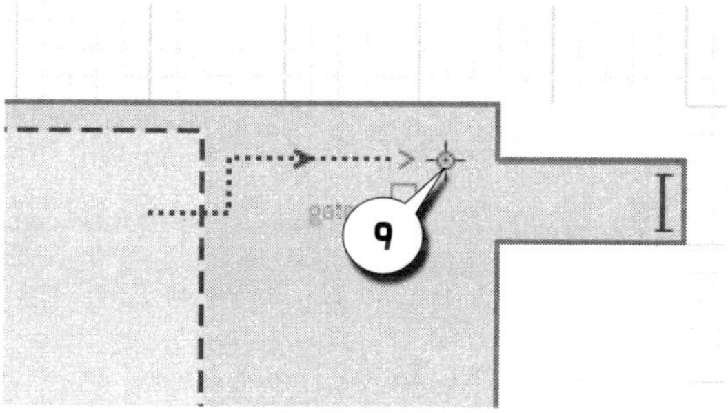

10. **service with line**을 하나 더 추가하고, 그 이름을 *economy1*으로 지정한다.

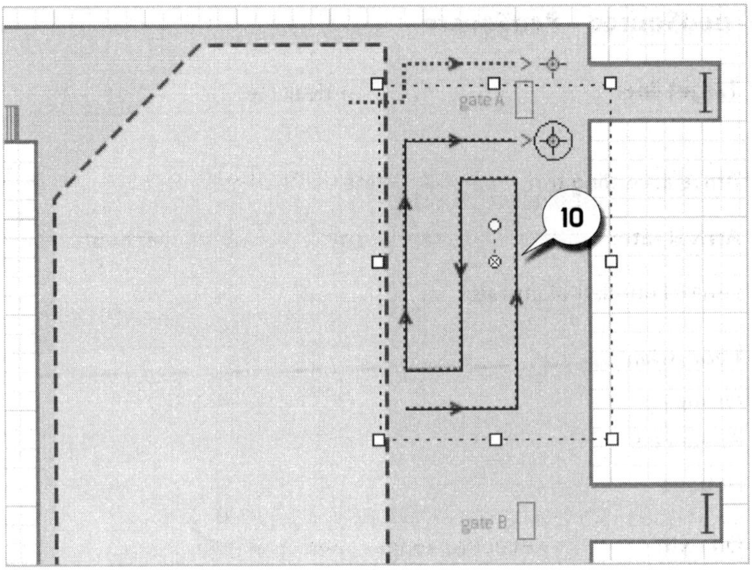

11. **Rectangular Wall** 요소가 있는 게이트 영역을 그린 다음, 테이블을 추가하고 그 테이블에 2개의 3D 여성 모델을 추가한다. 모델 런타임에 이 Wall을 보이지 않게 하려면, Wall의 properties에서 **Visible**을 **no**로 설정한다.

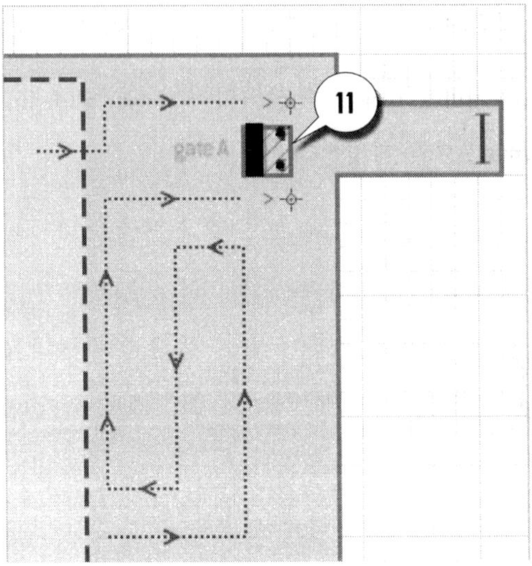

*pedWait*과 *goToGate1* 객체 사이의 플로차트에 블록을 삽입한다.

12. **PedSelectOutput** 을 추가하여 비즈니스 클래스 및 이코노미 승객을 다른 라인으로 보낸다.

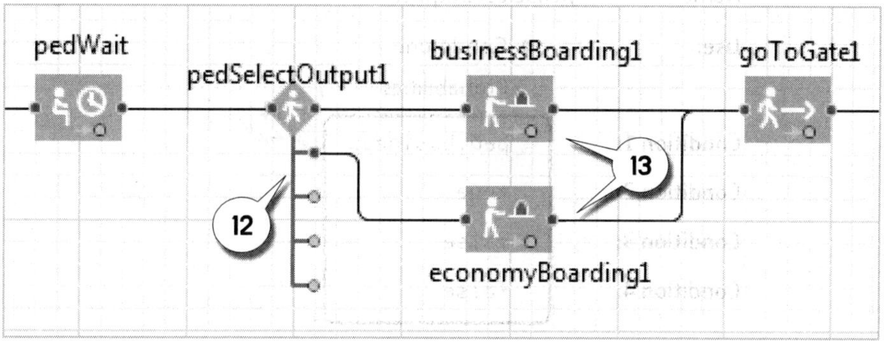

13. 2개의 **PedService** 블록인 *businessBoarding1*과 *economyBoarding1*을 추가하여 게이트에서 승객의 티켓을 확인하는 프로세스를 시뮬레이션한다.

14. **PedSelectOutput** 블록은 비즈니스 클래스 및 이코노미 승객을 다른 라인으로 보내야 하므로, **Use**에는 **Conditions**을 선택한 다음 **Condition 1** 입력상자에 *ped.business*를 입력한다. 이 표현식은 모든 비즈니스 클래스 승객에 대해 *true*를 반환한다. 즉, 상위 플로차트의 위에 있는 분기를 따라 우선순위 라인에 합류하게 된다. 블록의 다음 출력 포트에 대한 조건으로 (*true*, *false*, *false*)을 설정하면 모델은 다른 모든 승객을 두 번째 출력 포트로 보낸다.

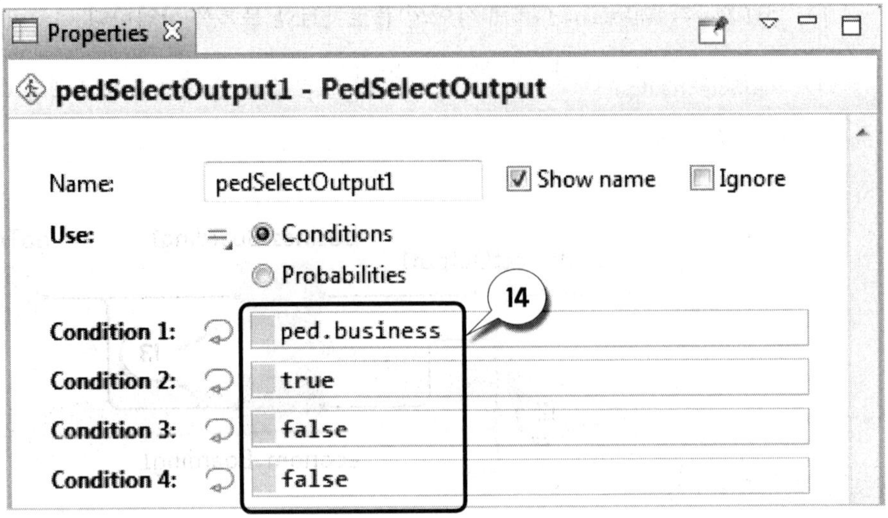

15. **PedService** 블록인 *businessBoarding1*의 경우 *business1*을 **Services**로 선택한다. 승객의 티켓을 확인하는 데 2~5 초가 걸리므로 **Delay time**을 약간 변경할 수 있다.

16. *economyBoarding1*의 경우, **Services**를 *economy1*으로 설정하고, **Delay time**을 조정한다.

17. 모델을 실행하면, 승객이 체크 포인트를 통과하는 것을 보게 될 것이며, 소수의 사람들은 우선순위 라인을 통과할 것이다.

6단계. MS Excel 스프레드시트에서 항공편 설정

이 단계에서는 Excel 파일에 저장된 시간표에 따라 특정 시간에 비행기가 어떻게 이륙하는지 모델링한다.

AnyLogic 데이터베이스

각 AnyLogic 모델은 입력 데이터를 읽고 시뮬레이션 출력을 쓰기 위하여 완전히 통합된 내장 데이터베이스를 가지고 있다.

데이터베이스로 할 수 있는 일들

- 파라미터 값 읽기 및 모델 구성
- 파라미터화된 에이전트 파퓰레이션 생성
- 프로세스 모델에 에이전트 도착 정보 생성
- 플로차트 활동, 이벤트, statechart 전환 등의 로그 저장
- 리소스 사용률, 대기, 처리 및 이동시간 보기
- 통계, 데이터세트 및 사용자 정의 로그 저장 및 내보내기
- 데이터를 MS Excel 스프레드시트로 내보내기

외부 데이터베이스 또는 스프레드시트에서 AnyLogic 프로젝트로 데이터베이스를 쉽게 가져올 수 있다. 또는 빈 데이터베이스 테이블을 작성하고 수동으로 데이터를 입력할 수 있다.

데이터베이스에서 데이터를 가져오는 방법은 다음과 같다.

1. **Projects** 뷰에서 **Database** 를 우측클릭하고 팝업 메뉴에서 **Import database tables...** (데이터베이스 테이블 가져오기 ...)를 선택한다.
2. **Import database tables**(데이터베이스 테이블 가져오기) 대화상자가 나타나면, 프로젝트로 가져올 데이터베이스를 선택한다. **Browse...**를 클릭하여 *AnyLogic 폴더/resources/AnyLogic in 3 days/Airport*에서 *Flights.xlsx* 파일을 선택한다.

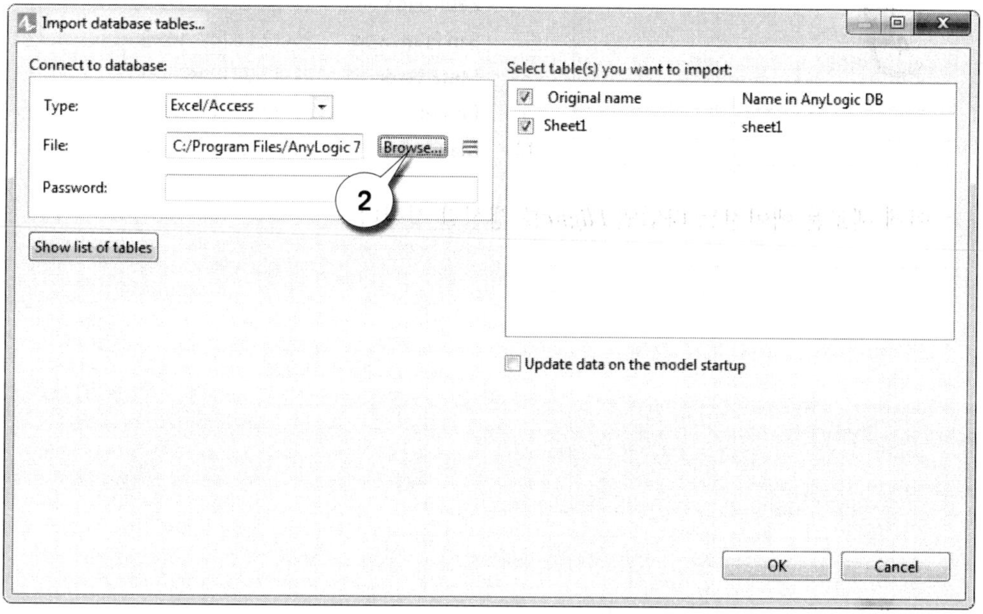

3. 오른쪽의 **Select table(s) you wish to import**(가져올 테이블 선택) 목록에 *Sheet1* 테이블이 추가된 것을 볼 수 있다. **OK**를 클릭하여 선택한 데이터베이스 테이블의 데이터를 모델로 가져온다.

4. **Projects** 뷰에서 **Database** 항목 아래에 *sheet1* 항목이 추가된 것을 볼 수 있다. 더블클릭하면 이 테이블에 저장된 데이터가 테이블 편집기에 표시되는 것을 볼 수 있다. 테이블에는 항공편의 목적지, 출발시간 및 게이트 번호에 대한 정보를 저장하는 3개의 컬럼이 있다.

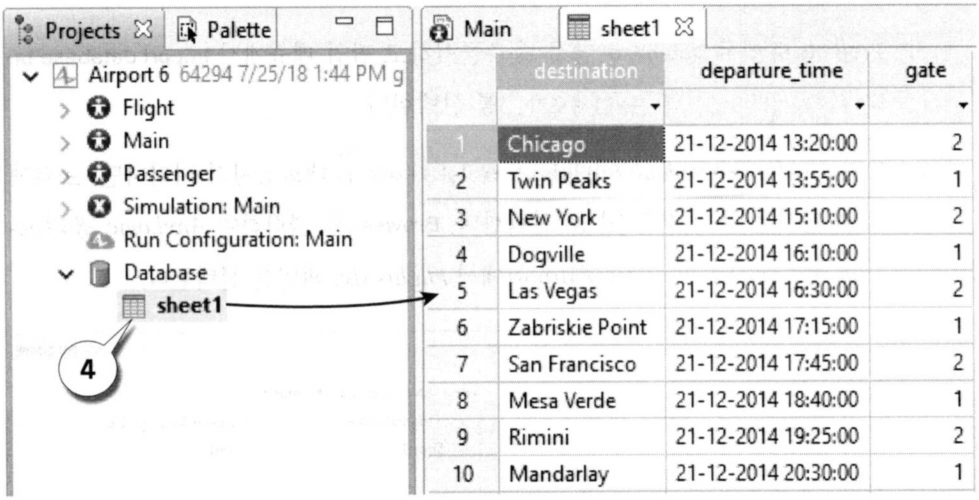

이제 새로운 에이전트 타입인 *Flight*를 생성할 것이다.

5. **Agent** Palette의 **Agent** 요소를 *Main* 다이어그램으로 드래그하여서, 새 *Flight* 에이전트 타입의 빈 에이전트 파퓰레이션을 추가한다.

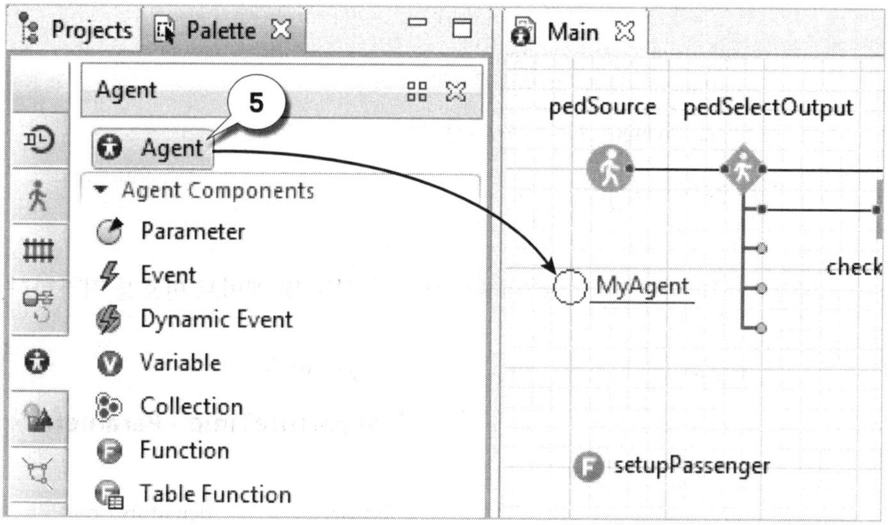

6. **New agent** 마법사에서 다음을 수행한다.

a. **Population of agents**를 선택한다.

b. **I want to create a new agent type**(새 에이전트 타입을 만들고 싶다.) 옵션을 선택하고, **Next**를 클릭한다.

c. **Agent type name**을 *Flight*로 지정한다. 파퓰레이션 이름은 *flights*로 미리 채워져 있을 것이다. **Use database table**(데이터베이스 테이블 사용) 옵션을 선택하고, **Next**를 클릭한다.

d. 마법사의 다음 페이지에서 기본 설정을 그대로 둔다(모델의 내장 데이터베이스에 있는 *sheet1* 테이블의 데이터를 사용할 것임). **Next**를 클릭한다.

e. 다음 페이지에서는 *Flight* 타입의 모든 에이전트에 대해 *destination*, *departure Time* 및 *gate* 파라미터를 생성할 것을 제안한다. 그것이 바로 우리가 필요로 하는 것이다. **Next**를 클릭하여 계속한다.

f. 비행을 애니메이션 할 필요가 없기 때문에, 애니메이션에 **None**을 선택한다.

g. **Finish**를 클릭한다.

7. **Projects**뷰에서 *Flight*를 더블클릭하여 그 다이어그램을 연다. *Flight* 다이어그램에는 3개의 파라미터가 표시된다.

- *destination*, **Type**: *String(문자열)*.
- *departureTime*, **Type**: *Date(일자)*.
- *gate*, **Type**: *int(정수)*.

이 파라미터들은 항공편의 출발시간, 목적지 및 게이트 번호를 저장한다.

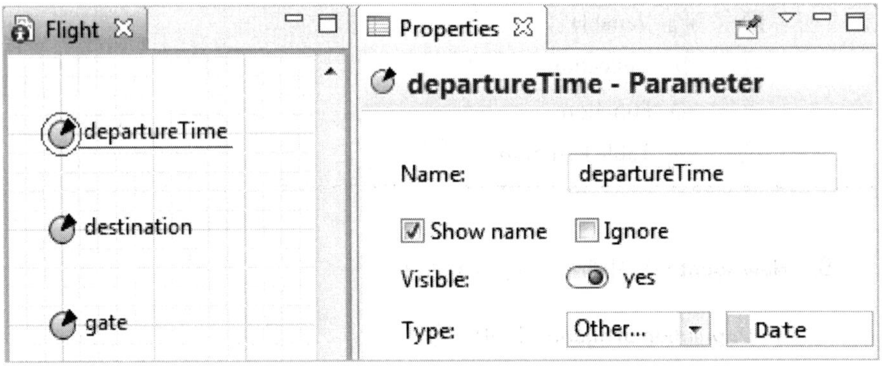

8. **Agent** Palette에서 **Collection** 을 *Flight* 다이어그램에 추가하고, 그 이름을 *passengers*로 지정한 다음, **Collection class**를 *LinkedList*로 설정하고 **Elements class**를 *Passenger*로 설정한다. 이 컬렉션에는 항공편 티켓을 구입한 승객의 목록이 저장된다.

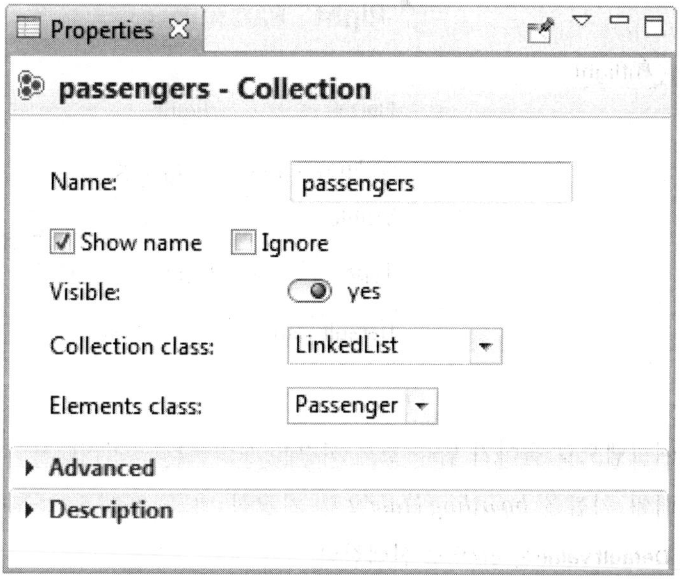

컬렉션(Collection)

컬렉션은 집계된 데이터를 저장, 검색 및 조작하기 위해 여러 요소를 단일 단위로 그룹화하는 데이터 객체로 정의한다. 일반적으로 자연군(natural group)을 구성하는 데이터 항목을 나타낸다.

9. 이제 *Flight* 에이전트 타입을 만들었으므로, *Passenger* 다이어그램에 *flight* 파라미터를 추가하고 파라미터 **Type**을 *Flight*로 설정한다. 이 파라미터는 승객의 항공편을 저장한다.

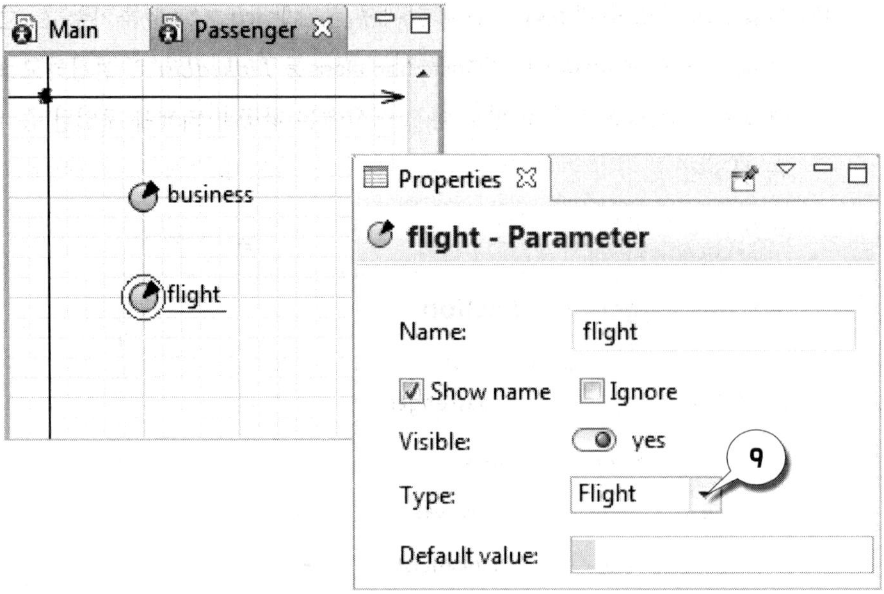

10. *Main* 다이어그램으로 돌아가 탑승 소요 시간을 정의하는 파라미터를 추가한다. 새 파라미터의 이름을 *boardingTime*으로 지정한 다음, **Type**은 **Time**, **Unit**은 **minutes** 및 **Default value**는 *40*으로 선택한다.

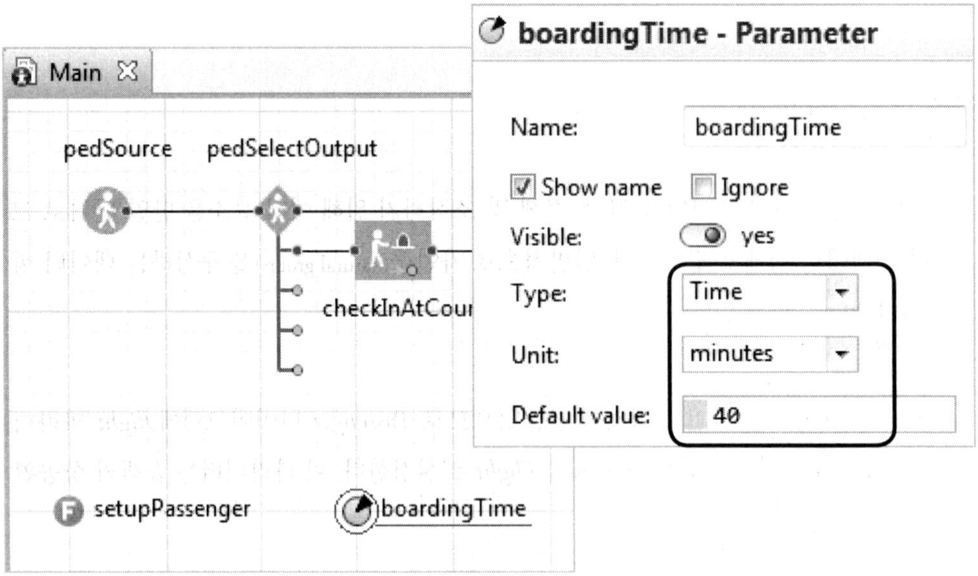

11. 셋업 프로세스를 완료하기 위해 앞에서 작성한 *setupPassenger* 함수를 선택한다. 이 함수는 이제 *random()* 함수를 사용하여 승객이 사용할 수 있는 항공편 목록에서 무작위로 선택한다. 항공편은 승객의 파라미터 *flight*에 저장되며, AnyLogic은 동일한 항공편을 탑승하는 승객들의 컬렉션에 승객을 추가한다. **Function body** 섹션의 코드를 수정한다.

▾ Function body

```
ped.business = randomTrue(0.15);
Flight f;

do
{  f = flights.random(); }
while (dateToTime(f.departureTime) - boardingTime < time() );

ped.flight = f;
f.passengers.add(ped);
```

dateToTime() 함수는 주어진 날짜에 대하여 시작 날짜를 기준으로 한 모델시간과 모델시간 단위 설정으로 변환한다. *add()* 함수는 컬렉션에 요소를 추가한다.

컬렉션 내용 다루기

다음 기능을 사용하여 컬렉션의 내용을 관리할 수 있다.

- *int size()* - 컬렉션의 요소 수를 반환한다..
- *boolean isEmpty()* - 컬렉션에 요소가 없는 경우는 true, 그렇지 않은 경우는 false를 반환한다.
- *add(element)* - 이 컬렉션의 마지막에 지정된 요소를 추가한다.
- *clear()* - 컬렉션의 모든 요소를 제거한다.

- *get(int index)* - 컬렉션의 지정된 위치에 있는 요소를 반환한다..
- *boolean remove(element)* - 컬렉션에서 지정된 요소를 제거한다(존재하는 경우). 리스트에 지정된 요소가 있는 경우는 true를 반환한다.
- *boolean contains(element)* - 이 컬렉션에 지정된 요소가 있는 경우는 true를 반환한다.

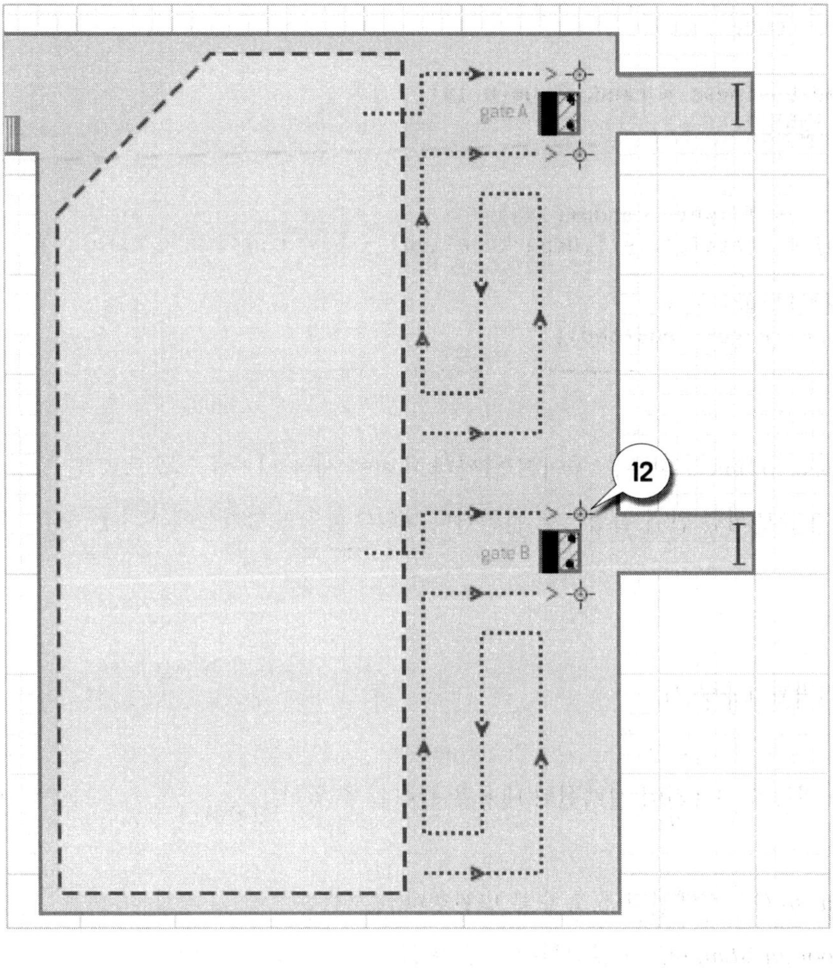

12. 두 번째 게이트를 정의한다.

- 2개의 **Service with lines** 요소로 *business2*와 *economy2*를 추가한다.

- rectangular wall, 테이블과 여성 도형을 작성한다.
- **Target line** *gateLine2*를 작성한다.

13. **PedSelectOutput**에서 나가서 **PedGoTo**로 이동하는 2개의 **PedService** 블록인 *businessBoarding2*와 *economyBoarding2*를 추가한다. **PedSelectOutput**은 승객을 4개의 다른 포트로 인도한다.

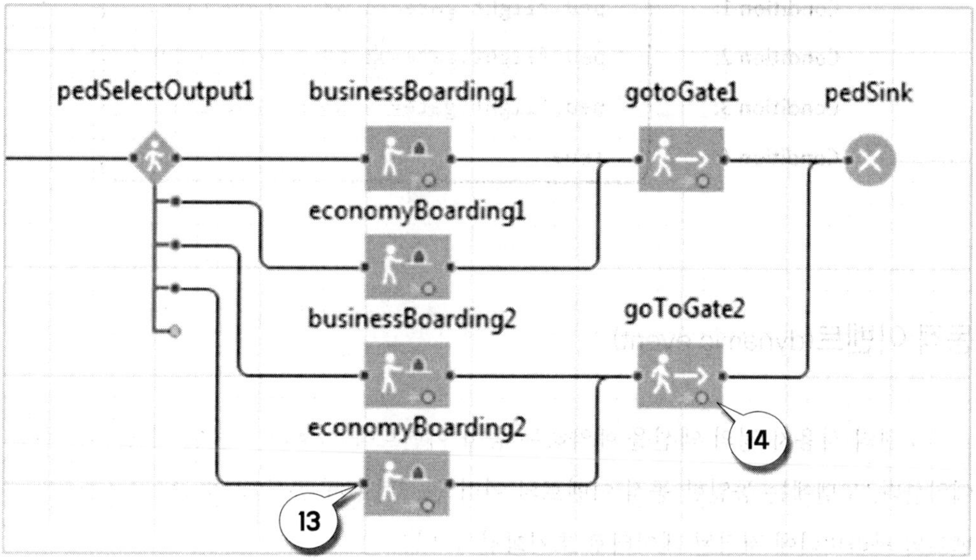

14. 다른 **PedGoTo** 블록을 추가하여 승객이 두 번째 게이트로 이동하는 방법을 모델링한다. *gateLine2*를 블록의 **Target line**으로 선택한다.

15. *businessBoarding2*의 경우 **Services**는 *business2*로 설정한다. *economyBoarding2*의 경우 **Services**는 *economy2*로 설정한다. 두 가지 모두 **Service time**은 *uniform(2, 5)* **seconds**로 설정한다.

16. 항공편 셋업을 통해 승객이 선택하는 게이트를 정의하는 *pedSelectOutput1* 조건을 변경할 수 있다.

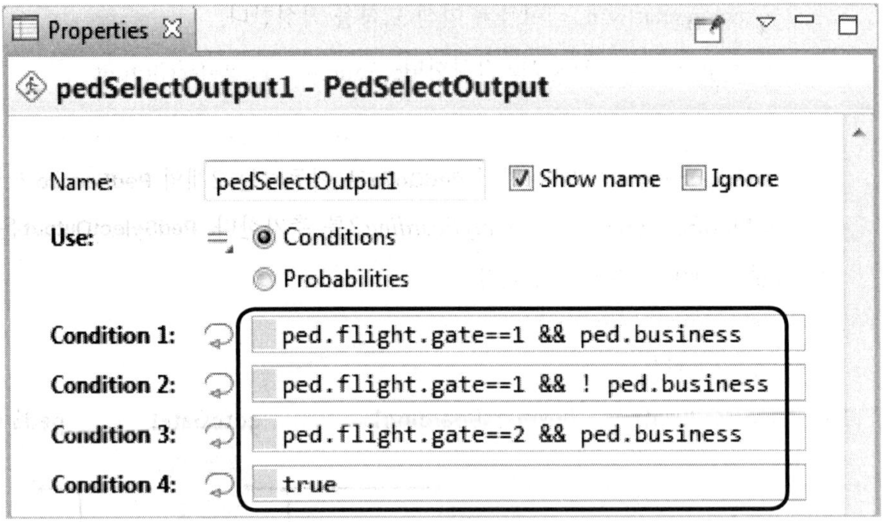

동적 이벤트(dynamic event)

모델의 사용자 정의 액션을 예약하는 동적 이벤트를 사용하여 출발 및 탑승 액션을 예약한다. 모델에는 동일한 동적 이벤트의 여러 인스턴스가 동시에 예약될 수 있으며 이벤트의 파라미터에 저장된 데이터로 초기화될 수 있다.

모델에서 동적 이벤트를 사용해야 한다.

- 비슷한 액션을 수행하는 여러 이벤트가 동시에 예정된다고 기대될 때.
- 동적 이벤트의 동작이 특정 정보에 의존할 때.

참고: AnyLogic은 동적 이벤트를 Java 클래스로 나타내므로 동적 이벤트의 이름은 대문자로 시작해야 한다.

17. **Agent** Palette에서 2개의 **Dynamic Event** 요소를 *Main* 다이어그램에 추가한다.

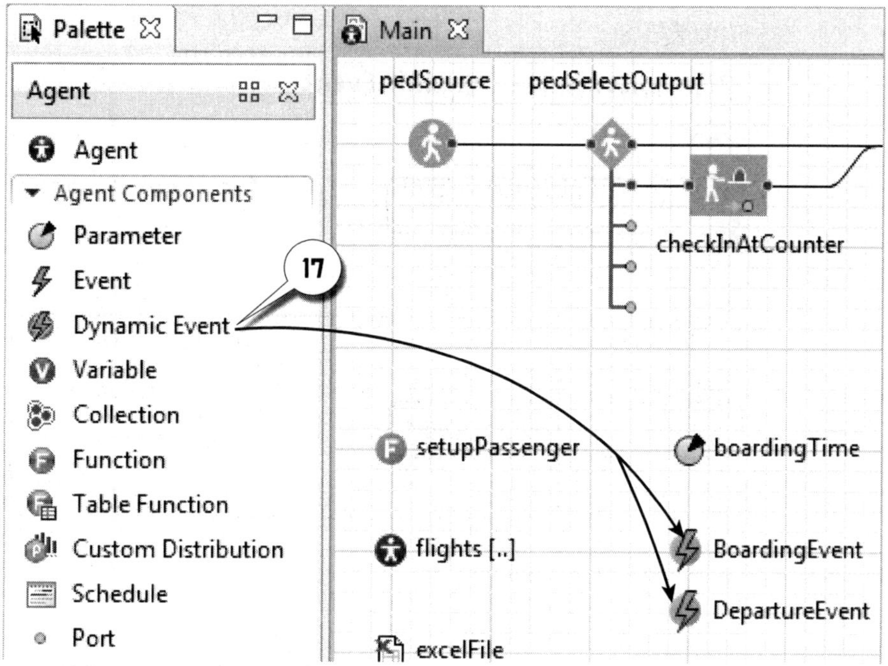

18. 동적 이벤트인 *DepartureEvent*는 다가오는 항공편이 포함된 에이전트 파퓰레이션에서 항공편을 삭제하여 비행기의 출발을 예약한다. 아래 그림과 같이 이벤트를 설정할 수 있다.

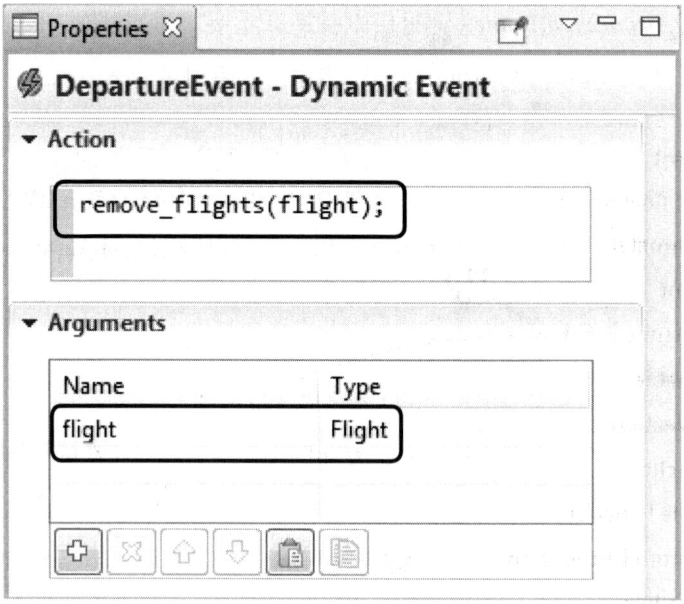

19. 두 번째 동적 이벤트인 *BoardingEvent*는 비행기의 탑승일정을 계획한 다음 40분 이내에 출발 예정인 동적 이벤트 *DepartureEvent*의 인스턴스를 만든다.

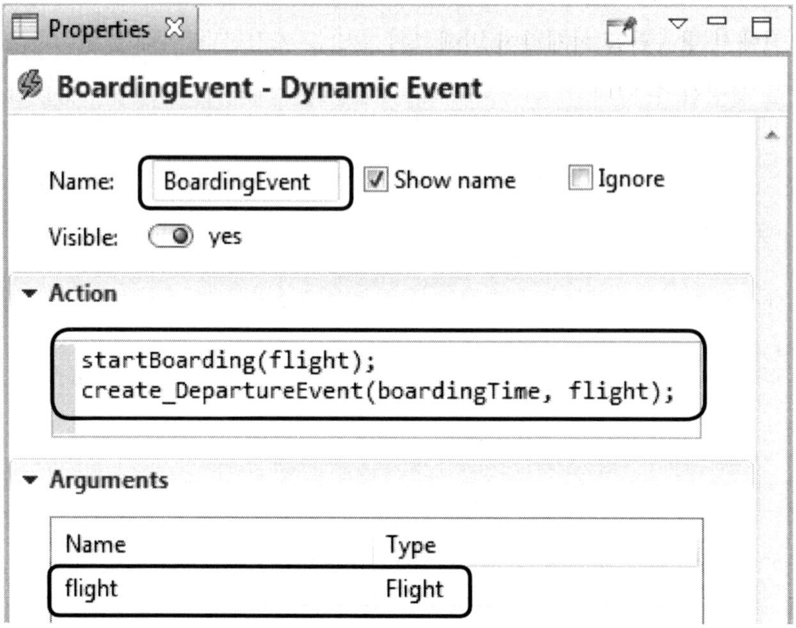

create_⟨DynamicEventName⟩ 메서드를 호출하여 동적 이벤트의 인스턴스를 만든다. 여기서는 *create_DepartureEvent()* 함수를 사용하여 *DepartureEvent*라는 동적 이벤트의 인스턴스를 만든다.

20. **On delay time expiry**(지연시간 만료시)에서 **On free() function call**로 *pedWait* 블록의 **Delay ends** 파라미터를 변경하여 비행기 탑승을 기다릴 필요가 있는 승객이 대기 지역에서 알림을 기다릴 수 있도록 한다.

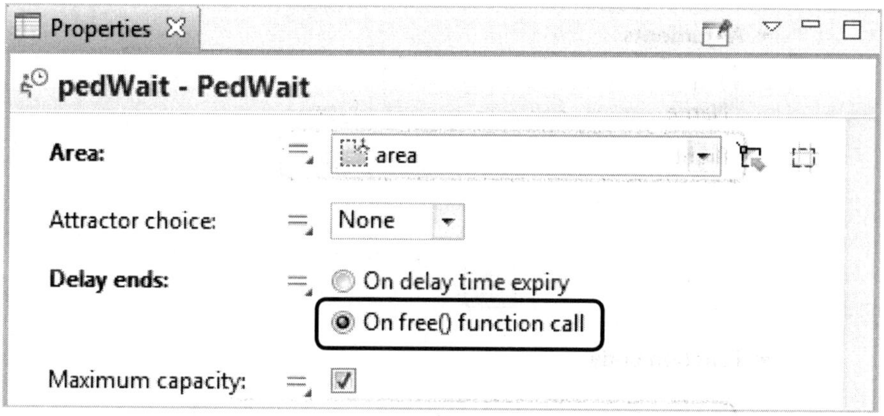

21. 비행기 탑승과정의 시작을 모델링하기 위해 **Function** Ⓕ인 *startBoarding*을 정의한다. 이 함수는 주어진 비행을 위해 탑승을 기다리고 있는 승객을 반복 생성하며, 블록의 함수 *free()*를 호출하여 *pedWait* 블록에서 지연을 끝내고 탑승할 수 있게 한다.

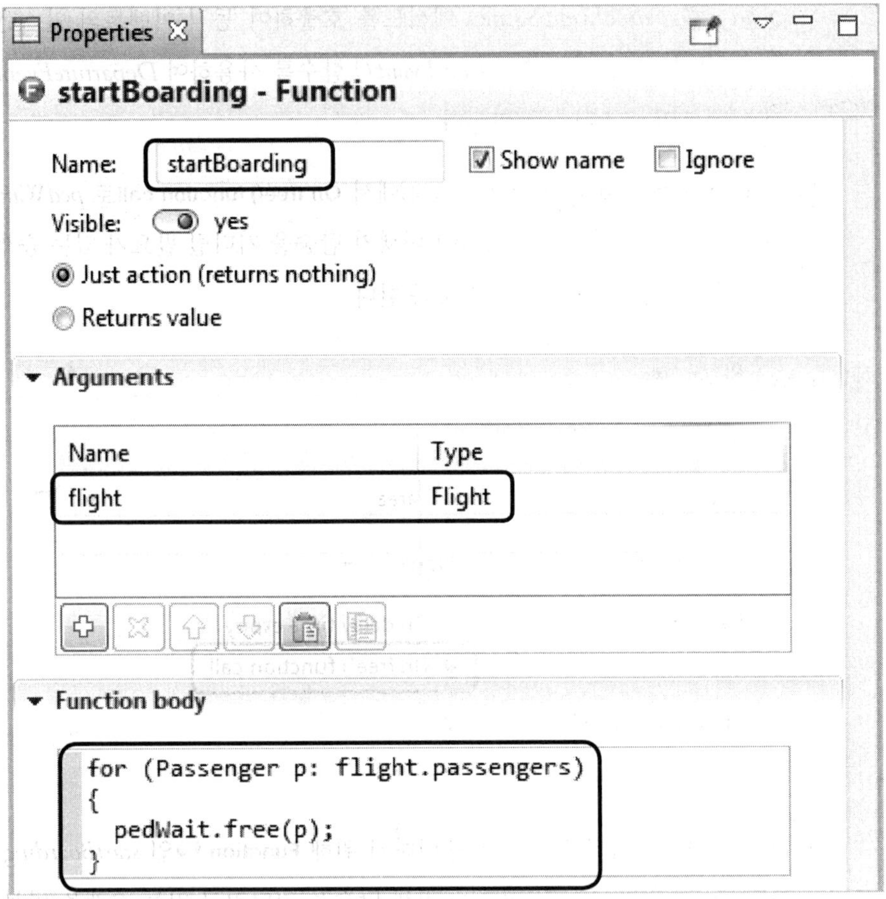

이 예제에서는 **For Loop**를 사용하여 *flight* 내부에 정의된 *passengers* 컬렉션을 살펴 보겠다. 탑승 중인 승객은 대기실을 떠나야 한다.

"for" 루프를 이용한 에이전트 파퓰레이션 반복

"for" 루프의 2가지 형식은 AnyLogic을 파퓰레이션의 에이전트를 통해 반복하는 가장 간단한 방법이다.

문법	예제

인덱스 기반:
 	
for(〈초기화〉; 〈계속 조건〉; 〈증가〉) {
  〈각 요소에 대해 실행할 명령문〉
}
	for(int i=0; i<group.size(); i++) {
	  Object obj = group.get(i);
	  if(obj instanceof ShapeOval) {
	    ShapeOval ov = (ShapeOval)obj;
	    ov.setFillColor(red);
	  }
	}

컬렉션 반복:
 	
for(〈요소 타입〉 〈요소 명〉 : 〈컬렉션〉) {
  〈각 요소에 대해 실행할 명령문〉
}
	for(Product p : products) {
	  if(p.getEstimatedROI() < minROI)
	    p.kill();
	}

22. 등록된 모든 항공편의 탑승 일정을 계획하는 *planBoardings* 함수를 정의한다. 이 함수는 For 루프의 에이전트 파퓰레이션 *flights*를 통하여 반복한다. 탑승 시작 전에 이륙하도록 설정된 항공편은 즉시 탑승을 시작할 수 있다. 이 조건을 충족하지 않는 항공편은 *boardingTime* 파라미터에 정의된 대로 출발 40분 전에 탑승절차를 시작한다.

▾ **Function body**

```
for (Flight f : flights)  {
  double timeBeforeBoarding =
    dateToTime(f.departureTime) - boardingTime;
  if ( timeBeforeBoarding >= 0 )
    create_BoardingEvent(timeBeforeBoarding, f);
  else {
    create_DepartureEvent(dateToTime(f.departureTime), f);
    startBoarding(f);
  }
}
```

if 연산자는 지정된 조건을 검사한다. 선택된 항공편의 탑승이 발생하면 출발일정을 계획하고 *startBoarding* 함수를 호출하여 탑승을 허용한다(이 항공편에 대한 참조를 함수 인수 값으로 전달). 그렇지 않으면 *BoardingEvent*를 예약한다.

23. *Main*의 **Agent actions** 영역의 **On startup** 입력박스에 *planBoardings()* 함수의 호출을 추가한다.

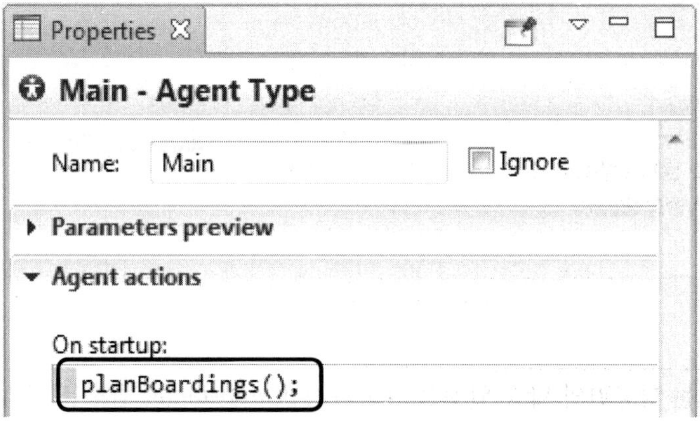

시뮬레이션의 출발 시간을 정의하는 Excel 파일 내의 특정 날짜에 연결해야 한다.

24. **Projects**에서 *Simulation*을 선택한다. 실험의 properties의 **Model time** 섹션에서 데이터베이스의 비행날짜를 시작날짜로 설정한다. **Start date**를 *21/12/2014, 12:00:00*으로 설정한다. **Stop** 목록에서 **Stop at specified date**(지정한 날짜에 중지)를 클릭한 다음 **Stop date**를 *21/12/2014, 22:00:00*으로 설정한다.

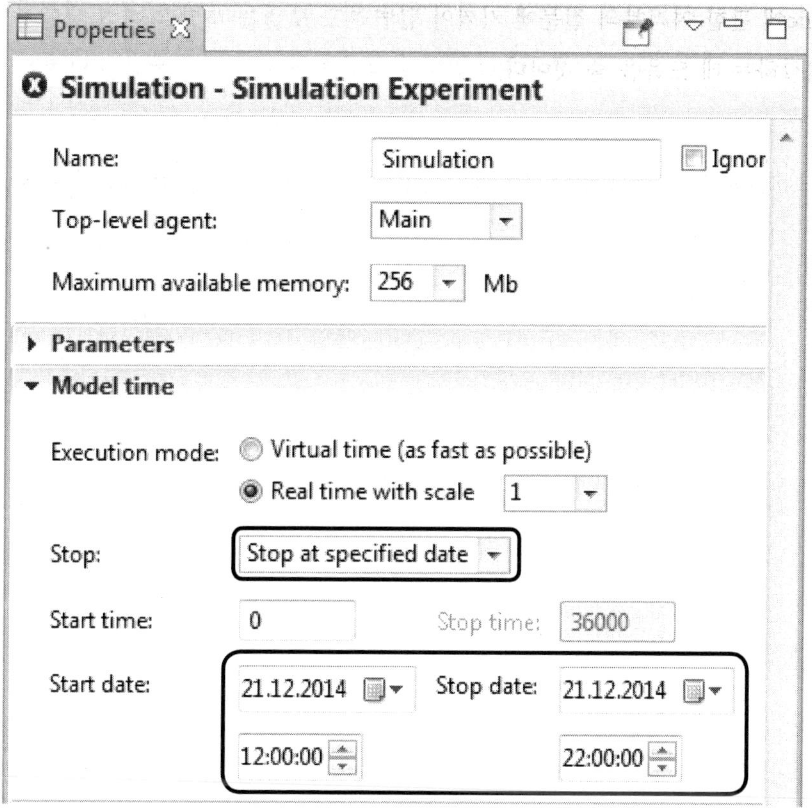

25. 모델을 실행하면, 승객들이 대기지역에서 탑승공지를 기다린 다음 게이트로 이동하는 것을 볼 수 있다.

AnyLogic에서 이벤트, 함수 및 액션 차트를 사용하여 사용자 정의 로직을 정의하는 방법을 알려주었기 때문에, 여러분은 이 모델을 이전에 다루었던 것보다 더 복잡하게 만들 수 있다.

자체 시뮬레이션 프로젝트를 개발하기 위한 다음 단계를 수행하려면 AnyLogic의 도움말 기능과 특정 모델링 기술을 보여주는 샘플 모델을 사용하는 것이 좋다. AnyLogic을 평가할 때 **Get Support**(도움 받기) 버튼을 사용하여 지원팀에 문의할 수도 있다. 지원팀은

AnyLogic에 관한 여러분의 질문에 기꺼이 답변하고 모델을 개발할 때 발생할 수 있는 문제를 해결하는 데 도움을 줄 것이다.

참고문헌

Borshchev, A. (2013). *The Big Book of Simulation Modeling. Multimethod modeling with AnyLogic 6.* AnyLogic North America.

Compartmental models in epidemiology. (n.d.). Retrieved June 1, 2014 from the Wiki: http://en.wikipedia.org/wiki/Compartmental_models_in_epidemiology

Conway's Game of Life. (n.d.). Retrieved May 15, 2014 from the Wiki: http://en.wikipedia.org/wiki/Conway's_Game_of_Life

Geer Mountain Software Corporation (2002) *Stat::Fit* (Version 2) [Software]. Geer Mountain Software Corporation. Available from: http://www.geerms.com

Oracle. (2011). *Java™ Platform, Standard Edition 6. API Specification.* [Online]. Available from: http://docs.oracle.com/javase/6/docs/api/ [Accessed 23rd May 2013]

Random number generator. (n.d.). Retrieved June 29, 2014 from the Wiki: http://en.wikipedia.org/wiki/Random_number_generator

Sterman,J. (2000). *Business dynamics : Systems thinking and modeling for a complex world.* New York: McGraw.

Sun Microsystems, Inc. (1999). *Code Conventions for the Java TM Programming Language.* [Online]. Available from: http://www.oracle.com/technetwork/java/javase/documentation/codeconv-toc-136057.html [Accessed 23rd May 2014]

System Dynamics Society, Inc. (2014). System Dynamics Society [Online]. Available from: www.system-dynamics.org [Accessed 23rd May 2014]

The AnyLogic Company. (2018). *AnyLogic Help.* [Online]. Available from: http://www.anylogic.com/anylogic/help/

The Game of Life. (n.d.). Retrieved June 15, 2014 from the Wiki: http://en.wikipedia.org/wiki/The_Game_of_Life

UML state machine. (n.d.). Retrieved June 15, 2014 from the Wiki: http://en.wikipedia.org/wiki/UML_state_machine

찾아보기

L

M

N

P

Q

R

S

저자소개

Ilya Grigoryev는 시뮬레이션 컨설팅 및 시뮬레이션 소프트웨어 전문기업인 AnyLogic 社의 교육 서비스 책임자이다.

Ilya Grigoryev는 AnyLogic 설명서 및 AnyLogic 교육과정의 저자이며, 미국, 유럽, 아프리카 및 아시아에서 수많은 공개 교육을 실시했다. Ilya Grigoryev는 여러 기관의 시뮬레이션 컨설턴트였으며, AnyLogic社에서 15년간 일하면서 시뮬레이션과 AnyLogic에 관한 거의 모든 것을 알고 있다.

역자소개

박세훈 공군사관학교 항공공학과를 졸업하고, 국방대학교에서 국방관리학 석사학위와 군사학(국방관리학) 박사학위를 받았다. 현재는 공군사관학교 국방경영학과 조교수로 재직 중이며 시뮬레이션, 경영과학, 자료분석론, 경제성공학 등을 강의하고 있다.

이현호 경북대학교 에너지화학공학과/영어영문학과를 졸업하고 AnyLogic 한국 Partner 社인 (주)ATWORTH에 연구원으로 재직 중이다. 지금까지 서울대학교, 포항공과대학교, 국방과학연구소(ADD), 한국전자통신연구원(ETRI) 등 국내 대학 및 연구원을 대상으로 AnyLogic을 교육하였다.